Formulaire de mécanique

Youde Xiong

Formulaire de mécanique

Transmission de puissance

EYROLLES

Éditions Eyrolles
61, bd Saint-Germain
75005 Paris
info@eyrolles.com
www.editions-eyrolles.com

Je dédie ce livre à mon grand-père Hiong Kin-lai,
le père des mathématiques modernes de la Chine.

Je dédie aussi ce livre à mes parents,
Xiong Bingxin et Xiong-Yuan Mengren, ingénieurs scientifiques.

REMERCIEMENTS

Je remercie mes professeurs de l'Ensam, MM. Feufrais, Lavaste, Baraco, Gachon, Coffignal, Verdu, Ishimin, Maeder, Reymond et Sagaspe qui m'ont appris la méthode française de mécanique. Je remercie aussi le professeur Germain de l'école Polytechnique et le professeur Lalanne de l'Insa.

Je tiens à exprimer mes plus vifs remerciements à ma famille et à tous ceux qui m'ont aidé à écrire ce livre. Je remercie M. Dominique Picard, professeur de mécanique, M. Xiong Wuzhen ingénieur de l'Enac, Xiong Zhaohui ingénieur de l'Ensam et M. J.C. LAMBERT ingénieur commercial en matériaux composites qui m'ont soutenu durant l'écriture de cet ouvrage.

TABLE DES MATIÈRES

Chapitre 1

GÉNÉRALITÉS

I BUT DE L'ÉTUDE D'UN SYSTÈME MÉCANIQUE

Un mécanisme est un organisme de transmission du mouvement ou de la puissance d'une pièce de mécanisme à une autre.

Quand un système mécanique transmet la puissance, nous devons assurer deux conditions du travail.

- Les pièces du système se conforment à la condition de résistance des matériaux lorsque ces pièces supportent une force ou un moment de transmission.

- Le système de mécanique assure la transmission des mouvements souhaités, soit la rotation, soit le déplacement, d'une pièce à l'autre pièce.

But de l'étude d'un système mécanique

1/ Mouvement de mécanisme à la demande (déplacement, vitesse, accélération et leurs équations).

2/ Types de transmission de mouvement :

- transmission des puissances : courroie trapézoïdale, courroie synchrone, chaînes et roues dentées, engrenages, engrenages à vis sans fin, etc. ;

- transformation des sens des mouvements de rotation ;

- transformation des formes des mouvements : changer la vitesse, transformer le mouvement de rotation en mouvement rectiligne, transformer le mouvement rectiligne en mouvement de rotation, transformer le mouvement de rotation en mouvement oscillant, etc.

3/ Contrôle des transmissions des mouvements et des puissances de mécanisme :

- assurer les fonctions de transmission du mouvement (déplacement, vitesse, accélération) ;

- assurer les transmissions des puissances ;

- déterminer les dimensions de toutes les pièces de mécanisme.

4/ Contrôle des résistances des matériaux de chaque pièce mécanique.

II MOUVEMENT DU SYSTÈME MÉCANIQUE : (CINÉMATIQUE DE MÉCANISME)

2-1 Mouvement rectiligne

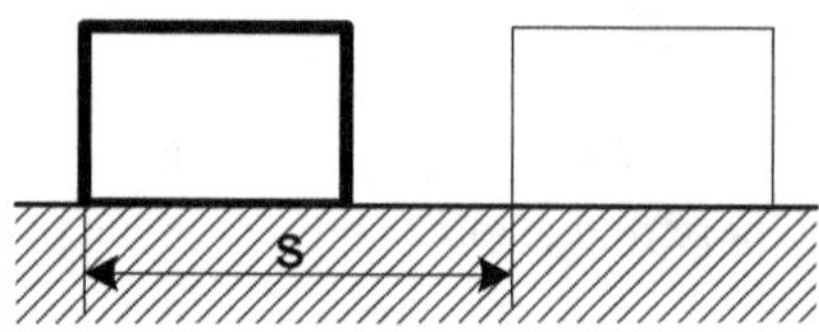

Figure 1-1 Mouvement rectiligne

2-1-1 Déplacement

Le déplacement s'effectue selon le temps. En général, la fonction de déplacement est au premier degré du temps :

$$s = S(t)$$

Si le déplacement a lieu dans les trois dimensions :

$$x = X(t) \qquad y = Y(t) \qquad z = Z(t)$$

2-1-2 Vitesse

$$v = V(t) = \frac{dS(t)}{dt}$$

Si le déplacement a lieu dans les trois dimensions :

$$v_x = V_x = \frac{dX(t)}{dt} \qquad v_y = V_y = \frac{dY(t)}{dt} \qquad v_z = V_z = \frac{dZ(t)}{dt}$$

2-1-3 Accélération

$$a = \frac{dV(t)}{dt} = \frac{d^2 S(t)}{dt^2}$$

Si le déplacement a lieu dans les trois dimensions :

$$a_x = \frac{dV_x(t)}{dt} = \frac{d^2 X(t)}{dt^2}$$

$$a_y = \frac{dV_y(t)}{dt} = \frac{d^2 Y(t)}{dt^2}$$

$$a_z = \frac{dV_z(t)}{dt} = \frac{d^2 Z(t)}{dt^2}$$

2-2   Mouvement circulaire

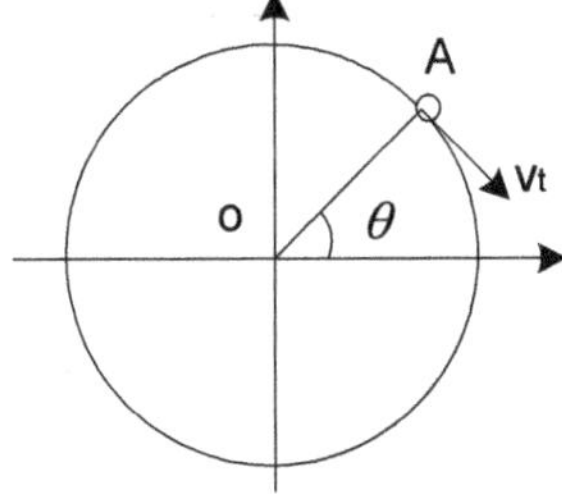

Figure 1-2 Mouvement circulaire

2-2-1   Déplacement

$$\theta = \theta(t)$$

Déplacement tangentiel instantané rectiligne : $s = R\theta(t)$

2-2-2   Vitesse

$$\omega = \frac{d\theta(t)}{dt}$$

Vitesse tangentielle instantanée rectiligne : $v = R\omega(t)$

2-2-3   Accélération

$$\varepsilon = \frac{d\omega(t)}{dt} = \frac{d^2 \theta(t)}{dt^2}$$

Accélération instantanée rectiligne (a_t accélération tangentielle, a_n accélération normale) :

$$\vec{a} = \vec{a}_\tau + \vec{a}_n$$

$$a_\tau = \frac{dv(t)}{dt} \; ; \qquad\qquad a_n = \frac{v_t^2}{R} = \omega^2 R$$

2-3   Mouvement dans un plan

Dans le système bielle manivelle ABCD, la bielle **BC** effectue un mouvement hélicoïdal. Nous étudions seulement le mouvement de la bielle **BC**.

Supposons que le point **B(t)** de la bielle BC soit le centre instantané du mouvement angulaire. Le mouvement du point **B(t)** est connu. Nous déterminons le mouvement du point **C** par rapport au point **B**.

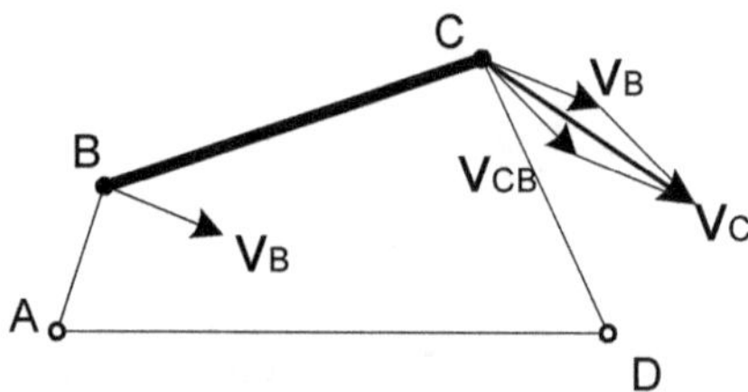

Figure 1-3 Mouvement dans un plan

2-3-1   Déplacement

Nous considérons que le déplacement du point **C** a deux composants : un déplacement rectiligne suivant le point **B** et un déplacement angulaire au centre instantané **B(t)**. Nous obtenons donc :

$$\vec{s}_C = \vec{s}_B + \vec{s}_{C/B} = \vec{s}_B + L_{BC}\vec{\theta}_{C/B}$$

2-3-2   Vitesse

Comme le déplacement, la vitesse du point **C** a deux composants de vitesse : une vitesse rectiligne suivant le point **B** et une vitesse angulaire au centre instantané B(t). Nous obtenons donc :

$$\vec{v}_C = \vec{v}_B + \vec{v}_{C/B} = \vec{v}_B + L_{BC}\vec{\theta}_{C/B}$$

2-3-3   Accélération

Le point **C** suit une accélération rectiligne en fonction du point **B**, une accélération angulaire au centre instantané **B(t)**, une accélération $a_{C/B}$ du point **C** par rapport à B et une accélération a_k. a_k égale à :

$$a_k = 2\omega v_t \sin\theta$$

avec :

ω vitesse angulaire du point **C** par rapport au centre de rotation **B**

v_t vitesse tangentielle du point **C** par rapport à la rotation de **B**

θ angle entre la vitesse v_t et la direction du ω, dans la pratique souvent nous avons $\theta = 0$

L'accélération totale est :

$$\vec{a}_C = \vec{a}_B + \vec{a}_{t/B} + \vec{a}_{n/B} + \vec{a}_k$$

Dans cette accélération totale, $a_{n/B}$ et $a_{t/B}$ sont les composants de l'accélération $a_{C/B}$ du point **C** par rapport au point **B**. $a_{n/B}$ est l'accélération normale, $a_{t/B}$ est l'accélération tangentielle.

$$a_{t/B} = \frac{dv_C(t)}{dt}$$

$$a_{n/B} = \frac{v_{Ct}^2}{R} = \omega^2 R$$

III   TYPES DE TRANSMISSION DE L'ÉNERGIE MÉCANIQUE ET DU MOUVEMENT

TABLEAU 1-1   Types de transmission du mouvement

Type de système mécanique	Transformation du mouvement	Caractéristique de transmission
1/ Système bielle manivelle	Transformer les formes de mouvement	*a/* Mouvement rectiligne – mouvement circulaire continu *b/* Mouvement circulaire continu – mouvement rectiligne *c/* Mouvement circulaire continu – mouvement circulaire alternatif *d/* Mouvement rectiligne – mouvement circulaire alternatif
2/ Système de came	Transformer les formes de mouvements	Transformer un mouvement circulaire continu en un mouvement périodique ou mouvement rectiligne alternatif
3/ Courroie	*a/* Transmettre les puissances *b/* Changer la caractéristique du mouvement circulaire	*a/* Changer la vitesse du mouvement circulaire uniforme continu *b/* Changer la direction du mouvement circulaire uniforme continu
4/ Transmission par câbles et chaîne	*a/* Transmettre les puissances *b/* Changer la caractéristique du mouvement circulaire	*a/* Changer la vitesse du mouvement circulaire uniforme continu *b/* Changer la direction du mouvement circulaire uniforme continu
5/ Engrenages	*a/* Transmettre les puissances *b/* Changer la caractéristique du mouvement circulaire	*a/* Changer la vitesse du mouvement circulaire uniforme continu *b/* Changer la direction du mouvement circulaire uniforme continu

IV   DEGRÉ DE LIBERTÉ DE MOUVEMENT

Nous appelons « degré de liberté suivant une direction » quand le mécanisme peut librement faire du mouvement suivant cette direction. Par exemple, si un mécanisme peut se déplacer dans la direction x, ce solide a un degré de liberté selon x.

L'étude des degrés de liberté des articulations d'un mécanisme nous permet de connaître le type et le nombre du mouvement possible pendant la transmission de puissance.

Si le mécanisme est déplacé dans un plan, le nombre de degrés de liberté L_i est égal à 3 et comprend une rotation et deux déplacements. Si le mécanisme est dans l'espace, il a six degrés de liberté comprenant trois rotations et trois déplacements.

4-1   ARTICULATION DU MOUVEMENT

– **Définition de l'articulation :**

Une pièce lie deux parties de mécanisme. Pendant que les deux parties effectuent des mouvements quelconques, cette pièce assure toujours le lien entre les deux parties. Nous l'appelons l'articulation.

– **Degré de liberté de l'articulation :**

Si l'articulation peut librement se déplacer ou tourner suivant une direction, on écrit que l'articulation a un degré de liberté suivant cette direction.

Nous l'appelons degré de basse liberté s'il est égal à :

$$L_b = \text{de 1 à 2}$$

Nous l'appelons degré de haute liberté s'il est égal à :

$$L_h = \text{de 3 ou plus}$$

– **Articulation basse et articulation haute : (voir tableau 1-2)**

Si l'articulation a deux ou un degré de liberté, nous l'appelons articulation à bas degré, notée L_b. Si l'articulation a des degrés de libertés basses, nous l'appelons articulation basse (voir tableau 1-2, cas 4 et cas 5).

Si l'articulation a est égale ou supérieure de trois degrés de libertés, nous l'appelons l'articulation à haut degré, notée L_h. Si l'articulation a des degrés de libertés hautes, nous l'appelons l'articulation haute (voir tableau 1-2 cas 1, 2 et cas 4).

TABLEAU 1-2   Les types d'articulations et leurs degrés de liberté

Cas de l'articulation		Symbole	Degrés de liberté		
			Rotation	Rectiligne	Totale
Cas 1	articulation à sphère en appui sur un plan 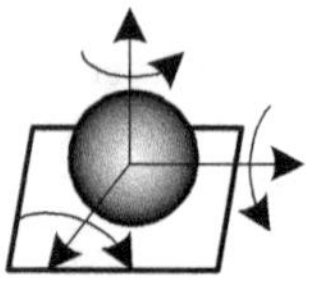	S_p 	3	2	Notée : L_{sp} ou L_1 5
Cas 2	articulation cylindrique en appui sur un plan 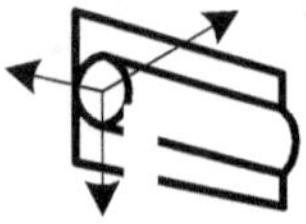	C_p 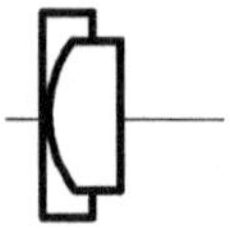	2	2	Notée : L_{tp} ou L_2 4
Cas 3	articulation sphérique 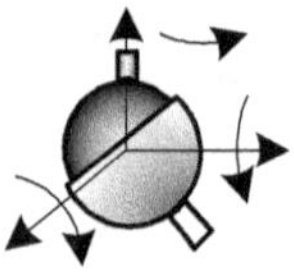	S 	3	0	Notée : L_s ou L_3 3
Cas 4	articulation à rotule à doigt 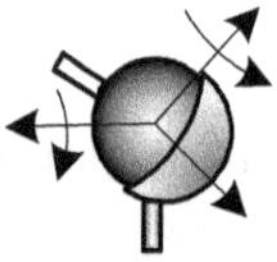	S_r 	2	0	Notée : L_{cs} ou L_4 2

Cas de l'articulation		Symbole	Degrés de liberté		
			Rotation	Rectiligne	Totale
Cas 5	articulation pivot glissant	C	1	1	Notée : L_t ou L_4 2
	glissière	P	0	1	Notée : L_{dr} ou L_5 1
	Pivot	R	1	0	Notée : L_{dr} ou L_5 1
	articulation hélicoïdale	H	1(0)	0 (1)	Notée L_5 1

4-2   DEGRÉ DE LIBERTÉ POUR LE MÉCANISME PLAN : (voir chapitre 2, 2-4)

Un mécanisme plan a normalement trois degrés de liberté :

(1) déplacement suivant la direction x ;

(2) déplacement suivant la direction y ;

(3) rotation autour de l'axe z.

Le degré de liberté de mécanisme dans un plan est calculé grâce à la formule :

$$L_i = 3n - 2L_b - L_h$$

avec :

n nombre de pièces dans le mécanisme ;

L_b basse degré L_b.= de 1 à 2 ;

L_h haute degré L_h.= de 3 ou plus.

Exemple 1-1 : un système de came (voir figure ci-après). Calculer le degré de liberté.

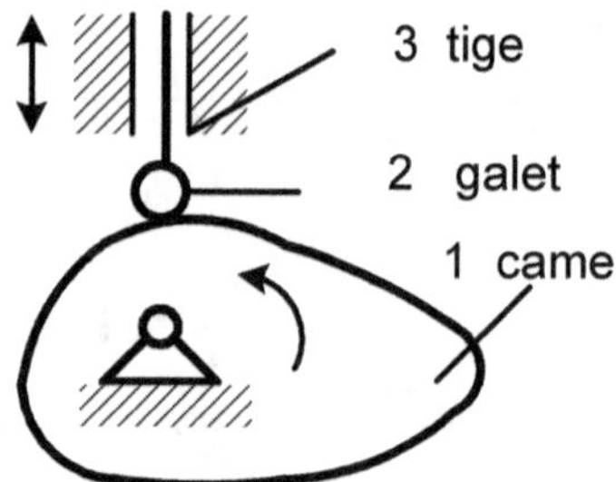

Dans la figure, nous utilisons le galet 2 pour réduire le frottement. Pour calculer les degrés de liberté, nous considérons que les pièces 3 et 2 forment une seule pièce. Donc le nombre de pièces $n=2$ avec $L_b=2$; $L_h=1$. Les degrés de liberté sont :

$$L_i = 3n - 2L_b - L_h$$
$$= 3 \times 2 - 2 \times 2 - 1 = 1$$

Dans les systèmes de transmission de puissance, si nous supprimons une pièce, le degré de liberté ne change pas. Nous ne compterons pas cette pièce dans la somme n du nombre de pièces.

Exemple 1-2 : un système d'engrenages (voir figure ci-après). Calculer le degré de liberté.

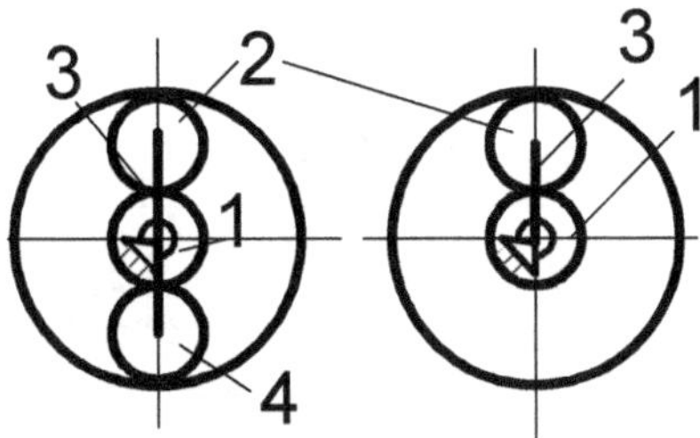

Dans la figure, la pièce 4 est analogue à la pièce 2 ; nous ne la comptons pas. Donc n = 3, L_b=3, L_h=2. Le degré de liberté est :

$$L_i = 3n - 2L_b - L_h$$
$$= 3 \times 3 - 2 \times 3 - 2 = 1$$

Dans les systèmes de transmission de puissance, la pièce similaire de mécanisme, dans le calcul de nombre de pièces, nous pouvons le supprimer.

P.C :

1/ Pour le système d'embiellage, reportez-vous au deuxième chapitre.

2/ Pour le système de transmission de puissance dans l'espace, reportez-vous au deuxième chapitre.

V   RENDEMENT DE TRANSMISSION DE PUISSANCE

5-1   Énergie mécanique perdue par le frottement

La valeur absolue du travail est calculée par les cas particuliers.

TABLEAU 1-3

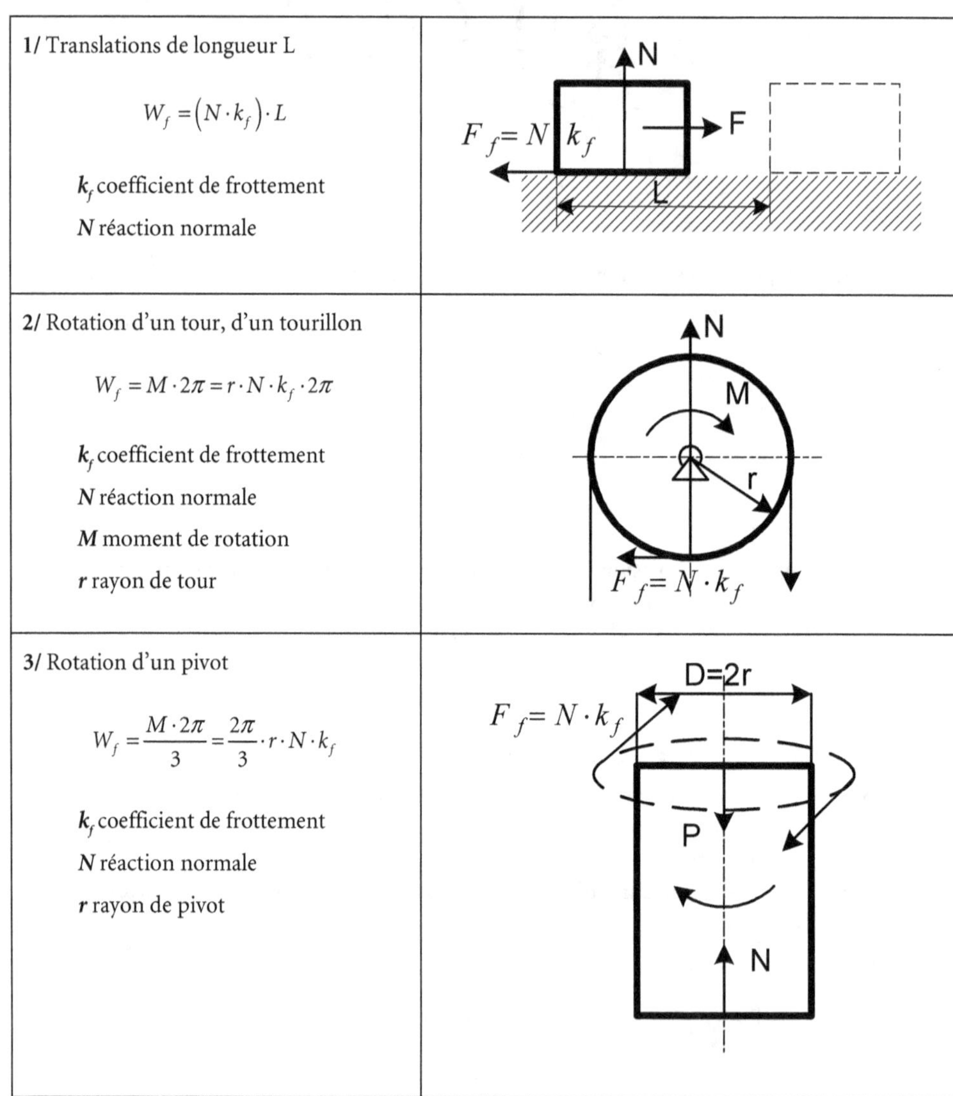

5-2   Rendement de transmission de puissance d'un système mécanique

Le rendement d'un mécanisme est le rapport du travail utilisant W_u au travail fourni W.

$$\eta = \frac{W_u}{W} = 1 - \frac{W_f}{W}$$

W_f travail absorbé par le frottement

VI   RÉSISTANCE DES MATÉRIAUX D'UN SOLIDE

6-1   Contrainte normale dans la traction ou compression simple

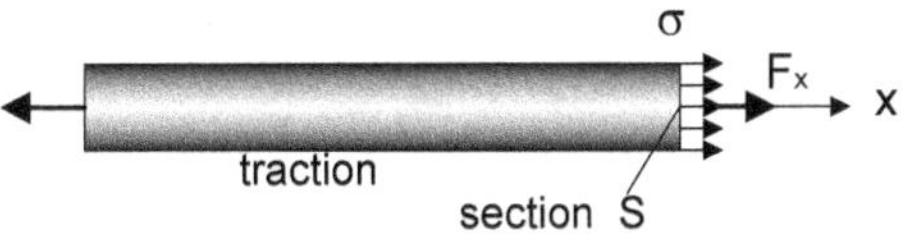

Figure 1-4 Contrainte normale

– Contrainte de traction ou de compression

$$\sigma = \frac{F_x}{S} \qquad en\ N/mm^2 (MPa)$$

avec :

F_x effort en traction ou en compression   *en N*
          perpendiculaire à la section transversale S

S aire de section transversale de la poutre   *en mm^2*

6-2   Allongement unitaire simple

$$\varepsilon = \frac{\Delta L}{L}$$

Si l'allongement unitaire simple ε est négatif, c'est un raccourcissement.

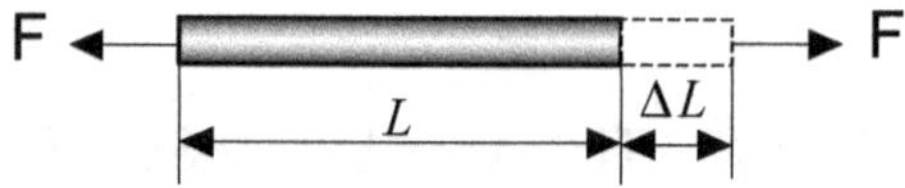

Figure 1-5   Allongement

6-3   Conditions de résistance des matériaux

1/   Condition des déformations maximales :

La flèche de flexion ne doit pas passer la flèche admissible :

$$f \leq \left[f_a \right]$$

$[f_a]$ est la flèche admissible.

2/   Condition des contraintes normales élastiques maximales :

$$\sigma \leq \left[\sigma_p \right] \quad \text{et} \quad \sigma_p = \frac{\sigma_e}{K_s}$$

σ_e résistance élastique limite

σ_p contrainte pratique

K_s coefficient de sécurité

6-4   **Déformations simples : (voir l'ouvrage *Formulaire de résistance des matériaux de Xiong Youde aux Éditions Eyrolles*)**

TABLEAU 1-4   Déformations et contraintes

Charges	Effets produits par la charge	Contrainte	Déformation
1/Effort normal (concentré ou uniforme)	**Traction et compression simple**	**Contrainte normale :** $\sigma_x = \dfrac{F_x}{S}$ $\sigma_y = \dfrac{F_y}{S}$ $\sigma_z = \dfrac{F_z}{S}$	**Allongement unitaire :** $\varepsilon_x = \dfrac{\Delta L_x}{L} = \dfrac{\sigma_x}{E_x}$ $\varepsilon_y = \dfrac{\Delta L_y}{L} = \dfrac{\sigma_y}{E_y}$ $\varepsilon_z = \dfrac{\Delta L_z}{L} = \dfrac{\sigma_z}{E_z}$
2/Effort tranchant	**Cisaillement :**	**Contrainte tangentielle :** $\tau = \dfrac{T}{S}$ **S** surface **T** effort tranchant	**Angle de distorsion :** $\gamma = \dfrac{1}{G}\dfrac{T}{S}$ **G** module d'élasticité transversale
3/Moment de torsion	**Torsion :**	**Contrainte tangentielle :** $\tau = \rho\dfrac{M_\tau}{I_0}$ $\tau_{max} = \dfrac{M_\tau}{\left(\dfrac{I_0}{v}\right)}\rho$ rayon de giration v coefficient de Poisson	**Angle de torsion :** $\theta = \dfrac{1}{G}\dfrac{M_\tau}{I_0}$ M_τ moment de torsion **G** module d'élasticité transversale I_0 moment d'inertie

Charges	Effets produits par la charge	Contrainte	Déformation
4/Moment fléchissant	**Flexion :**	**Contrainte normale :** $$\sigma_x = \frac{M_z}{\left(\dfrac{I_z}{y}\right)}$$ ou $$\sigma_x = \frac{M_y}{\left(\dfrac{I_y}{z}\right)}$$	Angle de rotation par la flexion : $$\theta \approx \tan\theta$$ $$= \int \frac{M_f}{EI} dx + c_1$$ Flèche : $$y = \iint \left(\frac{M_f}{EI} dx\right) dx + c_2$$

M_x, M_y, M_z moment de flexion suivant les directions x,y,z

E module d'élasticité longitudinale

I_z, I_y moment d'inertie suivant la direction z,y

6-5   Flexion de poutre : (voir Xiong Youde, *Formulaire de résistance des matériaux*)

Charge	Réaction des appuis R et M	Moment de flexion M_{max}	Flèche f_x f_{max}
1/ Charge concentrée à l'extrémité :	$R_A = P$ $M_A = -PL$	$M_x = -Px$	$f_x = \dfrac{Px^3}{6EI}(3L - x)$ $f_{max} = f_B = \dfrac{PL^3}{3EI}$
2/ Charge concentrée :	$R_A = P$ $M_A = -Pa$	$M_{x-AC} = -P(a - x)$ $M_{x-CB} = 0$	$f_{x-AC} = \dfrac{Px^2}{6EI}(3a - x)$ $f_c = \dfrac{Pa^3}{3EI}$ $f_{max} = f_B = \dfrac{Pa^2}{6EI}(3L - a)$

Charge	Réaction des appuis R et M	Moment de flexion M_{max}	Flèche f_x f_{max}
3/ Charge uniformément répartie :	$R_A = qL$ $M_A = -\dfrac{qL^2}{2}$	$M_x = q\left(Lx - \dfrac{L^2+x^2}{2}\right)$ $M_{max} = -\dfrac{qL^2}{2}$	$f_x = \dfrac{qL^4}{24EI}\left(\dfrac{6x^2}{L^2} - \dfrac{4x^3}{L^3} + \dfrac{x^4}{L^4}\right)$ $f_{max} = \dfrac{qL^4}{8EI}$
4/ Couple :	$R_A = 0$ $M_A = C$	$M_{x-AD} = C$ $M_{x-DB} = 0$	$f_{x-AD} = \dfrac{Cx^2}{2EI}$ $f_{max} = f_B = \dfrac{Ca}{EI}\left(L - \dfrac{a}{2}\right)$ $f_D = \dfrac{Ca^2}{2EI}$
5/ Charge concentrée :	$R_A = \dfrac{Pb}{L}$ $R_B = \dfrac{Pa}{L}$	$M_{x(AC)} = \dfrac{Pbx}{L}$ $M_{x(CB)} = \dfrac{Pa(L-x)}{L}$ $M_c = M_{max} = \dfrac{Pab}{L}$	$f_{x(AC)} = \dfrac{Pbx}{6EIL}[L^2 - b^2 - x^2]$ $f_{x(CB)} = \dfrac{Pa(L-x)}{6EIL}[x(2L-x) - a^2]$ Si $x = \sqrt{\dfrac{(L^2-b^2)}{3}}$ $f_{max} = \dfrac{Pb}{9EIL}\sqrt{\dfrac{(a^2+2ab)^3}{3}}$
6/ Charge uniformément répartie :	$R_A = R_B$ $= \dfrac{qL}{2}$	$M_x = \dfrac{qx}{2}(L-x)$ $en\ cas\ x = L/2$ $M_{max} = \dfrac{qL^2}{8}$	$f_x = \dfrac{q}{24EI}(xL^3 - 2x^3L + x^4)$ $f_{max} = f_{L/2} = \dfrac{5qL^4}{384EI}$
7/ Couple en un point quelconque :	$R_A = \dfrac{C}{L}$ $R_B = -\dfrac{C}{L}$	$M_{x(AD)} = \dfrac{C}{L}x$ $M_{x(DB)} = -\dfrac{C}{L}(L-x)$	$f_{x(AD)} = \dfrac{Cx}{6EIL}[x^2 - L^2 + 3b^2]$ $f_{x(DB)} = \dfrac{C}{6EIL}[x^3 - 3Lx^2 + (2L^2 + 3a^2)x - 3a^2L]$ $f_{x=a} = \dfrac{Cab}{3EIL}(b-a)$

Charge	Réaction des appuis R et M	Moment de flexion M_{max}	Flèche f_x f_{max}
8/ Charge concentrée :	$R_A = \dfrac{Pb^2}{2L^3}$ $\cdot (3L - b)$ $R_B = \dfrac{Pa}{2L^3}$ $\cdot (3L^2 - a^2)$ $M_B = -\dfrac{Pab}{2L^2}$ $\cdot (L + a)$	$M_B = -\dfrac{Pab}{2L^2}(2a + b)$ $M_C = \dfrac{Pab^2}{2L^3}(3L - b)$ Pour $a = 0,366L$ $M_{c-\max} = 0,174 PL$	$f_{x(AC)} = \dfrac{P(L-a)^2 x}{12EIL^3}[(2L + a)x^2 - 3aL^2)]$ $f_{x(CB)} = -\dfrac{Pa(L-x)^2}{12EIL^3}[3L(L^2 - a^2) - (3L^2 - a^2)(L-x)]$ $f_{x=c} = -\dfrac{Pa}{96EI}(3L^2 - 5a^2)$
9/ Charge uniforme partielle :	$R_A = \dfrac{qa}{8}\left[8 - \dfrac{6a}{L} + \dfrac{a^3}{L^3}\right]$ $R_B = \dfrac{qa^2}{8}\left(6 - \dfrac{a^2}{L^2}\right)$ $M_B = -\dfrac{qa^2}{8}\left(2 - \dfrac{a^2}{L^2}\right)$	$M_{x(AC)} = R_A x - \dfrac{qx^2}{2}$ $M_{\max} = M_{x = R_A/q}$ $= \dfrac{R_A^2}{2a}$	$f_x = \dfrac{q}{24EI}\left[(x-a)^4 - x^4\right]$ $+ \dfrac{R_A}{6EI}\left(x^3 - 3L^2 x\right)$ $+ \dfrac{qx}{6EI}\left(L^3 - b^3\right)$
10/ Couple intermédiaire :	$R_A = -R_B$ $= \dfrac{3C}{2L^3}(L^2 - a^2)$ $M_B = -\dfrac{C}{2}\left(1 - \dfrac{3a^2}{L^2}\right)$	$M_{x(AD)} = \dfrac{3Cx}{2L}\left(1 - \dfrac{a^2}{L^2}\right)$ $M_{x(DB)} = -\dfrac{C}{2}\Big[2 - \dfrac{3x}{L}\left(1 - \dfrac{a^2}{L^2}\right) \Big]$	$f_{x(AD)} = \dfrac{C(L-a)x}{4EIL^3}[(L^2(3a - L) - (L+a)x^2]$ $f_{x(DB)} = \dfrac{C(L-x)^2}{4EIL^3}[2a^2 L - (L^2 - a^2)x]$
11/Charge concentrée :	$R_A = \dfrac{Pb^2}{L^3}(3a + b)$ $R_B = \dfrac{Pa^2}{L^3}(a + 3b)$ $M_A = -\dfrac{Pab^2}{L^2}$ $M_B = -\dfrac{Pa^2 b}{L^2}$	$M_C = -\dfrac{2Pa^2 b^2}{L^3}$ Si $a<b$ $(-M)_{\max} = \dfrac{Pab^2}{L^2}$ Si $a>b$ $(-M)_{\max} = \dfrac{Pa^2 b}{L^2}$	$f_c = \dfrac{Pa^3 b^3}{3EIL^3}$ Si $x = \dfrac{2aL}{3a + b}$ et $a > b$ $f_{\max} = \dfrac{2Pa^3 b^2}{3EI(3a + b)^2}$ Si $x = L - \dfrac{2bL}{3b + a}$ et $a < b$ $f_{\max} = \dfrac{2Pa^2 b^3}{3EI(a + 3b)^2}$

Charge	Réaction des appuis R et M	Moment de flexion M_{max}	Flèche f_x f_{max}
12/Charge répartie : $\sum P = q\,L$	$R_A = R_B = \dfrac{qL}{2}$ $M_A = M_B$ $= -\dfrac{qL^2}{12}$	$M_x = \dfrac{q}{12}(6xL - 6x^2 - L^2)$ $M_{x=L/2} = \dfrac{qL^2}{24}$	$f_x = \dfrac{qL^4}{24EI}(\dfrac{x^2}{L^2} - \dfrac{2x^3}{L^3} + \dfrac{x^4}{L^4})$ $= \dfrac{qx^2}{24EI}(L - x)^2$ $f_{x=L/2} = \dfrac{qL^4}{384EI}$

6-6 Stabilité de l'équilibre élastique flambement (formule d'Euler) :

(voir *Formulaire de résistance des matériaux* de Xiong Youde)

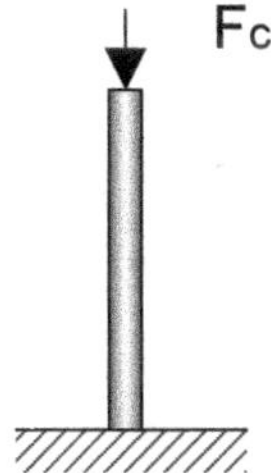

Figure 1-6 Stabilité de l'équilibre élastique

6-6-1 Définition

Les pièces élancées ou les pièces à voile mince soumises aux charges de compression. Quand les valeurs des charges arrivent à une valeur importante, les pièces comprimées commencent à perdre l'équilibre, se déformant entièrement ou partiellement par flambement, déversement, voilement ou cloquage. Ces pièces ne peuvent donc plus être utilisées. Cette limite des charges se traduit par une contrainte critique σ_c ou une charge critique F_c. Ce phénomène de résistance des matériaux s'appelle stabilité de l'équilibre élastique.

6-6-2 Crique de stabilité de l'équilibre élastique

La charge doit être inférieure à la charge critique de flambement ou la contrainte doit être inférieure à la contrainte critique. Nous verrons comment déterminer la charge critique au chapitre suivant.

1/ Charge critique de flambement (Formule d'Euler)

$$F_c = \frac{\pi^2 EI_{\alpha\beta}}{(\mu L)^2} = \eta \frac{EI_{\alpha\beta}}{L^2} \qquad\qquad F_c \geq k_s F_p$$

2/ Contrainte critique

$$\sigma_c = \frac{F_c}{A} = \frac{\pi^2 E}{\lambda^2} \qquad\qquad \sigma_c \geq k_s [R_e]$$

avec :

E	module d'élasticité longitudinale	*en N/mm^2 (MPa)*
$I_{\alpha\beta}$	moment d'inertie minimal (moment d'inertie principal)	*en mm^4*
A	surface des sections transversales	*en mm^2*
L	longueur d'utilisation	*en mm*
μ	coefficient des fixations	
η	coefficient de stabilité de l'équilibre	

λ élancement des pièces $\lambda = \dfrac{\mu L}{\sqrt{\dfrac{I_{\alpha\beta}}{A}}}$

Fc	charge critique de flambement	*en N*
Fp	charge appliquée	*en N*
$[R_e]$	contrainte admissible	*en N/mm^2 (MPa)*
k_s	coefficient de sécurité	

$k_s = 4 \ à \ 5$ pour l'acier ;

$k_s = 8 \ à \ 10$ pour la fonte ;

$k_s = 10$ pour le bois.

6-7   Contrainte de contact et formule de Hertz

Quand deux corps sont en contact sous une pression **P**, ils produisent des contraintes et des déformations sur les surfaces de contact. Cette contrainte s'appelle la contrainte au contact, et cette déformation la déformation au contact des surfaces.

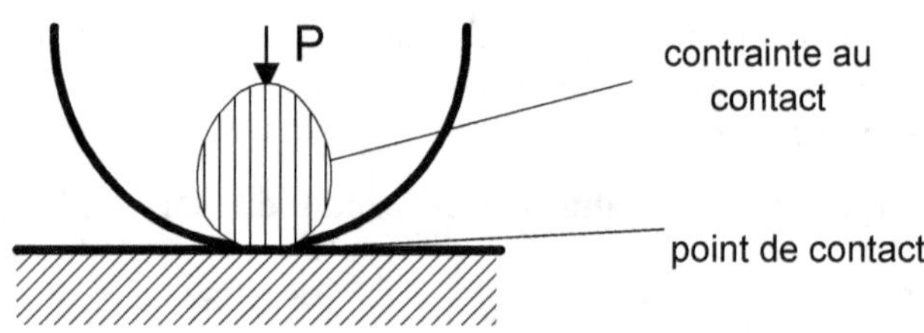

Formule de Hertz

La contrainte maximale au contact doit être égale ou inférieure à la contrainte admissible au contact. La contrainte maximale peut être calculée avec la formule de Hertz :

$$\sigma_c = \sqrt{\frac{N}{\pi \cdot L} \cdot \frac{\left(\dfrac{1}{r_1} \pm \dfrac{1}{r_2}\right)}{\left(\dfrac{1-v_1^2}{E_1} + \dfrac{1-v_2^2}{E_2}\right)}} \qquad en\ MPa$$

avec :

N	force normale entre les deux solides
L	longueur du contact entre les deux solides
r_1 et r_2	rayons courbures de deux solides au point du contact
E_1 et E_2	module longitudinal de deux solides
v_1 et v_2	coefficients de Poisson de deux solides

6-8   Caractéristiques élastiques des matériaux

	Masse volumique ρ kg/dm^3	Module d'élasticité longitudinale E MPa N/mm^2	Module d'élasticité transversale G MPa N/mm^2	Coefficient de Poisson v	Coefficient d'allongement A %
Acier	7,8	$2,05 * 10^5$	$0,79 * 10^5$	0,29~0,3	1,8~10
Fonte acier	7,8	$1,15 * 10^5$	$0,45 * 10^5$	0,29~0,3	
Cuivre	8,8	$1,25 * 10^5$	$0,48 * 10^5$	0,34	10~16
Nickel	8,9	$2,20 * 10^5$			
Bois		$0,1 * 10^5 \sim$ $0,005 * 10^5$	$0,006 * 10^5$		
Verre - glace	2,4-2,7	$0,56 * 10^5$	$0,22 * 10^5$	0,25	
Béton 200 kg/m^3	1,8-2,45			0,20	
Marbre	2,6-2,7	$0,52 * 10^5$		0,20	
Granit	2,6-3	$0,49 * 10^5$			

VII   RÉSISTANCE D'UN SYSTÈME MÉCANIQUE

7-1   Perte de résistance de matériaux

Un mécanisme ne peut plus fonctionner. Nous appelons ce phénomène une perte de résistance. Les types de pertes de résistance :

1/ Rupture

Sous la charge extérieure, la contrainte subie par la pièce est supérieure à la contrainte maximale. La pièce du mécanisme va se rompre. Par exemple, le pied de denture de l'engrenage, subissant une charge importante, est cassé.

2/ Déformation

Sous la charge extérieure, la pièce du mécanisme se déforme. La déformation dépasse la déformation plastique limite. La pièce ne peut plus revenir à sa forme dimension inviable.

3/ Contrainte

Sous la charge extérieure, la pièce de mécanisme subit une contrainte, qui dépasse la limite de contrainte plastique. La pièce ne peut plus fonctionner normalement.

4/ Surface endommagée due à un arrachement de métal

La détérioration de surface d'une pièce est très souvent liée aux conditions de contact avec une ou plusieurs autres pièces, quelquefois le contact produit entre la pièce et un liquide. Il y a les points des oxydations sur la surface de la pièce.

7-2   Conditions de résistance d'un système mécanique

1/ Condition des résistances matériau (voir ce chapitre, partie VI)

2/ Condition de vieillissement

   a/ Le vieillissement est provoqué par la fatigue du mécanisme quand le mécanisme supporte une charge périodique.

   b/ Le vieillissement vient du frottement et de l'oxydation. Nous devons choisir une protection pour éviter ces deux phénomènes.

3/ Condition de fluage en fonction du temps passé et de la température.

4/ Condition de vibration :

Nous devons éviter la fréquence propre f_p de mécanisme égale à la fréquence de vibration f de système ensemble. En général, nous choisissons :

$$0,85 f_p > f \qquad \text{ou} \qquad f_p < 1,15 f$$

7-3   Étude d'un mécanisme

Dans la pratique, nous étudions un mécanisme en appliquant la méthode suivante :

1/   Choisir les types de la transmission de l'énergie mécanique (exemple : engrenages, bielle manivelle) et les types de la transformation du mouvement (exemple : rotation à mouvement rectiligne).

2/   Guider le mouvement des organes de machines, étudier la cinématique appliquée et dimensionner le système mécanique pour assurer la cinématique appliquée.

3/   Choisir et dimensionner les pièces principales du système mécanique pour assurer la transmission du mouvement ou la transmission de la puissance.

4/   Choisir les pièces nécessaires de construction mécanique et de la fonction de système mécanique sans blocage (voir ce chapitre, partie VIII).

5/   Calculer les charges sur chaque pièce.

6/   Contrôler les résistances des matériaux pour chaque pièce.

Les études de résistance des matériaux se présentent généralement sous les deux aspects suivants :

6-1/   Contrôle des propriétés mécaniques des matériaux utilisés. La connaissance de ces propriétés est nécessaire pour choisir le ou les matériaux ; les dimensions des sections des pièces à construire, et leurs liaisons au milieu extérieur.

6-2/   Détermination des dimensions des sections transversales d'une pièce et du choix des matériaux, connaissant les forces appliquées, les liaisons avec le milieu extérieur pour qu'ils ne subissent pas de déformation et de contrainte dangereuse et inacceptable.

7/   Contrôler les résistances des matériaux de mécanisme et calculer le rendement du travail.

Les résistances des matériaux de mécanisme sont :

– la vibration d'ensemble du système ;

– le vieillissement du mécanisme (la rouille, la lumière et la température) ;

– la fatigue ;

– le fluage.

Chapitre 2

BIELLE ET MANIVELLE

I GÉNÉRALITÉS

1-1 Fonction du mécanisme d'embiellage

Le système d'embiellage sert à transformer les types de mouvements : passage du mouvement circulaire continu au mouvementent alternatif rectiligne, du mouvement circulaire continu au mouvement circulaire alternatif ou du mouvement circulaire alternatif au mouvement circulaire continu. Le système d'embiellage (système bielle manivelle) est réversible.

1-2 Bielle

La bielle est une barre rigide. Une extrémité s'articule sur le maneton d'une manivelle. Son autre extrémité s'articule sur l'axe d'un coulisseau guidé par une ou deux glissières.

1-3 Manivelle

La manivelle est une pièce rigide comprenant un moyeu calé sur un arbre porté par des paliers, un bras ou corps et un maneton.

1-4 Type du mécanisme bielle manivelle

TABLEAU 2-1 Type du mécanisme bielle manivelle

Type d'embiellage	Figure
1/Bielle manivelle a/Bielle manivelle Le système de bielle manivelle transforme le mouvement rectiligne alternatif en mouvement circulaire continu ou inverse.	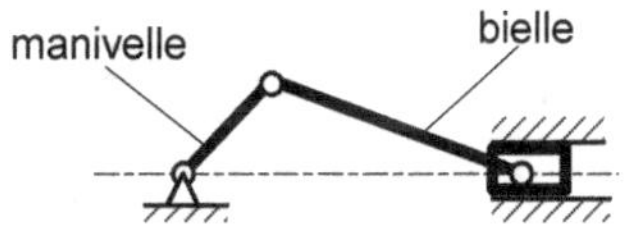
b/Vilebrequin	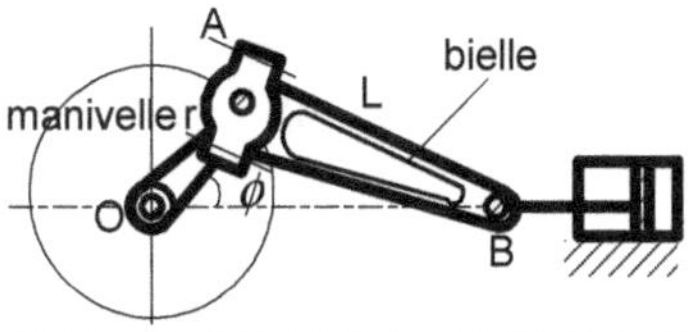
2/Bielle à deux manivelles égales a/Le sens des mouvements circulaires de deux manivelles est le même.	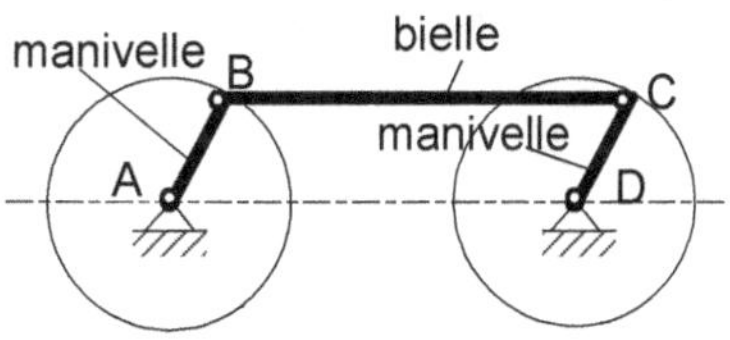
b/Les sens des mouvements circulaires de deux manivelles sont inverses.	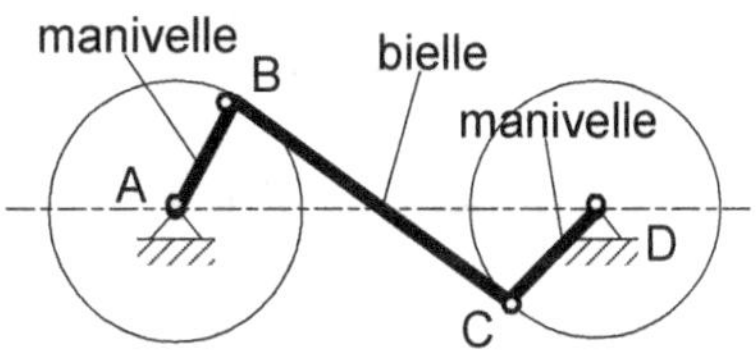

Type d'embiellage	Figure
3/Balancier bielle manivelle Le système de balancier bielle manivelle transforme le mouvement circulaire continu en mouvement circulaire alternatif.	

1-5   Quelques exemples de biellage

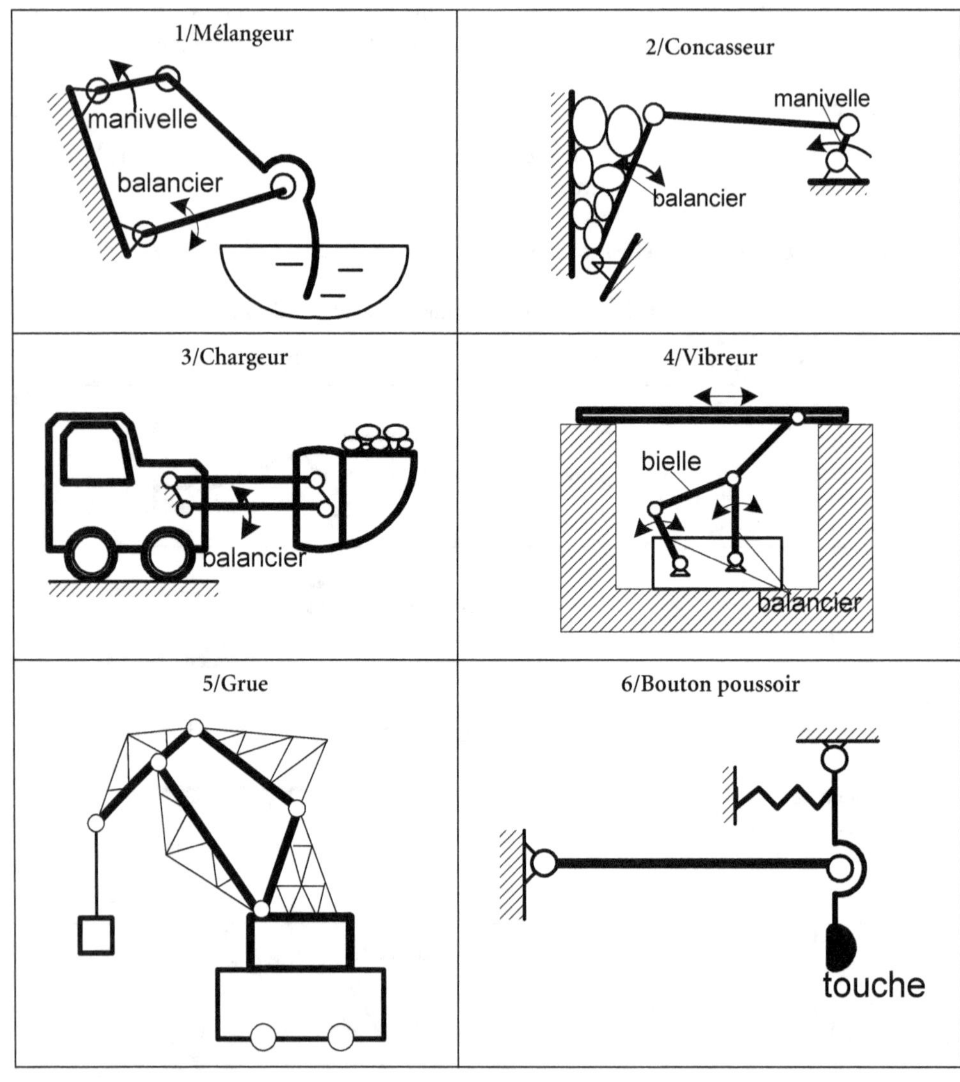

II   CARACTÉRISTIQUE DU SYSTÈME D'EMBIELLAGE

2-1   Condition pouvant présenter une manivelle dans le système d'embiellage

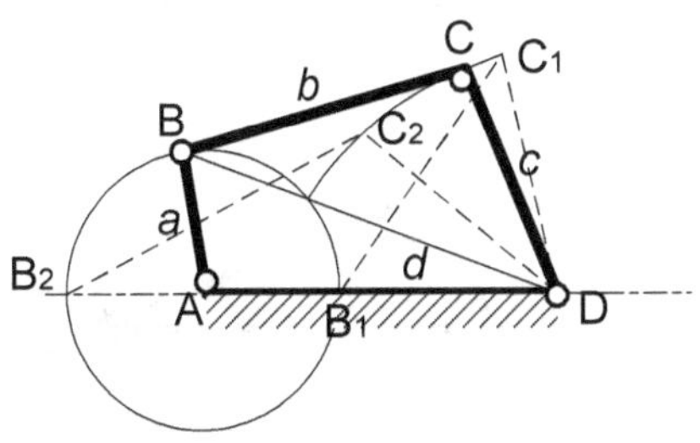

Figure 2-1   Système d'embiellage

Dans le système d'embiellage **ABCD**, nous supposons que AB est la manivelle et étudions ses conditions géographiques. Pour que **AB** soit la manivelle, **AB** doit tourner autour du centre **A**.

B est l'autre extrémité de la barre **AB**. B_2 est la position la plus éloignée de **B**. Et B_1 est la position la plus rapprochée de **B**.

Les longueurs de **AB**, **BC**, **CD** et **DA** sont **a**, **b**, **c**, **d** et **a < d**.

Dans la géométrie du système, nous avons :

$$a + d \leq b + c$$
$$b \leq (d - a) + c$$
$$c \leq (d - a) + b$$
$$a + b \leq d + c$$

Ces relations géométriques sont devenues :

$$a \leq c \qquad a \leq b \qquad a \leq d$$

Les conditions pouvant présenter une manivelle dans le système sont donc :

1/ La barre **AB** ($L_{AB} = a$) est plus courte et la barre **DA** ($L_{DA} = d$) est plus longue dans le système. La somme de **a** + **d** doit être égale ou supérieure à la somme du **b** + **c**, donc :

$$a + d \leq b + c$$

2/ La barre plus courte devra être fixée ou réaliser un tour entier (360°) à l'une des extrémités de la barre (voir tableau 2-1).

Nous avons un système de « bielle manivelle » **ABCD**. La barre **AB** est la barre la plus courte et la barre AD est la barre la plus longue. Les barres **BC** et **AD** sont les barres adjacentes de **AB**. La barre **CD** est en face de la barre **AB**. La condition de manivelle est de fixer la barre plus courte **AB** ou de fixer l'une de ses barres adjacentes **BC** ou **AD** (voir tableau suivant).

TABLEAU 2-2   Condition de manivelle et évolution de système d'embiellage

Système d'embiellage	Rotation du point D transformé en mouvement rectiligne $CD = 0$	Rotations des points C et D transformés en mouvement rectiligne
a/Si nous fixons la barre **AD**, la barre **AB** devient la manivelle tournant uniformément à l'extrémité **A**. 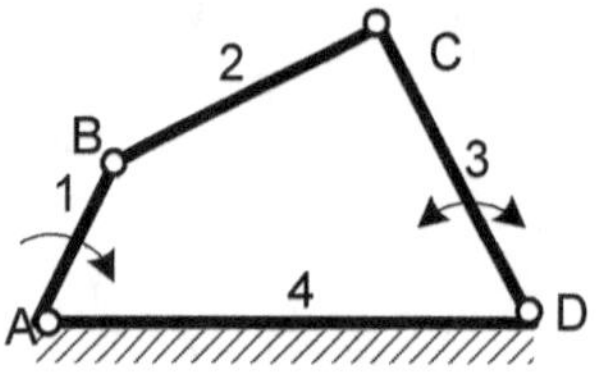	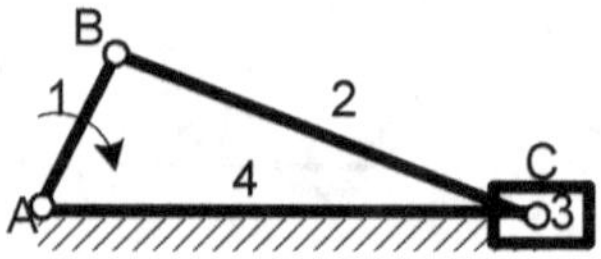	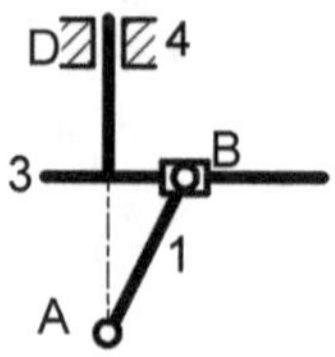
b/Si nous fixons la barre **BC**, la barre **AB** est devenue la manivelle tournant uniformément à l'extrémité **B**. 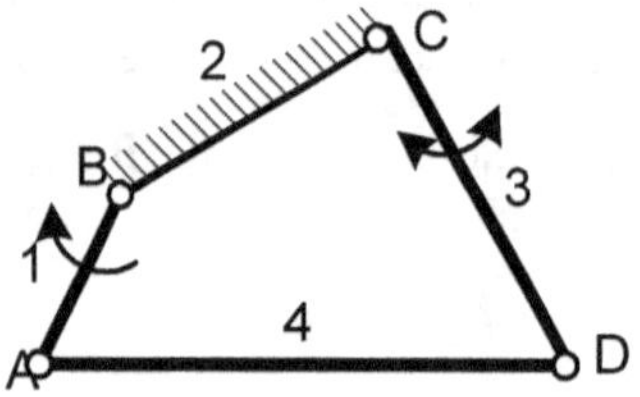	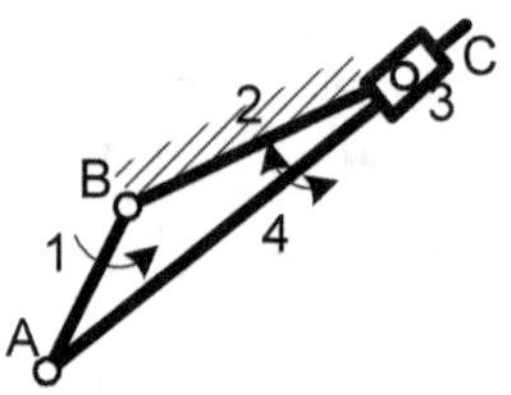	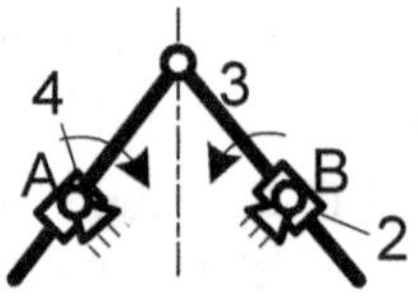
c/Si nous fixons la barre la plus courte **AB**, les deux barres adjacentes **BC** et **AD** sont devenues les manivelles. 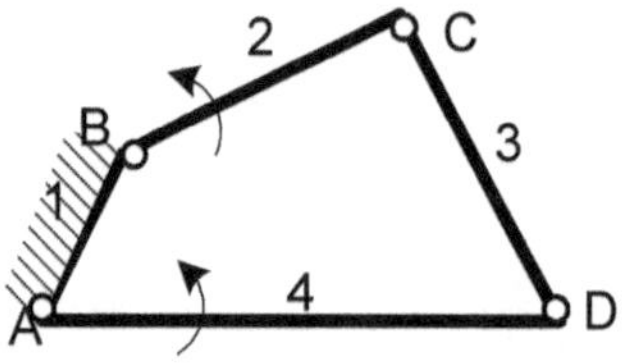	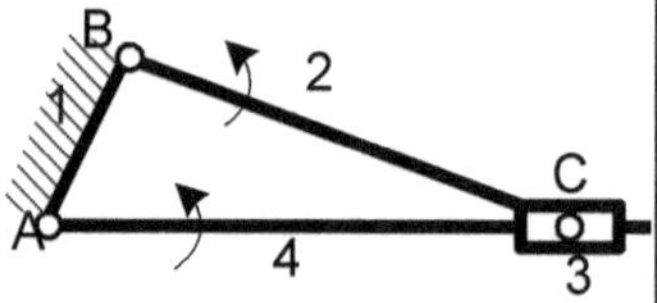	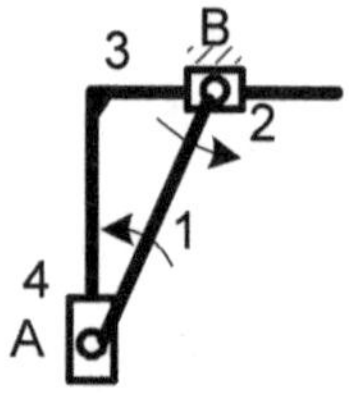
d/Si nous fixons la barre **CD** qui est en face de la barre plus courte **AB**, il n'y a pas de manivelle. Il y a deux leviers oscillants **BC** et **AD**. 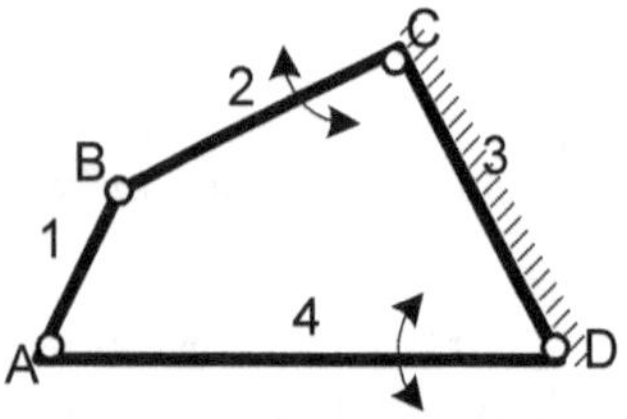	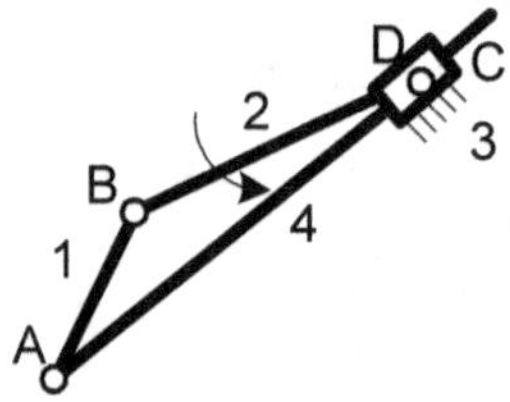	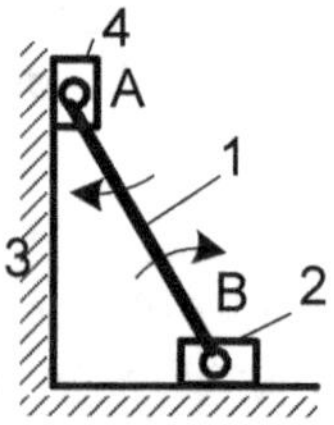

2-2   Angle de pression et angle de transmission du mouvement

2-2-1   Angle de pression

Dans la figure 2-2, nous supposons que la force de frottement et la force d'inertie sont nulles. La barre **AB** donne une force **F** suivant la direction du point **B** au point **C**.

Nous appelons angle de pression l'angle α situé entre la direction de la force **F** et la direction de la vitesse V_c au point **C** (voir figure ci-après).

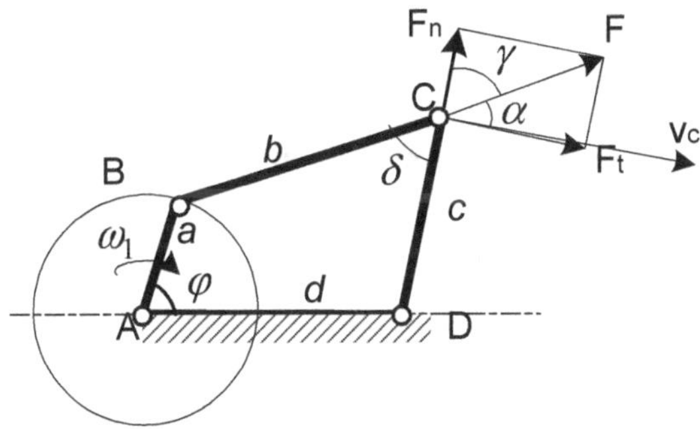

Figure 2-2 Angle de pression

F_t et F_n sont les composants de la force **F**. F_t suit la direction de la vitesse V_c. F_n est perpendiculaire à F_t.

$$F_t = F\cos\alpha$$
$$F_n = F\sin\alpha$$

F_n est fonction de la direction de **CD**, elle influence les frottements des axes **C** et **D**. F_t donne une vitesse à la barre **CD** et transmet la puissance à la barre **CD**. Nous souhaitons donc que F_n soit plus petite et F_t plus grande, c'est-à-dire que l'angle de pression α soit plus petit.

2-2-2   Angle de transmission du mouvement

– Définition

Dans la figure 2-2, l'angle γ se nomme angle de transmission du mouvement. Nous avons :

$$\alpha + \gamma = 90°$$

– Condition de l'angle de transmission minimal

Pour assurer la transmission du mouvement, nous souhaitons que l'angle γ soit plus grand. Dans la pratique, par l'expérience, l'angle minimal γ_{min} doit être égal ou supérieur à 40°.

$$\gamma_{min} \geq 40°$$

Dans le cas où le système transmet une force (ou un couple de forces) important, l'angle minimal γ_{min} doit être égal ou supérieure à 50°.

$$\gamma_{min} \geq 50°$$

– Déterminer l'angle de transmission minimal

Dans la figure 2-2, l'angle δ, situé entre la barre **BC** et la barre **DC**, change pendant le mouvement du système.

$$\cos\delta = \frac{b^2 + c^2 - a^2 - d^2 + 2ad\cos\varphi}{2bc}$$

Quand l'angle δ arrive en position maximale ou minimale, l'angle de transmission γ devient plus petit. Avec les angles δ_{min} et δ_{mxi}, nous pouvons donc déterminer l'angle minimal de transmission γ_{min} :

$$\cos\delta_{min} = \frac{b^2 + c^2 - (d-a)^2}{2bc}$$

$$\cos\delta_{max} = \frac{b^2 + c^2 - (d+a)^2}{2bc}$$

Nous obtenons les deux positions où nous pouvons trouver l'angle minimal de transmission :

$$\gamma_{1-min} = \delta_{min}$$

$$\gamma_{2-min} = 180° - \delta_{max}$$

Enfin, nous choisissons l'angle le plus petit, entre γ_{1-min} et γ_{2-min}.

2-3   Retour rapide et coefficient des vitesses de la course

2-3-1   Retour rapide

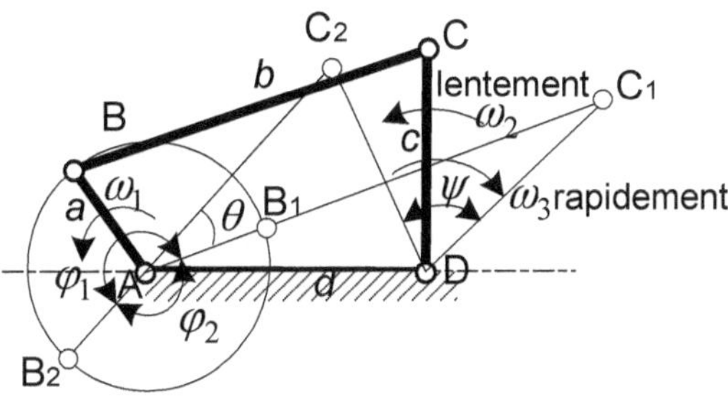

Figure 2-3 Angle de pression

Un système de manivelle balancier.

Pour la course d'aller quand la manivelle **AB** tourne d'un angle φ_1, le point **B** se déplace de B_1 à B_2. Le balancier tourne d'un angle Ψ et le point **C** se déplace de C_1 à C_2.

$$\varphi_1 = 180° + \theta$$

Pour la course de retour quand la manivelle **AB** tourne d'un angle φ_2, le point **B** se déplace de B_2 à B_1. Le balancier tourne d'un angle Ψ et le point **C** se déplace de C_2 à C_1.

$$\varphi_2 = 180° - \theta$$

Le temps pour l'aller de la manivelle :

$$t_1 = \frac{\varphi_1}{\omega_1} = \frac{180° + \theta}{\omega_1}$$

Le temps pour le retour de la manivelle :

$$t_2 = \frac{\varphi_2}{\omega_1} = \frac{180° - \theta}{\omega_1}$$

On en déduit que :

$$t_1 > t_2$$

La vitesse d'aller de balancier :

$$\omega_2 = \frac{\psi}{t_1}$$

La vitesse de retour de balancier :

$$\omega_3 = \frac{\psi}{t_2}$$

Le balancier a une vitesse de retour plus rapide que sa vitesse d'aller.

2-3-2   Coefficient des vitesses de la course de balancier k_v

Le rapport de la vitesse moyenne d'aller et de la vitesse moyenne de retour rapide du balancier s'appelle le coefficient des vitesses de la course de balancier. Nous notons k_v. Si le coefficient k_v est grand, nous pouvons obtenir une grande vitesse pour le retour et une économie du temps de production.

$$k_v = \frac{\text{La vitesse moyenne de retour rapide}}{\text{La vitesse moyenne d'aller}}$$

$$= \frac{\omega_3}{\omega_2} = \frac{t_1}{t_2}$$

$$= \frac{\varphi_1/\omega_1}{\varphi_2/\omega_1} = \frac{\varphi_1}{\varphi_2} = \frac{180° + \theta}{180° - \theta}$$

2-4   Degré de liberté du système d'embiellage

2-4-1   Catégories des articulations

Nous appelons articulation l'élément qui lie deux ou plusieurs pièces. L'articulation permet aux pièces de réaliser certains mouvements sans les séparer les unes des autres.

TABLEAU 2-3   Catégories des articulations spatiales

Catégories		Symbole	Articulation	Degré de liberté	
Dixième	Dans le calcul			Rotation	Déplacement
1	P_1			3	2
2	P_2			2	2
3	P_3	S		3	0
4	P_4	S'		2	0
4	P_5	C		1	1
6	P_6	H		1(0)	(0)1

TABLEAU 2-4   Catégories des articulations dans un plan

| Catégories | | Symbole | Articulation | Degré de liberté | |
Dixième	Pour le calcul			Rotation	Déplacement
4	P_4			1	1
5	P_5 R			1	1
5	P_5 P			0	1

Remarque :

Dans les articulations planes, la cinquième catégorie de l'articulation a un degré de liberté ; nous l'appelons l'articulation basse. Dans l'articulation basse, nous trouvons deux types d'articulation : l'articulation de déplacement et l'articulation de rotation.

Dans les articulations planes, la quatrième catégorie d'articulation a deux degrés de liberté, nous l'appelons l'articulation haute.

2-4-2   Degré des libertés du système d'embiellage dans un plan

Les systèmes plan ont trois directions fixées. Les degrés de liberté du système sont calculés grâce à la formule suivante :

$$L_i = 3n - P_5 - P_4$$

avec :

n	nombre des pièces dans le système mécanique
P_5	nombre de cinquième catégorie des articulations dans le système
P_4	nombre de quatrième catégorie des articulations dans le système

Quelques cas spéciaux

1/ Bille intermédiaire ou rouleau intermédiaire

Quand la bille et le rouleau, construits pour réduire le frottement, ne changent pas le mouvement du système plan d'embiellage, nous ne comptons pas sa présence dans le calcul.

Exemple 2-1 : Calculer les degrés de liberté des systèmes plan d'embiellage.

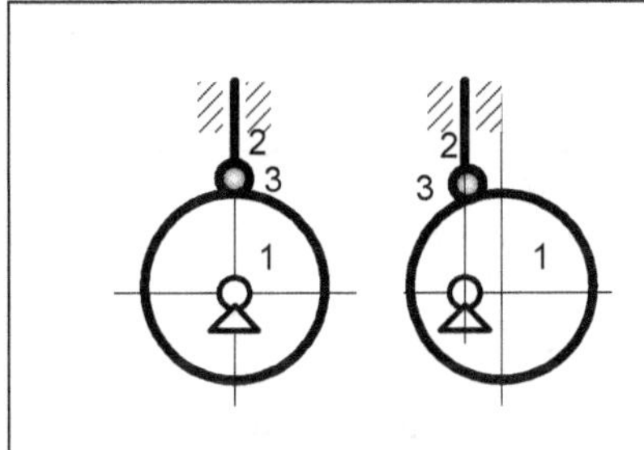

Dans le calcul, nous ne comptons pas la bille 3, le degré de liberté est :

$$n = 3 - 1 = 2$$
$$P_5 = 2$$
$$P_4 = 1$$
$$L_i = 3n - 2P_5 + P_4$$
$$= 3 \times 2 - 2 \times 2 - 1 = 1$$

Le système a un degré de liberté.

2/ Point commun

Si plus de trois pièces de structure plan d'embiellage possèdent le même point d'articulation, le nombre d'articulations devra en avoir un de moins.

Exemple 2-2 : Calculer les degrés de liberté du système plan d'embiellage.

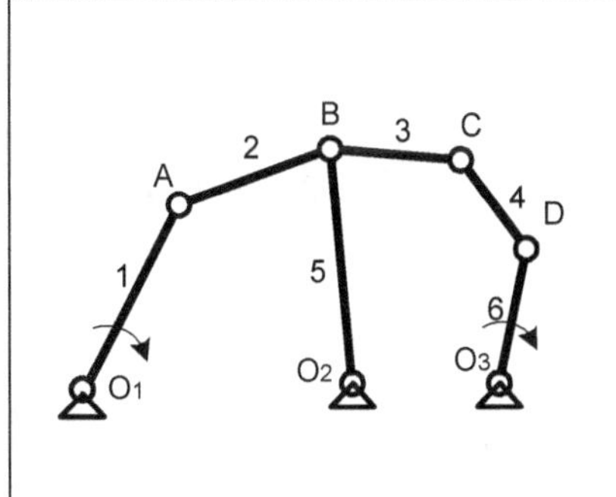

B est un point commun des pièces 2, 3 et 5. Sur le point B, il y a 3 articulations. Dans le calcul, nous comptons le nombre d'articulations $(3 - 1 = 2)$, donc :

$$n = 6$$
$$P_5 = 9 - 1 = 8$$
$$P_4 = 0$$
$$L_i = (3n - 2P_5 - P_4) - 1$$
$$= (3 \times 6 - 2 \times 8 - 0) - 1 = 2$$

Le système a deux degrés de liberté qui sont les rotations autour de O_1 et O_3.

3/ Plusieurs articulations entre deux pièces

Entre deux pièces, il y a deux articulations ou davantage. Nous comptons une seule articulation.

Exemple 2-3 : Calculer les degrés de liberté du système plan d'embiellage.

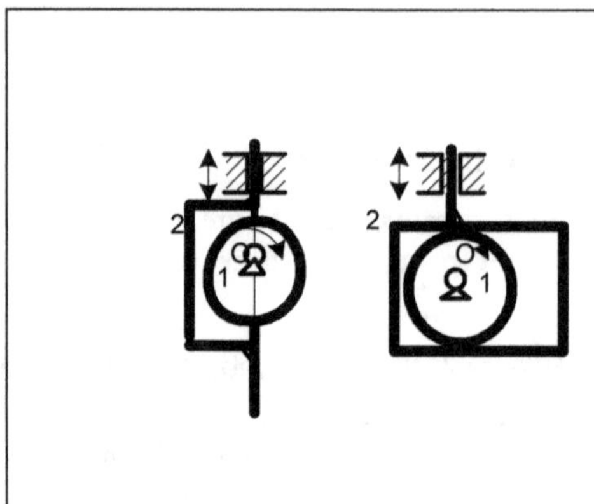

Entre la pièce 1 et la pièce 2, il y a deux articulations de cinquième catégorie. Nous ne comptons qu'une articulation.

$$n = 2$$
$$P_5 = 2$$
$$P_4 = 1$$
$$L_i = 3n - 2P_5 - P_4$$
$$= 3 \times 2 - 2 \times 2 - 1 = 1$$

Le système a un degré de liberté qui est la rotation autour de **O**.

4/ Les deux points des différentes pièces restent toujours à la même distance.

Si les deux points des différentes pièces restent à la même distance, pendant le calcul nous devons supprimer une pièce de trop.

Exemple 2-4 : Calculer les degrés de liberté du système plan d'embiellage.

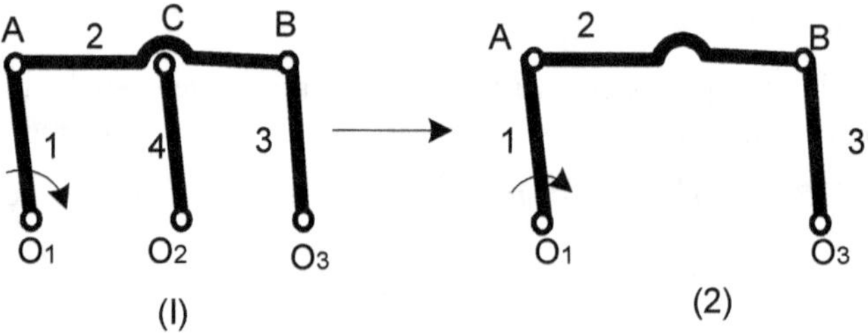

Si nous supprimons la pièce 4, dans cette structure le point C et le point O_2 conservent toujours la même distance. Le degré de liberté du système est :

$$n = 4 - 1 = 3$$
$$P_5 = 4$$
$$P_4 = 0$$
$$L_i = 3n - 2P_5 - P_4$$
$$= (3 \times 3 - 2 \times 4 - 0) = 1$$

Le système a un degré de liberté qui est la rotation autour de O_1.

Autre exemple pour le cas 4 (voir figure ci-après). En supprimant la pièce **CD**, le calcul est le même que l'exemple 2-4 :

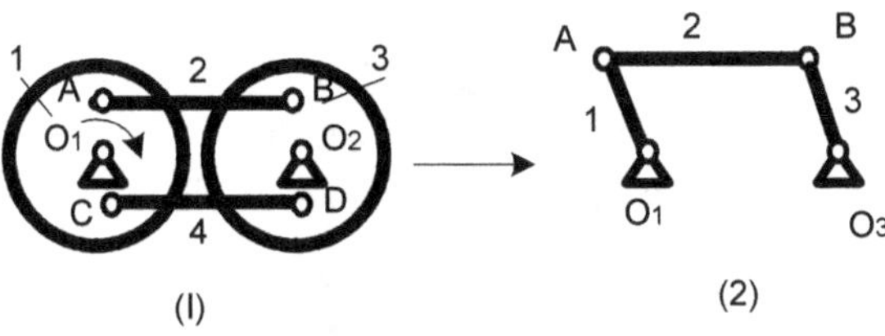

(I)   (2)

5/ Le point, situé sur la bille, se déplace linéairement.

Le point, situé sur la bille, se déplace linéairement. Nous installons un coulisseau sur ce point. Dans le calcul, nous devons supprimer ce coulisseau et l'articulation sur ce point.

Exemple 2-5 : Calculer les degrés de liberté du système plan d'embiellage.

<table>
<tr>
<td>

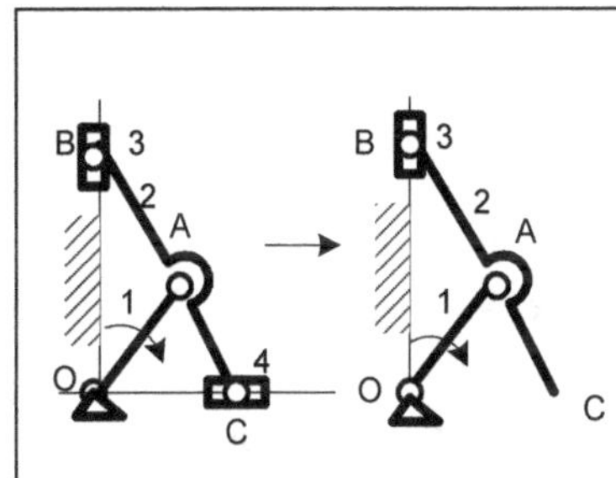

</td>
<td>

Le point **C**, situé sur la pièce **AB**, se déplace linéairement. Le coulisseau 4 s'installe sur le point **C**. Pour le calcul, nous supprimons le coulisseau et l'articulation **C**.

$$n = 4 - 1 = 3$$
$$P_5 = 4$$
$$P_4 = 0$$
$$L_i = 3n - 2P_5 - P_4$$
$$= 3 \times 3 - 2 \times 4 - 0 = 1$$

</td>
</tr>
</table>

6/ Structure symétrique

Si la structure du système est symétrique, la partie symétrique ne modifie pas le mouvement du système. Dans le calcul, nous devons supprimer la partie symétrique.

Exemple 2-6 : Calculer les degrés de liberté du système plan d'embiellage.

<table>
<tr>
<td>

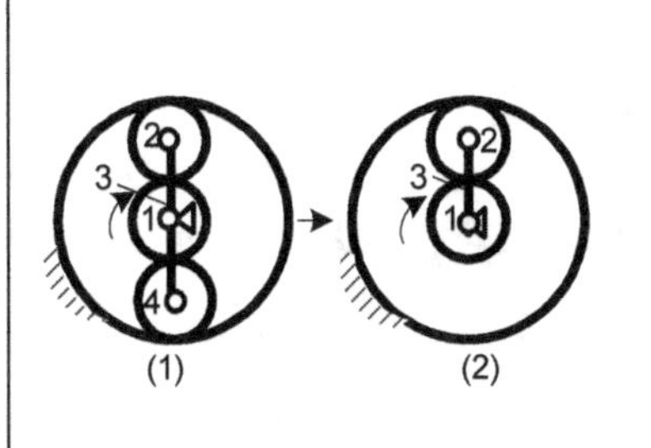

(1)   (2)

</td>
<td>

Dans le système, la pièce 2 et la pièce 4 sont symétriques. Dans le calcul, nous supprimons la pièce 4. Le degré de liberté du système est :

$$n = 4 - 1 = 3$$
$$P_5 = 3$$
$$P_4 = 2$$
$$L_i = 3n - 2P_5 - P_4$$
$$= 3 \times 3 - 2 \times 3 - 2 = 1$$

</td>
</tr>
</table>

Exemple 2-7 : Calculer les degrés de liberté du système d'embiellage dans un plan.

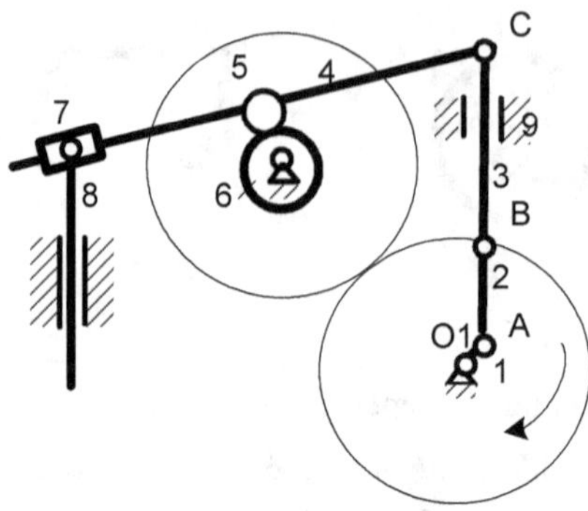

La bille 5 est une bille intermédiaire. Dans le calcul, nous supprimons la bille. Le degré de liberté du système est donc :

$$n = 8 - 1 = 7$$
$$P_5 = 9$$
$$P_4 = 2$$
$$L_i = 3n - 2P_5 - P_4 = 3 \times 7 - 2 \times 9 - 2 = 1$$

Le système a un degré de liberté qui est la rotation autour de O_1.

Exemple 2-8 : Calculer les degrés de liberté du système d'embiellage dans un plan.

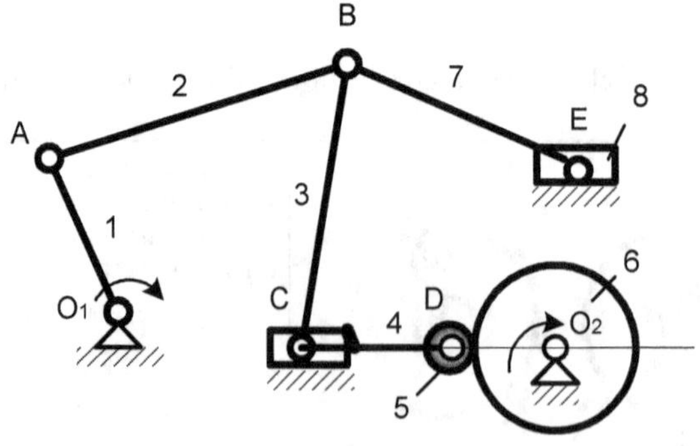

B est un point commun des pièces 2, 3 et 7. Sur le point *B*, il y a (3–1 = 2) articulations de rotation. La bille 5 est une bille intermédiaire, nous la supprimons pendant le calcul.

Le degré de liberté du système est donc :

$$n = 8 - 1 = 7$$
$$P_5 = 9$$
$$P_4 = 1$$
$$L_i = 3n - 2P_5 - P_4 = 3 \times 7 - 2 \times 9 - 1 = 2$$

Le système a deux degrés de liberté, qui sont la rotation autour de O_1 et la rotation autour de O_2.

2-4-3   Degrés des libertés du système d'embiellage spatial

2-4-3-1 Degrés des libertés du système d'embiellage à un cycle de mouvement

En général, le système spatial est toujours un système à un cycle de mouvement. Ce système a un cycle de transmission indépendante de mouvement. Il a au moins une pièce fixée. Son degré de liberté est déterminé :

$$L_i = P_5 + 2P_4 + 3P_3 + 4P_2 + 5P_1 - (6 - M)$$

avec :

P_5 nombre de cinquième catégorie des articulations dans le système

P_4 nombre de quatrième catégorie des articulations dans le système

P_i nombre de énième catégorie des articulations dans le système

– **Méthode pour déterminer le nombre des contraintes *M***

Le système a une contrainte sur une direction si le système perd sa liberté sur cette direction. C'est-à-dire que le système ne peut se déplacer dans cette direction ou le système ne peut tourner dans cette direction.

Nous utilisons le système *RRSC* pour montrer la méthode déterminant le nombre de contraintes *M*.

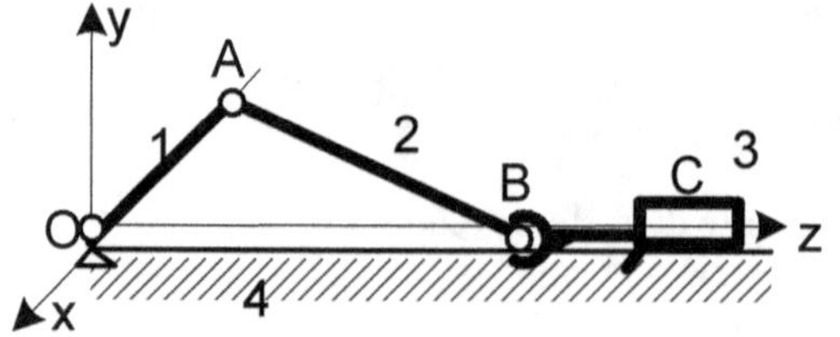

Figure 2-4   Système d'embiellage RRSC

Dans la figure, les liaisons O et A sont des pivots, notées $R(P_5)$. La liaison B est une articulation sphérique notée $S(P_3)$. Les pièces 3 et 4 construisent ensemble un pivot glissant, noté $C(P_4)$. Le système « bielle manivelle coulisseau » peut être noté **RRSC**.

Pour déterminer le nombre de contraintes M, nous coupons le support en deux, 4 et 4'. Nous considérons que 4' est une pièce qui peut réaliser des mouvements.

Les mouvements admissibles de la pièce 4' sont :

– déplacement suivant x et y ;

– rotation autour des axes x, y et z.

Le système est bloqué suivant le déplacement de l'axe z. Le nombre des contraintes est donc $M=1$.

TABLEAU 2-5 Nombre des contraintes M et ses exemples de systèmes spatiaux d'embiellage

Nombre des contraintes M	Exemples de systèmes spatiaux d'embiellage		
$M = 0$	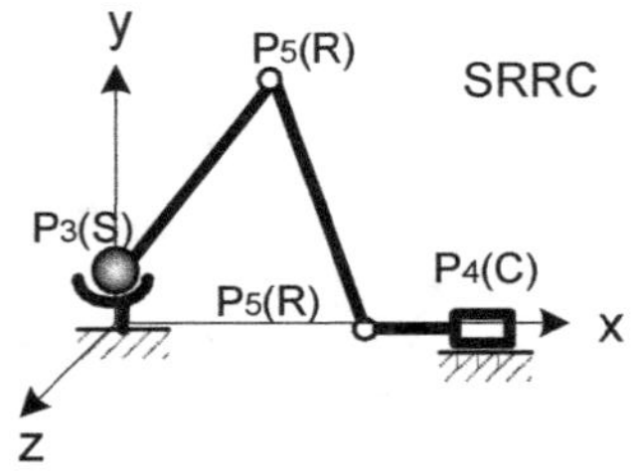 **SRRC** — $P_5(R)$, $P_4(C)$, $P_5(R)$, $P_3(S)$ (axes x, y, z)	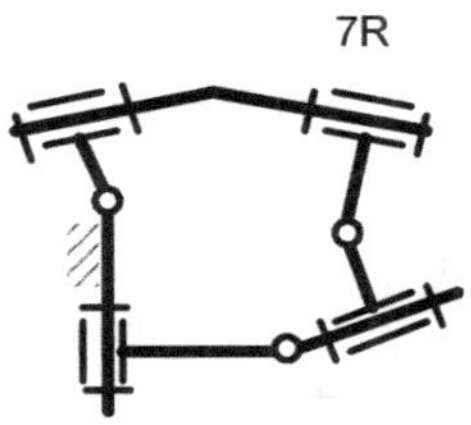 **7R**	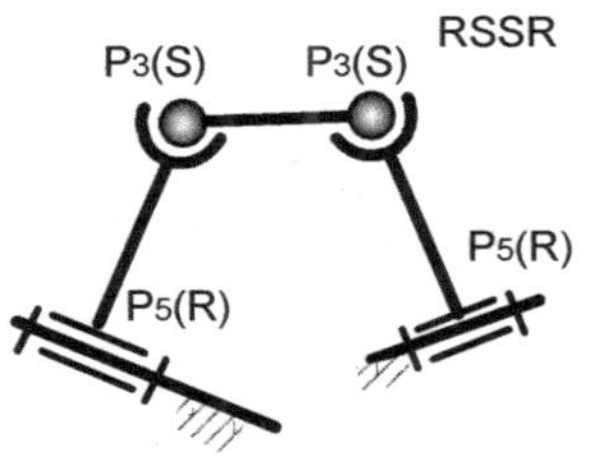 **RSSR** — $P_3(S)$, $P_3(S)$, $P_5(R)$, $P_5(R)$	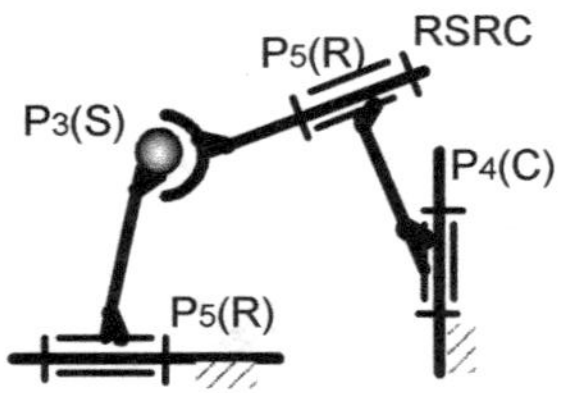 **RSRC** — $P_5(R)$, $P_4(C)$, $P_3(S)$, $P_5(R)$, $P_5(R)$
$M = 1$	**RRSC** — $P_5(R)$, $P_4(C)$, $P_3(S)$, $P_5(R)$, $M(z)$ (axes x, y, z)	**6R** — O_2, O_1, $M(\overline{O_1 O_2})$	**PSRR** — $P_5(R)$, $P_5(R)$, $P_5(R)$, $P_3(S)$, $P_5(P)$, $M(x)$ (axes x, y, z)	**PSRR** — $P_4(C)$, $P_5(R)$, $P_4(C)$, $P_5(R)$, $M(\theta_z)$ (axes x, y, z)

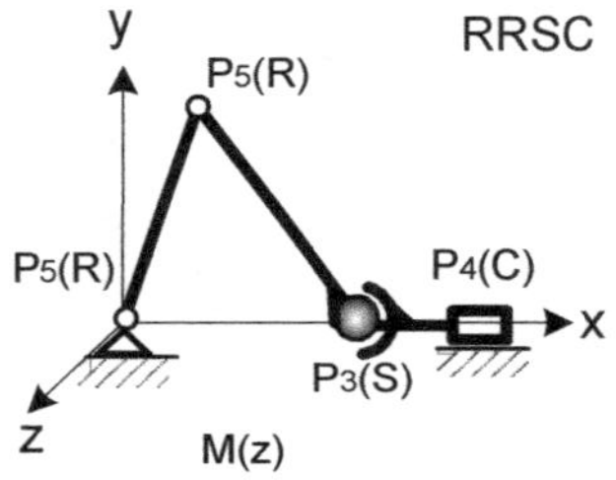

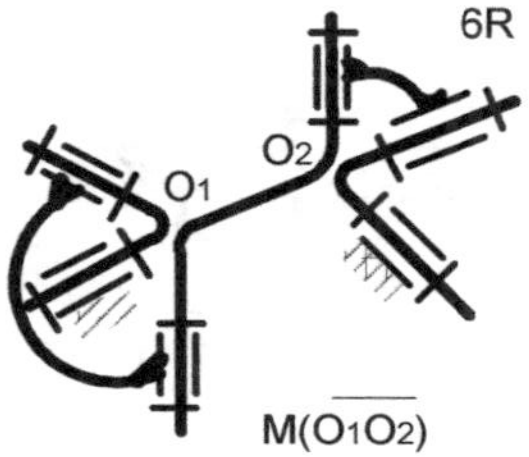

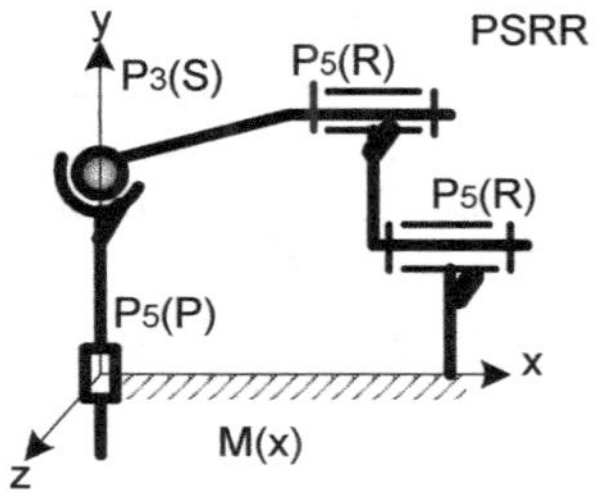

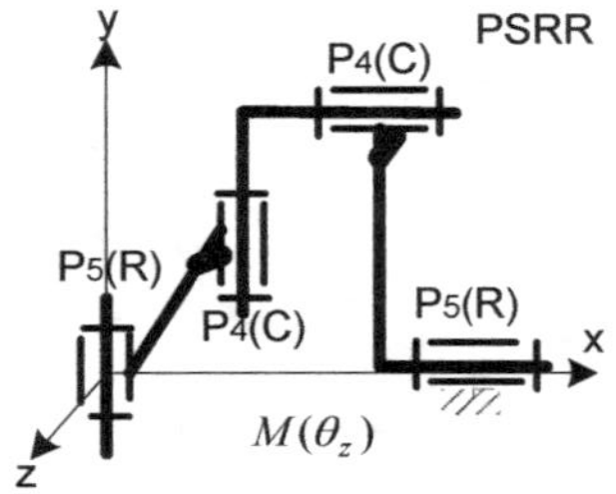

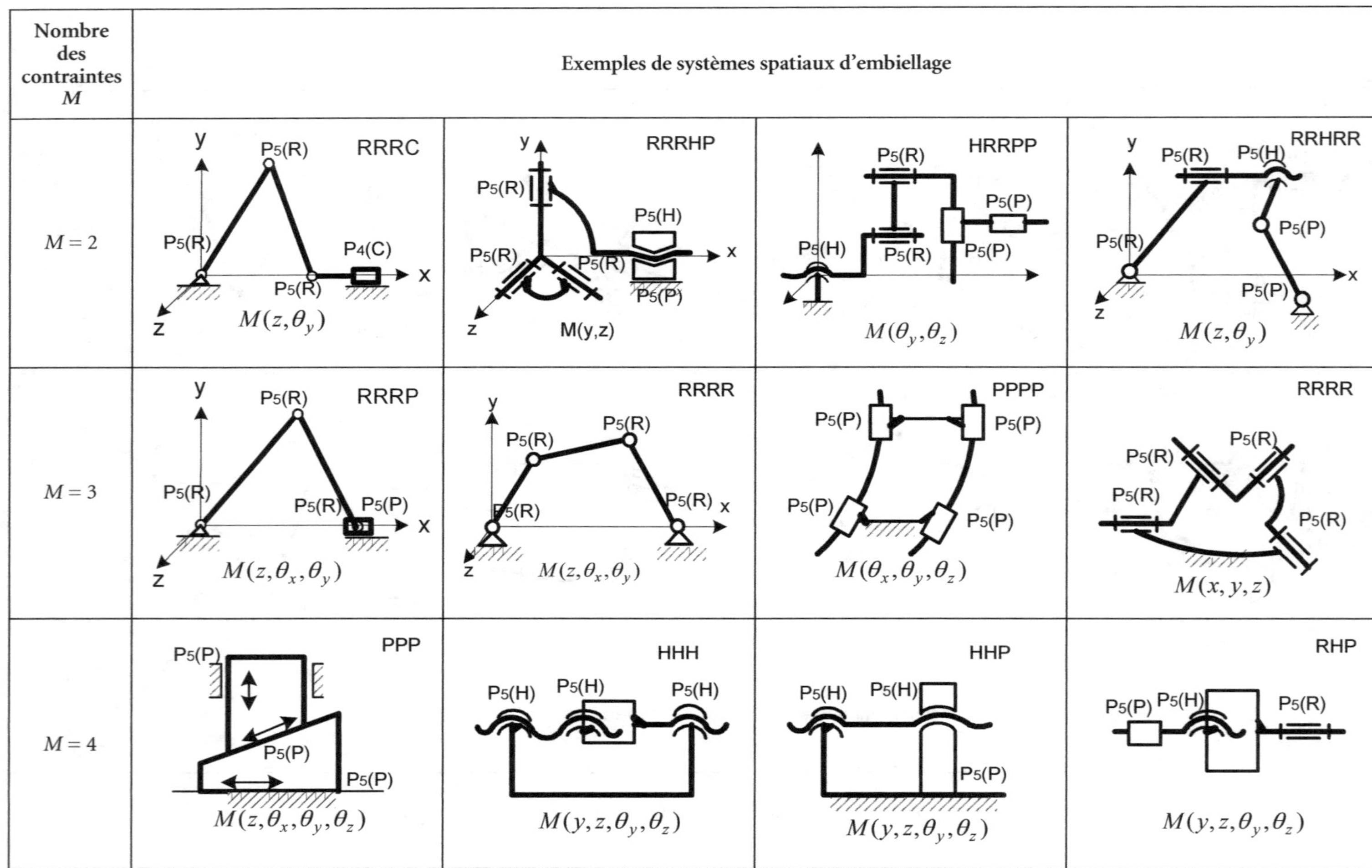

Exemples de systèmes spatiaux d'embiellage

Nombre des contraintes M

M = 2
RRRC
P5(R) P5(R) P5(R) P4(C)
M(z, θ_y)

RRRHP
P5(R) P5(R) P5(R) P5(H) P5(P)
M(y,z)

HRRPP
P5(R) P5(H) P5(R) P5(P) P5(P)
M(θ_y, θ_z)

RRHRR
P5(R) P5(R) P5(H) P5(P) P5(P)
M(z, θ_y)

M = 3
RRRP
P5(R) P5(R) P5(R) P5(P)
M(z, θ_x, θ_y)

RRRR
P5(R) P5(R) P5(R) P5(R)
M(z, θ_x, θ_y)

PPPP
P5(P) P5(P) P5(P) P5(P)
M(θ_x, θ_y, θ_z)

RRRR
P5(R) P5(R) P5(R) P5(R)
M(x, y, z)

M = 4
PPP
P5(P) P5(P) P5(P)
M(z, θ_x, θ_y, θ_z)

HHH
P5(H) P5(H) P5(H)
M(y, z, θ_y, θ_z)

HHP
P5(H) P5(H) P5(P)
M(y, z, θ_y, θ_z)

RHP
P5(P) P5(H) P5(R)
M(y, z, θ_y, θ_z)

Exemple 2-9 : Calculer les degrés de liberté du système spatial d'embiellage.

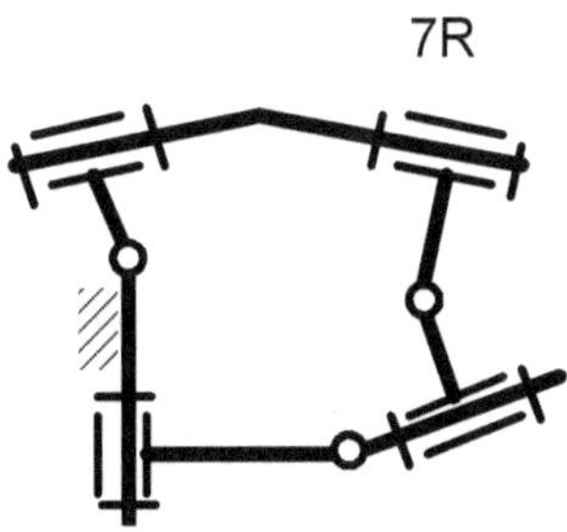

Dans le tableau 2-5, nous trouvons le nombre de contraintes $M=0$ de ce système. Les articulations sont 7R. Le degré de liberté est donc :

$$M = 0$$
$$P_5 = 7$$
$$L_i = P_5 + 2P_4 + 3P_3 + 4P_2 + 5P_1 - (6 - M)$$
$$= P_5 - (6 - M) = 7 - (6 - 0) = 1$$

Exemple 2-10 : Calculer les degrés de liberté du système spatial d'embiellage.

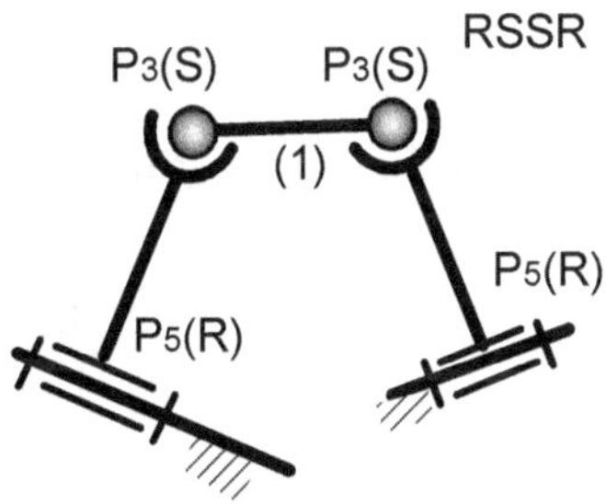

Dans le tableau 2-5, nous trouvons le nombre de contraintes $M=0$ de ce système. Les articulations sont RSSR.

La pièce 1 a ses deux extrémités à l'articulation sphérique. Elle a donc une liberté de rotation autour de son axe axial.

Nous devons le supprimer. Le degré de liberté du système est :

$$M = 0$$
$$P_5 = 2$$
$$P_3 = 2$$
$$L_i = P_5 + 2P_4 + 3P_3 + 4P_2 + 5P_1 - (6 - M) - 1$$
$$= 2 + 3 \times 2 - (6 - 0) - 1 = 1$$

Exemple 2-11 : Calculer les degrés de liberté du système spatial d'embiellage.

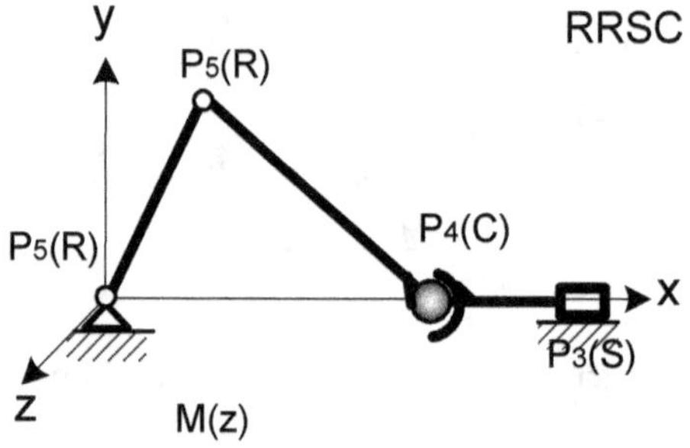

Dans le tableau 2-5, nous trouvons le nombre de contraintes *M=0* de ce système. Les articulations sont **RRSC**. L'articulation $P_4(C)$ est une bille intermédiaire. Nous devons supprimer un degré de liberté pendant le calcul. Le degré de liberté est donc :

$$M = 1$$
$$P_5 = 2$$
$$P_4 = 1$$
$$P_3 = 1$$
$$L_i = P_5 + 2P_4 + 3P_3 + 4P_2 + 5P_1 - (6 - M) - 1$$
$$= 2 + 2 \times 1 + 3 \times 1 - (6 - 1) - 1 = 1$$

Exemple 2-12 : Calculer les degrés de liberté du système spatial d'embiellage.

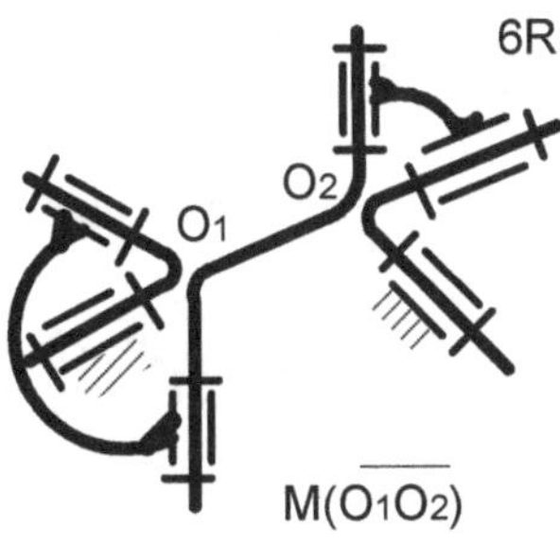

Dans le tableau 2-5, nous trouvons le nombre de contraintes $M=0$ de ce système. Les articulations sont 6R. Le degré de liberté est donc :

$$M = 1$$
$$P_5 = 6$$
$$L_i = P_5 + 2P_4 + 3P_3 + 4P_2 + 5P_1 - (6-M)$$
$$= P_5 - (6-M) = 6 - (6-1) = 1$$

Exemple 2-13 : Calculer les degrés de liberté du système spatial d'embiellage.

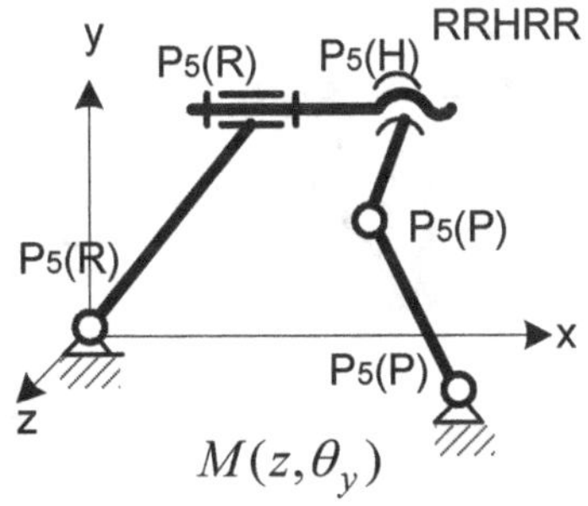

Dans le tableau 2-5, nous trouvons le nombre de contraintes $M=0$ de ce système. Les articulations sont RRHRR. Le degré de liberté est donc :

$$M = 2$$
$$P_5 = 5$$
$$L_i = P_5 + 2P_4 + 3P_3 + 4P_2 + 5P_1 - (6-M)$$
$$= P_5 - (6-M) = 5 - (6-2) = 1$$

2-4-3-2 Degré de liberté du système d'embiellage à plusieurs cycles

Le système a plusieurs cycles de transmission indépendante de mouvement. Chaque cycle a au moins une pièce fixée.

Les degrés de liberté du système d'embiellage à plusieurs cycles sont :

$$L_i = P_5 + 2P_4 + 3P_3 + 4P_2 + 5P_1 - \sum_{i=1}^{k} (6 - M_i)$$

avec :

k nombre de cycles

$$k = \sum P - n = P_1 + P_2 + P_3 + P_4 + P_5 - n$$

M_i nombre de contraintes de i^e cycle

Exemple 2-14 : Calculer les degrés de liberté du système d'embiellage à plusieurs cycles dans l'espace.

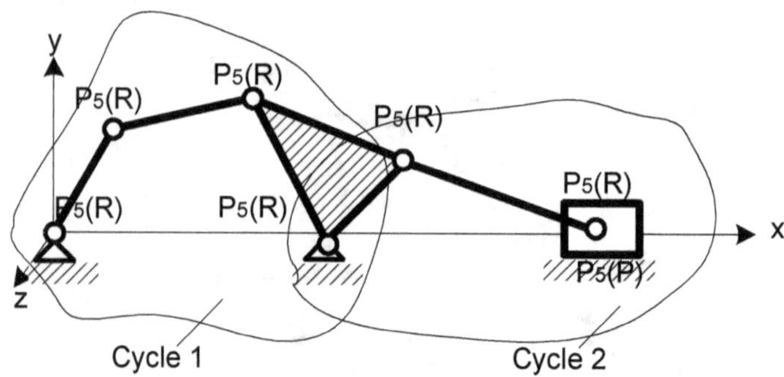

Le système est construit par 5 pièces et 7 articulations de cinquième catégorie. Le nombre de cycles du système d'embiellage est :

$$n = 5$$

$$P_5 = 7$$

$$k = \sum P - n = P_1 + P_2 + P_3 + P_4 + P_5 - n = 0 + 0 + 0 + 0 + 7 - 5 = 2$$

Les nombres des contraintes de deux cycles M_1 et M_2 se trouvent dans le tableau 2-5. Le degré de liberté du système d'embiellage dans l'espace est :

$$M_1 = 3$$
$$M_2 = 3$$
$$L_i = P_5 + 2P_4 + 3P_3 + 4P_2 + 5P_1 - \sum_{i=1}^{k} (6 - M_i)$$
$$= P_5 - (6 - M_1) - (6 - M_2)$$
$$= 7 - (6 - 3) - (6 - 3) = 1$$

Comme cette structure est un système d'embiellage plan, nous pouvons donc utiliser la formule pour le système plan. Nous trouvons le même résultat (voir ci-après) :

$$n = 5$$
$$P_5 = 7$$
$$L_i = 3n - 2P_5 - P_4$$
$$= 3 \times 5 - 2 \times 7 - 0 = 1$$

Exemple 2-15 : Calculer les degrés de liberté du système d'embiellage à deux cycles dans l'espace.

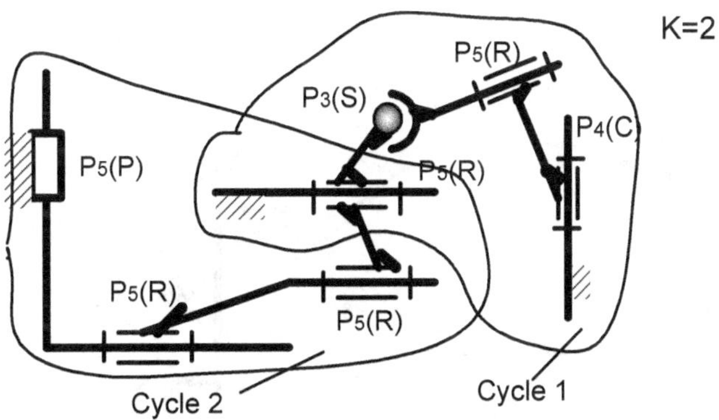

Le système est construit par 2 cycles du mouvement avec 5 pièces, 5 articulations de cinquième catégorie, une de quatrième catégorie et une de troisième catégorie.

$$n = 5$$
$$P_5 = 5$$
$$P_4 = 1$$
$$P_3 = 1$$

Le nombre de cycles du système d'embiellage est déterminé :

$$k = \sum P - n = P_1 + P_2 + P_3 + P_4 + P_5 - n = 0 + 0 + 1 + 1 + 5 - 5 = 2$$

Le nombre des contraintes de deux cycles M_1 et M_2 se trouve dans le tableau 2-5 :

$$M_1 = 3$$
$$M_2 = 3$$

Les degrés de liberté du système d'embiellage dans l'espace sont :

$$L_i = P_5 + 2P_4 + 3P_3 + 4P_2 + 5P_1 - \sum_{i=1}^{k} (6 - M_i)$$
$$= P_5 - (6 - M_1) - (6 - M_2)$$
$$= 7 - (6 - 3) - (6 - 3) = 1$$

Exemple 2-16 : Calculer les degrés de liberté du système d'embiellage à plusieurs cycles dans l'espace.

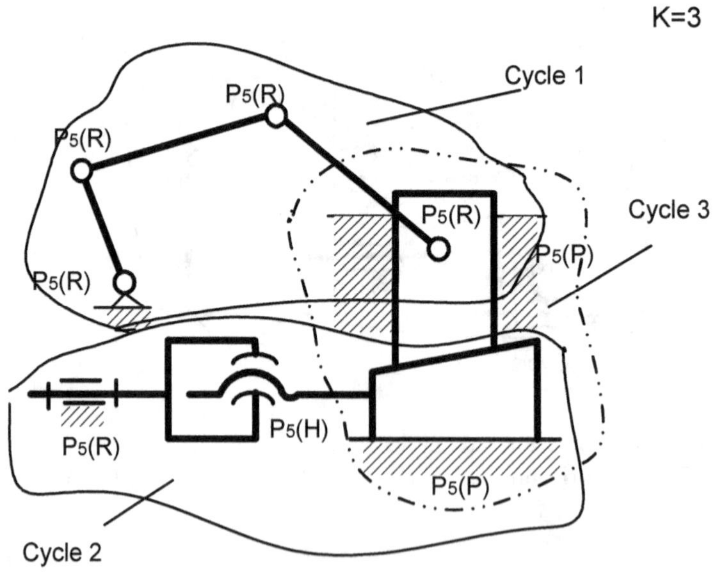

Le système est construit par 6 pièces, 9 articulations de cinquième catégorie.

$$n = 6$$
$$P_5 = 9$$

Le nombre de cycles du système d'embiellage est :

$$k = \sum P - n = P_1 + P_2 + P_3 + P_4 + P_5 - n$$

$$= 0 + 0 + 0 + 0 + 9 - 6 = 3$$

Le nombre des contraintes de trois cycles, qui est M_1, M_2 et M_3, se trouve dans le tableau 2-5 :

$$M_1 = 3$$
$$M_2 = 4$$
$$M_2 = 4$$

Les degrés de liberté du système d'embiellage dans l'espace sont :

$$L_i = P_5 + 2P_4 + 3P_3 + 4P_2 + 5P_1 - \sum_{i=1}^{k} (6 - M_i)$$

$$= P_5 - (6 - M_1) - (6 - M_2) - (6 - M_3)$$

$$= 9 - (6 - 3) - (6 - 4) - (6 - 4) = 2$$

III   TYPE DU SYSTÈME D'EMBIELLAGE ET MOUVEMENT

3-1   SYSTÈME « BIELLE MANIVELLE » ET SYSTÈME « VILEBREQUIN »

3-1-1   Fonction du système « bielle manivelle »

« Le système bielle manivelle permet de transformer le mouvement rectiligne alternatif d'un piston en mouvement circulaire continu d'un arbre sur lequel est calée la manivelle. Inversement, le mouvement circulaire continu peut être transformé en mouvement rectiligne alternatif. », R . Basquin.

Ce système est utilisé pour les moteurs de train, les machines motrices ou les machines réceptrices, les pompes et les compresseurs à piston.

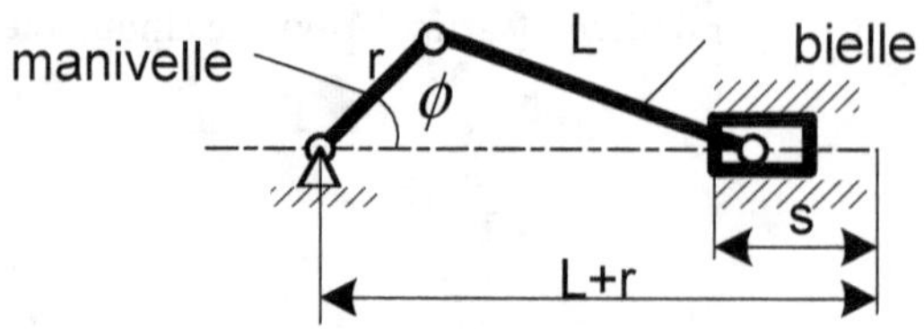

Figure 2-5 Système bielle manivelle

3-1-2   Cinématique

(1) Déplacement :

$$s = r \cdot \left[1 - \cos\phi + \frac{1}{\lambda} - \frac{\sqrt{1 - \lambda^2 \sin^2 \phi}}{\lambda} \right]$$

(2) Vitesse :

$$v = r\omega \cdot \left[\sin\phi + \frac{\lambda \sin^2 \phi}{2\sqrt{1 - \lambda^2 \sin^2 \phi}} \right]$$

(3) Accélération :

$$a = r\omega^2 \cdot \left[\cos\phi + \frac{\lambda(\cos 2\phi + \lambda^2 \sin 4\phi)}{\left(1 - \lambda^2 \sin^2 \phi\right)^{\frac{3}{2}}} \right]$$

avec : $\lambda = \dfrac{r}{L} = \dfrac{1}{4}$ à $\dfrac{1}{6}$

3-1-3   Système de vilebrequin

Le système de vilebrequin est un système de bielle manivelle avec la manivelle « cachée ».

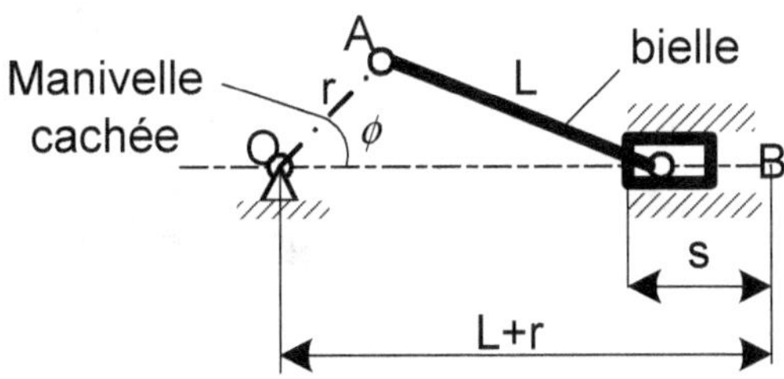

Figure 2-6   Système de vilebrequin

Dans le système de vilebrequin, le côté A de la bielle AB suit un mouvement circulaire continu du vilebrequin sur lequel est calée la manivelle. L'autre extrémité B de la bielle AB est liée avec le piston et donne un mouvement rectiligne alternatif au piston. La manivelle OA est remplacée par le vilebrequin O'A'. La longueur de O'A' est égale à la longueur de OA.

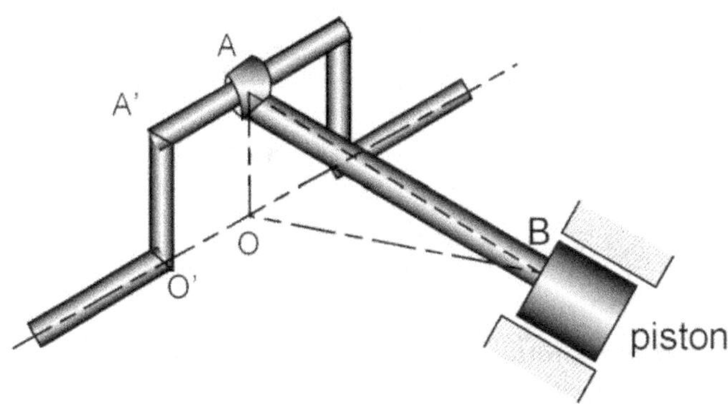

Figure 2-7   Système de bielle manivelle avec la manivelle cachée

Pour l'étude du système de vilebrequin, nous pouvons utiliser la même méthode que pour le système de « bielle manivelle » en employant la « manivelle cachée » comme manivelle.

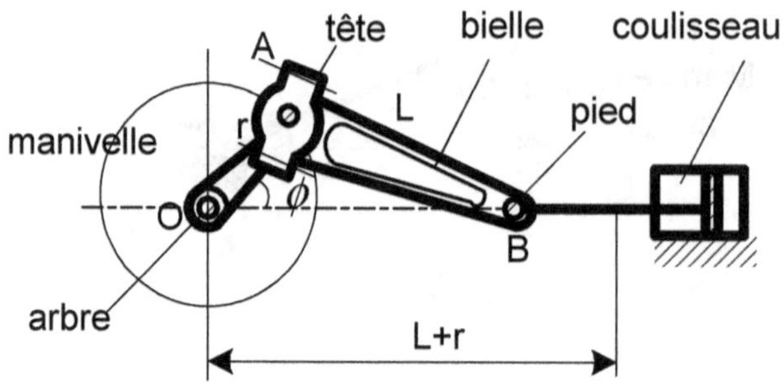

Figure 2-8 Vilebrequin

3-2   SYSTÈME « BIELLE EXCENTRIQUE MANIVELLE »

3-2-1   Fonction du système « bielle excentrique manivelle »

Le système permet de transformer le mouvement circulaire continu en mouvement rectiligne alternatif (excentrique).

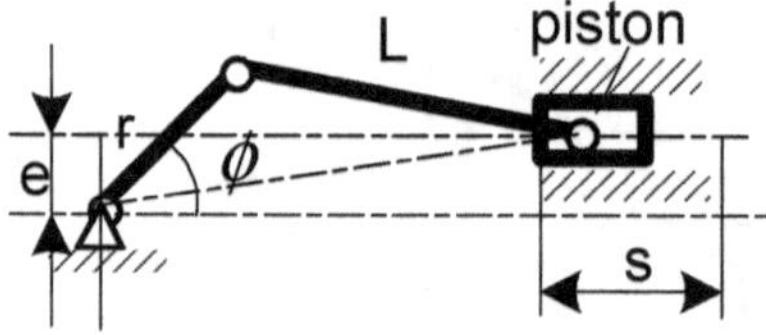

Figure 2-9 Système « bielle excentrique manivelle »

3-2-2   Cinématique(formule approchée)

$$e < r \; ; \quad \lambda = \frac{r}{L}$$

1/ Déplacement du piston :

$$s = r \cdot \left[1 + \frac{\lambda}{4} - \cos\phi - e\sin\phi - \frac{\lambda}{4}\cos 2\phi \right]$$

2/ Vitesse du piston :

$$v = r\omega \cdot \left[\sin\phi - e\cos\phi + \frac{\lambda}{2}\sin 2\phi \right]$$

3/ Accélération du piston :

$$a = r\omega^2 \cdot \left[\cos\phi + e\sin\phi + \lambda\cos 2\phi\right]$$

4/ Course du piston :

$$H = \sqrt{(L+r)^2 - e^2} - \sqrt{(L-r)^2 - e^2}$$

3-3 SYSTÈME « BIELLE À DEUX MANIVELLES »

3-3-1 Fonction du système

Dans le mécanisme bielle à deux manivelles, le système transforme le mouvement circulaire continu en mouvement circulaire continu ou en mouvement circulaire rectiligne. Les deux manivelles peuvent être égales ou différentielles.

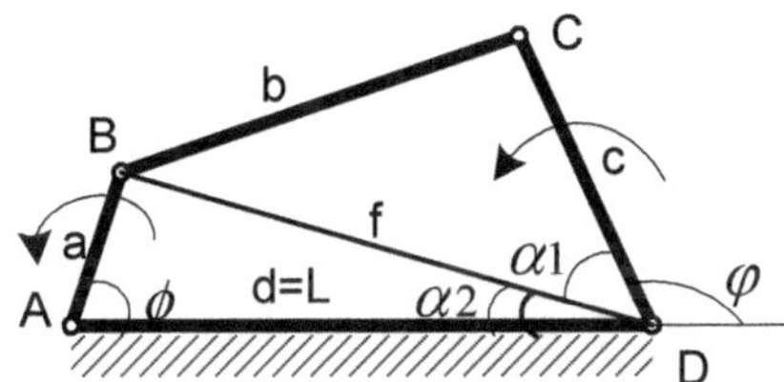

3-3-2 Cinématique

1/ Déplacement angulaire :

$$\psi = \pi - (\alpha_1 + \alpha_2)$$

$$\alpha_1 = \arctan\frac{\alpha\sin\phi}{1 - \alpha\cos\phi}$$

$$\alpha_2 = \arccos\frac{K^2 - 2\alpha\cos\phi}{2f_c}$$

2/ Vitesse angulaire :

$$\frac{d\psi}{dt} = \left[\frac{\alpha(\alpha - \cos\phi)}{f^2} + \frac{\alpha\sin\phi}{s^2}\left(2 - \frac{M^2}{f^2}\right)\right]\frac{d\phi}{dr}$$

3/ Accélération angulaire :

$$\frac{d^2\psi}{dt^2} = \left[\frac{\alpha(\alpha-\cos\phi)}{f^2} + \frac{\alpha\sin\phi}{s^2}\left(2-\frac{M^2}{f^2}\right) \right]\frac{d^2\phi}{dr^2}$$

$$+\left\{ \frac{\alpha\sin\varphi}{f^2}\left[1-\frac{2\alpha(\alpha-\cos\phi)}{f^2}\right] - \frac{2\alpha^2\sin^2\phi}{s^2 f^2}\left(1-\frac{M^2}{f^2}\right)\right.$$

$$\left.+\left(2-\frac{M^2}{f^2}\right)\times\left[\frac{\alpha\cos\phi}{s^2}-\frac{2\alpha^2\sin^2\phi}{s^2}\right]\right\}\left(\frac{d\phi}{dt}\right)^2$$

$$f^2 = 1 + \alpha^2 - 2\alpha\cos\phi;$$
$$M = K^2 - 2\alpha\cos\phi \ ;$$
$$s^2 = \sqrt{4f^2 c^2 - M^2}$$

3-4   SYSTÈME « BALANCIER À COULISSE »

3-4-1   Fonction de système

Le système « balancier à coulisse » permet de transformer le mouvement circulaire continu (par manivelle) en mouvement rectiligne alternatif de balancier à coulisse.

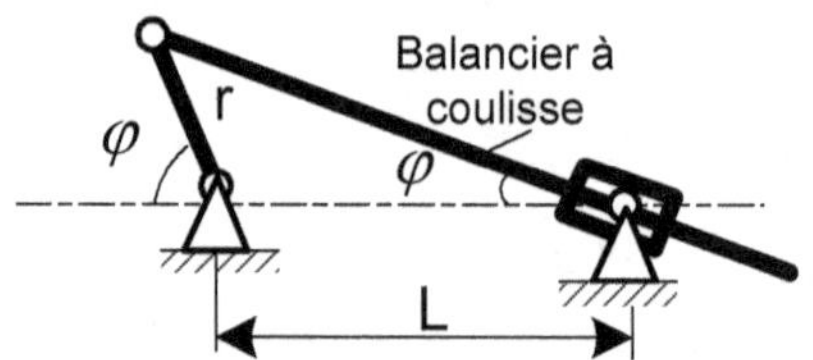

3-4-2   Cinématique

1/ Déplacement angulaire du balancier à coulisse :

$$\varphi = \arctan\left(\frac{\lambda\sin\phi}{1+\lambda\cos\phi}\right)$$

2/ Vitesse angulaire du balancier à coulisse :

$$\frac{d\varphi}{dt} = \frac{\lambda(\lambda+\cos\phi)}{(1+\lambda^2+2\lambda\cos\phi)^2}\omega$$

3/ Accélération angulaire du balancier à coulisse :

$$\frac{d^2\varphi}{dt^2} = \frac{\lambda(\lambda^2 - 1)\sin\phi}{(1 + \lambda^2 + 2\lambda\cos\phi)^2}\omega^2$$

avec :

$$\lambda = \frac{r}{L} \;\; ; \quad \text{Si} \quad \cos\phi = -\lambda, \quad \text{nous avons :} \quad \sin\varphi = \lambda$$

3-5   SYSTÈME « BALANCIER BALANCIER À COULISSEAU »

3-5-1   Fonction du système

Le système permet de transformer le mouvement circulaire alternatif en utilisant un coulisseau produisant un autre mouvement circulaire alternatif.

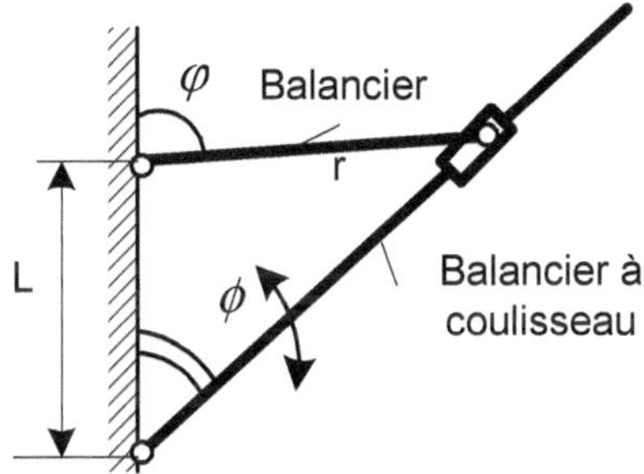

3-5-2   Cinématique

(1) Vitesse angulaire du balancier :

$$\frac{d\varphi}{dt} = \frac{\cos\phi - \sqrt{(\lambda^2 - \sin^2\phi)}}{\sqrt{(\lambda^2 - \sin^2\phi)}}\omega$$

(2) Accélération angulaire du balancier :

$$\frac{d^2\varphi}{dt^2} = \frac{(1 - \lambda^2)\sin\phi}{(\lambda^2 - \sin^2\phi)^{\frac{3}{2}}}\omega^2$$

avec : $\lambda = \dfrac{r}{L} \; ; \; \omega = \dfrac{d\phi}{dt}$

3-6   SYSTÈME « MANIVELLE COULISSEAU À BALANCIER »

3-6-1   Fonction du système

Le système « manivelle coulisseau à balancier » permet de transformer le mouvement circulaire continu en un mouvement rectiligne alternatif de la pièce en utilisant un coulisseau à balancier.

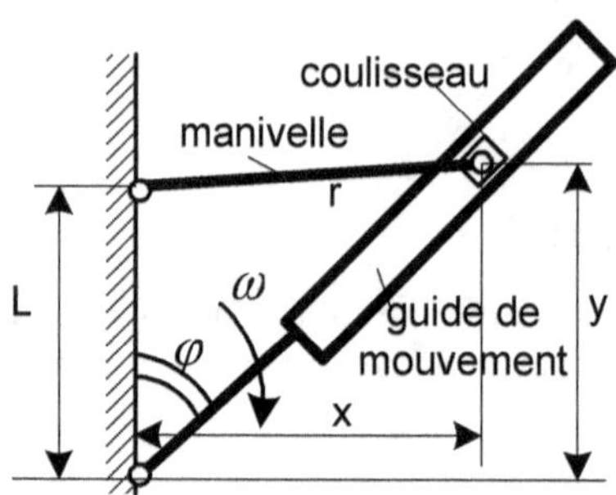

3-6-2   Cinématique

1/ Déplacement du coulisseau :

$$s = \sqrt{x^2 + y^2}$$

$$x = r\left\{\left(1 - \frac{1}{4\lambda^2}\right)\sin\phi + \frac{1}{\lambda}\frac{\sin 2\phi}{2} + \frac{1}{4\lambda^2}\cos 2\phi\sin\phi\right\}$$

$$y = r\left\{\left(1 - \frac{1}{4\lambda^2}\right)\cos\phi + \frac{1}{\lambda}\cos^2\phi + \frac{1}{4\lambda^2}\cos 2\phi\cos\phi\right\}$$

2/ Vitesse du coulisseau :

$$v = \sqrt{\left(\frac{dx}{dt}\right)^2 + \left(\frac{dy}{dt}\right)^2}$$

$$\frac{dx}{dt} = r\omega\left\{\left(1 - \frac{1}{4\lambda^2}\right)\cos\phi + \frac{1}{\lambda}\cos 2\phi + \frac{1}{4\lambda^2}\cos 3\phi - \frac{1}{4\lambda^2}\sin 2\phi\sin\phi\right\}$$

$$\frac{dy}{dt} = -r\omega\left\{\left(1 - \frac{1}{4\lambda^2}\right)\sin\phi + \frac{1}{\lambda}\sin 2\phi + \frac{1}{4\lambda^2}\sin 3\phi + \frac{1}{4\lambda^2}\sin 2\phi\cos\phi\right\}$$

3/Accélération du coulisseau :

$$a = \sqrt{\left(\frac{d^2 x}{dt^2}\right)^2 + \left(\frac{d^2 y}{dt^2}\right)^2}$$

$$\frac{d^2 x}{dt^2} = -r\left\{\omega^2\left(1 - \frac{1}{4\lambda^2} + \frac{1}{4\lambda^2}\cos 2\phi\right)\sin\phi + \frac{1}{2\lambda}(2\omega)^2\sin 2\phi + (3\omega)^2\frac{1}{9\lambda^2}\sin 3\phi\right\}$$

$$\frac{d^2 y}{dt^2} = -r\left\{\omega^2\left(1 - \frac{1}{4\lambda^2} + \frac{1}{4\lambda^2}\cos 2\phi\right)\cos\phi + \frac{1}{2\lambda}(2\omega)^2\cos 2\phi + (3\omega)^2\frac{1}{9\lambda^2}\cos 3\phi\right\}$$

IV   ANALYSE DE MOUVEMENT DE SYSTÈME D'EMBIELLAGE

À partir d'un système d'embiellage connu, nous étudions les mouvements de chaque composant du système.

4-1   Méthode classique (voir réf. 2)

La méthode classique est une méthode géographique. Nous traçons la courbe de déplacement et de la vitesse de la pièce du système avec son mouvement réel.

Exemple 2-17 : un système « bielle manivelle (voir figure ci-après). Tracer la courbe du déplacement et de la vitesse.

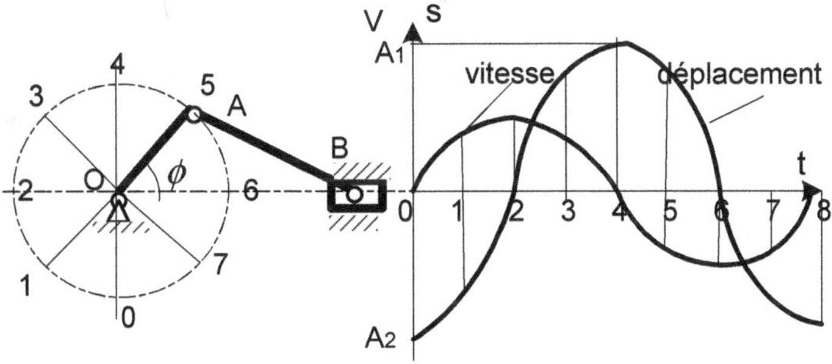

Nous divisons la circonférence décrite par le centre du pied de manivelle en huit parties égales. A_1A_2 est la course du point A. Quand le point A effectue le trajet du point *1* jusqu'au point *8*, nous traçons la courbe du déplacement en fonction du temps.

Si le point A se déplace de la distance **ds** pendant une durée du temps **dt**, la vitesse du point A est égale à :

$$V = \frac{ds}{dt}$$

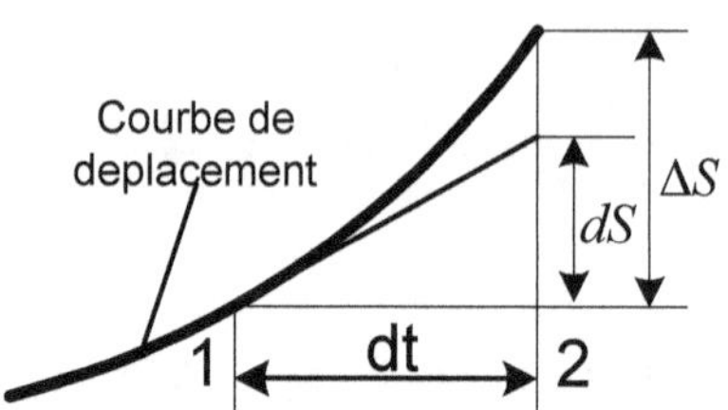

Si nous divisons la circonférence en petites parties très fines, nous avons $\Delta S \approx ds$. Supposons que dt = 1, nous avons $V_1 = \Delta S_1$, $V_2 = \Delta S_2$, etc. À partir d'une courbe de déplacement, nous obtenons la courbe de la vitesse.

4-2   Méthode du centre instantané de la vitesse

4-2-1   Définition

Entre les deux barres du système, il existe un mouvement relatif. Le point par rapport auquel les vitesses instantanées relatives ou réelles de deux barres sont égales se nomme le centre instantané de la vitesse.

Le point par rapport auquel la vitesse est nulle se nomme le centre instantané réel. Si la vitesse du point est différente de zéro, le point s'appelle le centre instantané relatif.

Nous utilisons les centres instantanés pour déterminer la vitesse de la manivelle ou la vitesse du coulisseau.

4-2-2   Nombre de centres instantanés de la vitesse

$$n_c = \frac{m_b \cdot (m_b - 1)}{2}$$

avec : m_b nombre de barres dans le système « bielle manivelle »

4-2-3   Déterminer les positions des centres instantanés de la vitesse

4-2-3-1 Utiliser la définition pour déterminer la position du centre instantané de la vitesse.

TABLEAU 2-3 Position du centre instantané de la vitesse

Position du centre instantané de la vitesse	Figure
1/Les deux barres sont adjacentes. Le point commun est le centre instantané de la vitesse.	
2/La vitesse de tous les points de la pièce 1 est parallèle à la vitesse de la pièce 2. Le centre instantané de la vitesse se trouve dans l'infini vertical du coulisseau.	
3/Le mouvement entre deux pièces est un mouvement circulaire simple. La vitesse au point de contact est nulle. Le point de contact est le centre instantané de la vitesse.	
4/Le mouvement entre deux pièces est un mouvement circulaire avec glissement relatif. Le centre instantané de la vitesse se trouve sur la ligne normale au point du contact.	

4-2-3-2 Utiliser la règle des « trois centres »

Règle des « trois centres » : Si trois pièces sont sur le même système « bielle et manivelle », leurs centres instantanés de vitesse se trouvent sur une ligne droite.

Exemple 2-18 : un système « bielle et manivelle » (voir figure ci-après). Déterminer ses centres instantanés.

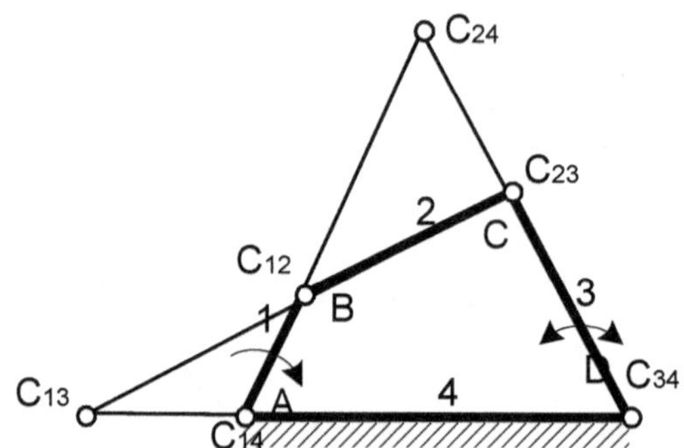

(1) Déterminer le nombre de centres instantanés de la vitesse :

Dans la figure, le nombre de barre est $m_b = 4$.

Avec la formule présente dans ce chapitre (voir ce chapitre, 4-4-2), le nombre de centres instantanés de la vitesse est déterminé :

$$n = \frac{m_b \div (m_b - 1)}{2} = \frac{4 \times (4 - 1)}{2} = 6$$

(2) Dans la figure, les quatre points *A*, *B*, *C* et *D* sont liés au couple de deux barres. Exemple : A est le point lié à la barre 1 et la barre 2.

Au point *A*, la vitesse des barres 1 et 2 est égale. Par la même méthode, les points *B*, *C* et *D* sont liés aux barres 2 et 3, 3 et 4, 4 et 1.

En utilisant la définition du centre instantané de la vitesse, nous savons que les points *A*, *B*, *C* et *D* sont les quatre centres instantanés de la vitesse C_{14}, C_{12}, C_{23} et C_{34}.

(3) En utilisant la règle des « **trois centres** », nous prolongeons les lignes AB et DC et trouvons le centre instantané de la vitesse C_{24}. De la même façon, nous trouvons le sixième centre instantané de la vitesse C_{13}.

(4) Vitesse angulaire : À partir de la définition du centre instantané de la vitesse, nous savons qu'au point C_{13}, les vitesses angulaires de barre 1 et barre 2 sont égales. Nous avons donc la vitesse de la barre 3 :

$$\omega_1 L_{C_{13}C_{14}} = \omega_3 L_{C_{34}C_{13}}$$

$$\omega_3 = \omega_1 \frac{L_{C_{13}C_{14}}}{L_{C_{34}C_{13}}}$$

Exemple 2-19 : un système « bielle manivelle » (voir figure ci-après). Déterminer ses centres instantanés et la vitesse V_3.

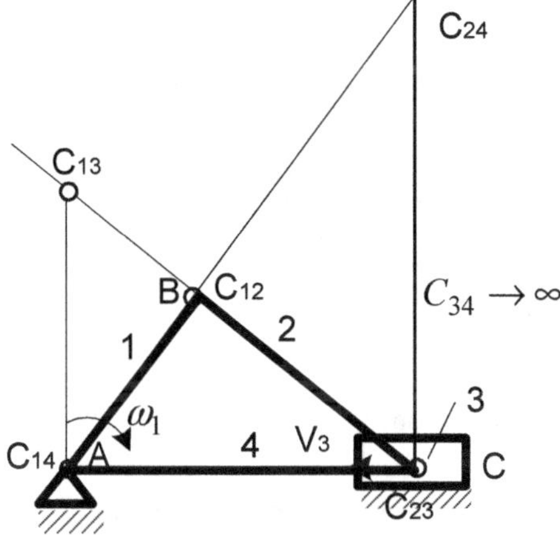

(1) Déterminer le nombre de centres instantanés de la vitesse :

Dans la figure, le nombre de barres (avec coulisseau) est $m_b = 4$.

Avec la formule présentée dans ce chapitre (IV-2-2), le nombre de centres instantanés de la vitesse est déterminé :

$$n = \frac{m_b \div (m_b - 1)}{2}$$

$$= \frac{4 \times (4 - 1)}{2} = 6$$

(2) En utilisant la définition du centre instantané de la vitesse et la règle des « **trois centres** » (voir ce chapitre, 4-3-2), nous trouverons ces six centres instantanés de la vitesse.

Le centre instantané C_{34} se trouve à l'infini.

(3) Avec la définition du centre instantané de la vitesse, la vitesse de la barre 1 est égale à la vitesse du coulisseau 3 au centre C_{13}. La vitesse du coulisseau est donc :

$$V_3 = \omega_1 \cdot L_{C_{13}C_{14}}$$

Remarque :

a/ Nous utilisons les centres instantanés pour déterminer la vitesse de la manivelle ou la vitesse du coulisseau.

b/ Le centre du coulisseau se trouve à l'infini.

4-3   Méthode de « structure standard »

4-3-1   Structure standard

Pour faciliter l'utilisation de l'informatique dans l'étude des structures complexes, nous définissons les structures standard. Supposons qu'une structure quelconque est construite par des structures standard. En différenciant les articulations, les structures standard présentent les quatre catégories ci-après.

TABLEAU 2-6 Catégories de structure standard

Catégories de structure standard	Caractéristique	Exemple
I	1/ Une pièce seule avec des articulations ou des coulisseaux 2/ Le nombre d'articulation peut être deux ou plusieurs. 3/ Dans la catégorie I, tous les mouvements sont connus.	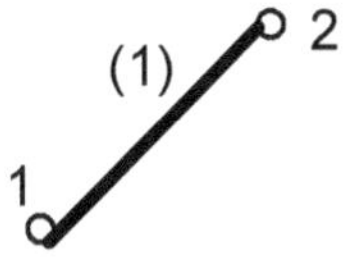 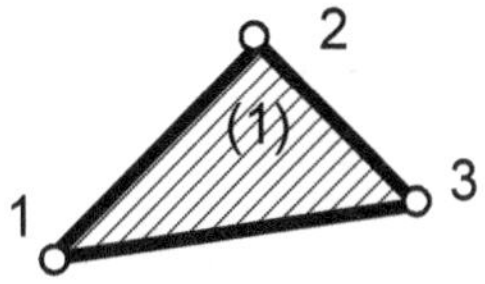
II	1/ Chaque pièce de structure standard a deux articulations basses. 2/ Nombre de pièces : $(n = 2)$ 3/ Nombre d'articulations basses égal à deux : $(m_b = 3)$	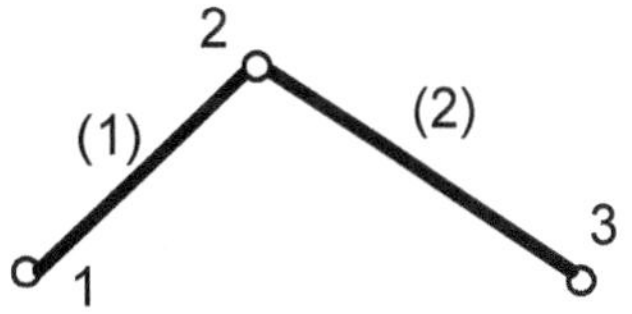 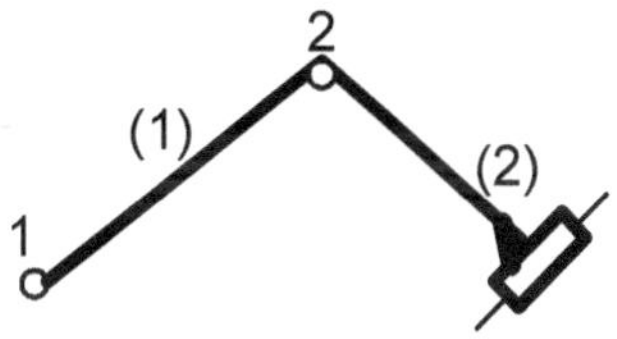 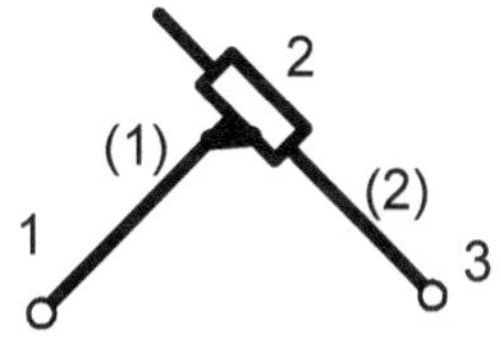 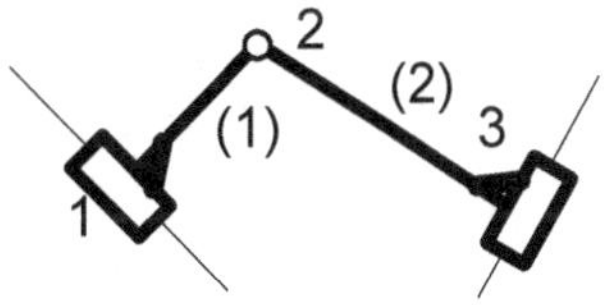 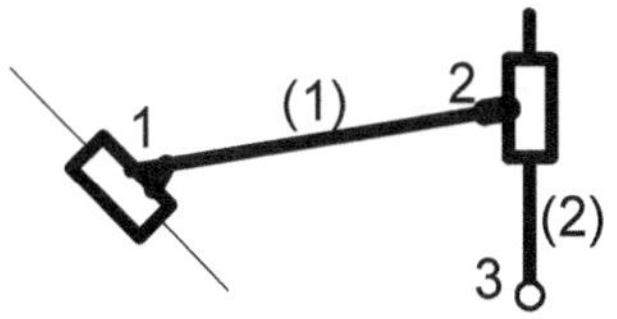

Catégories de structure standard	Caractéristique	Exemple
III	Une pièce ou plusieurs pièces de structure standard doivent posséder trois articulations basses.	**1** /Nombre de pièces : $n_1 = 4$ **2**/Nombre d'articulations basses : $m_{b1} = 6$ **1** /Nombre de pièces : $n_2 = 6$ **2**/Nombre des articulations basses : $m_{b2} = 9$
IV	Le système doit avoir un ou plusieurs quadrilatères construits par des barres ou côtés de pièce.	**1** /Nombre de pièces : $n = 4$ **2**/Nombre des articulations basses : $m_b = 6$ **1**/ Nombre de pièces : $n = 6$ **2**/ Nombre des articulations basses : $m_b = 9$

P.C Le degré de liberté d'articulation basse est $L_b = $ ***de 1 à 2*** (voir chapitre 1, 4-1).

TABLEAU 2-7 Catégories de structure standard (avec un piston hydraulique ou d'aire)

Catégories de structure standard	Caractéristiques	Exemple
II	Chaque pièce de structure standard a deux articulations basses.	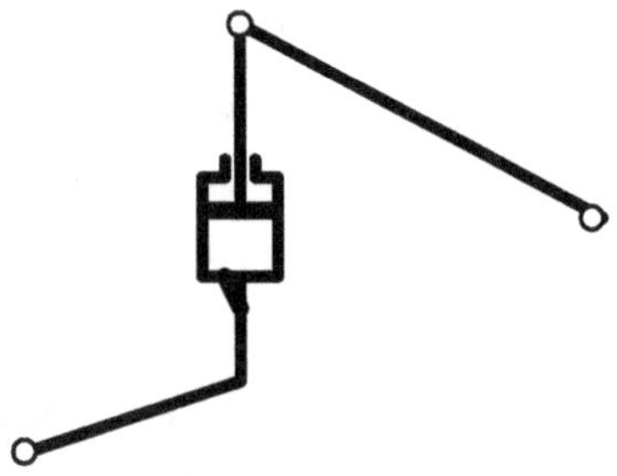
III	Une pièce ou plusieurs pièces de structure standard doivent posséder trois articulations basses.	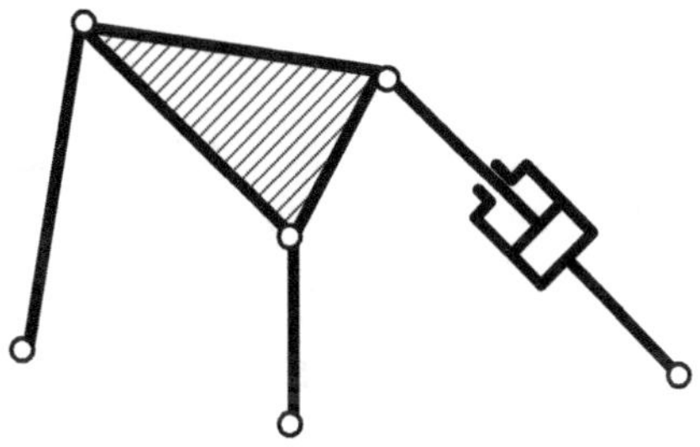
IV	Le système doit avoir un ou plusieurs quadrilatères construits par des barres ou côtés de pièce.	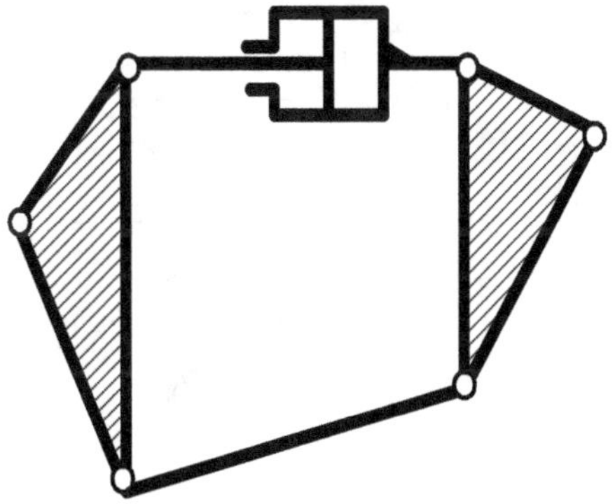

4-3-2   étude pour l'articulation haute

Les structures standard n'ont pas d'articulations hautes. Si le système a des articulations hautes, nous devons les transformer en articulations basses (voir tableau 2-8).

La méthode de transformation dépend du besoin mais la transformation quelconque ne doit pas changer le degré de liberté du système.

Exemple 2-20 : un système de came avec une articulation haute. Transformer cette articulation haute en articulation basse mais ne pas changer le degré de liberté du système.

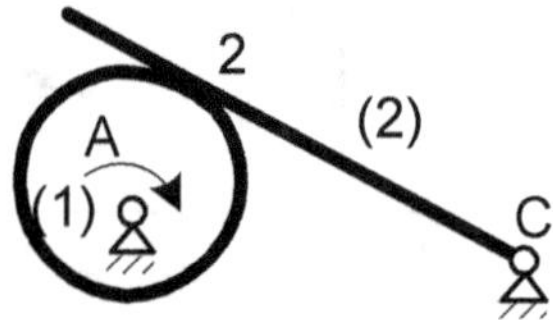

L'articulation numéro 2 a 5 degrés de liberté. C'est donc une articulation haute. Nous pouvons transformer les quatre structures différentes qui ont un même degré de liberté. (voir ci-après).

TABLEAU 2-8   Transformation de l'articulation glissée

(a)	(b)
(c)	(d)

L'exemple 2-20 pourra être utilisé dans les cas où il existe des articulations glissées. Toutes les articulations glissées peuvent transformer ces quatre formes de structures standard, sans changer le degré de liberté de système.

TABLEAU 2-9 Transformation de l'articulation courante

Type du contact	Une courbe et une courbe	Une courbe et une ligne	Une courbe et un point	Un point et une ligne
Structure d'origine				
Structure transformée				

4-3-3   Transformer un système d'embiellage en plusieurs « structures standard »

Procédure

1/ Transformer toutes les articulations en articulations basses (structures standard) (voir ce chapitre, 4-3-1).

2/ Séparer la structure standard un par un. Après chaque séparation, le reste de la structure doit être une structure entière.

3/ Déterminer le système d'embiellage par catégories :

Dans le système d'embiellage, la plus haute catégorie de structure standard définit la catégorie du système d'embiellage. Si dans les structures standard du système, la dixième catégorie est la plus haute catégorie, nous écrirons que ce système d'embiellage est un système de dixième catégorie.

Nous utilisons l'exemple ci-après pour expliquer cette procédure.

Exemple 2-21 : un mécanisme dans un plan. Séparer la structure en « structure standard » et déterminer la catégorie de structure.

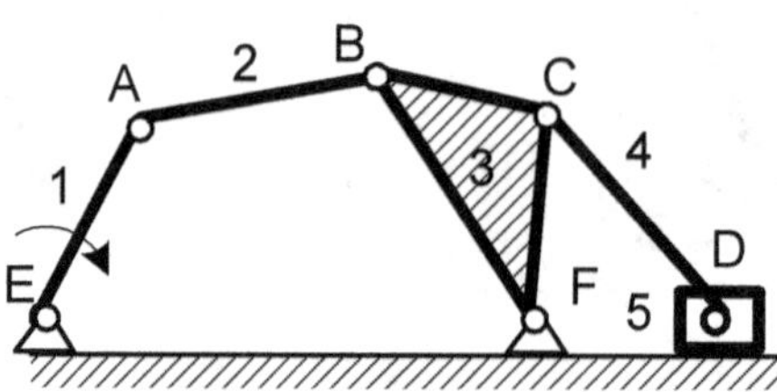

1/ Séparer la « structure standard (1) » qui comprend les pièces 4 et 5 avec deux articulations *C* et *D*.

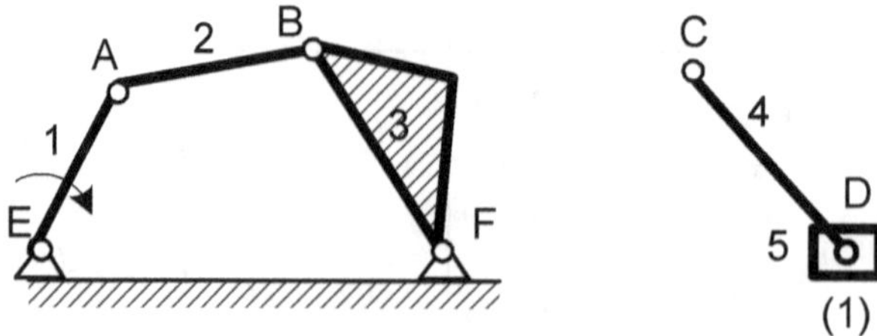

2/ Séparer la « structure standard» (2), qui comprend les pièces 2 et 3 avec trois articulations *A*, *B* et *F*.

Il reste la pièce 1 et l'articulation *E*.

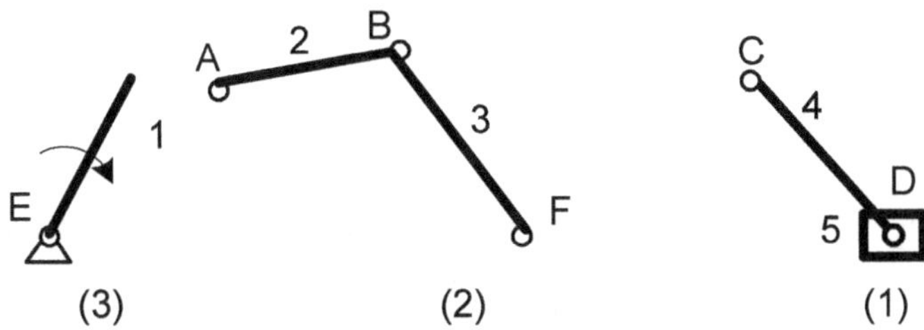

Ce système a trois structures standard. La deuxième structure standard est une structure de deuxième catégorie. Les autres sont des structures de première catégorie.

Ce système est donc un système de deuxième catégorie avec un degré de liberté-rotation autour du centre *E*.

Exemple 2-22 : un mécanisme dans un plan. Séparer la structure en « structures standard ». Les pièces 1 et 6 effectuent un mouvement circulaire.

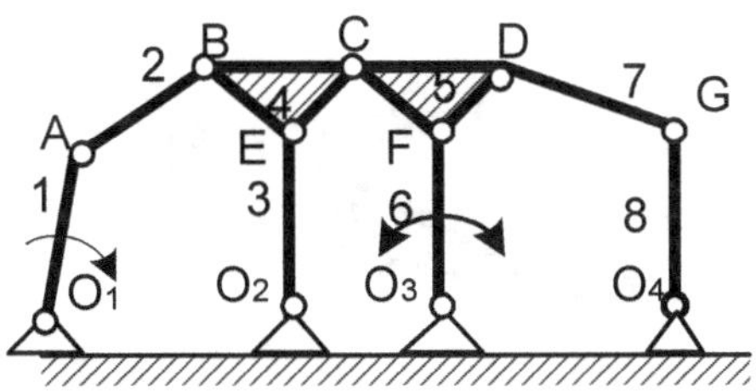

1/ Séparer la « structure standard (1) » qui comprend les pièces 7 et 8 avec 3 articulations *D*, *G* et O_4.

2/ Séparer la « structure standard» (2), qui comprend les pièces 2, 3, 4 et 5 avec 6 articulations *A*, *B*, *C*, *E*, *F* et O_2.

Il reste la pièce 1 et l'articulation O_1, la pièce 1 et l'articulation O_3.

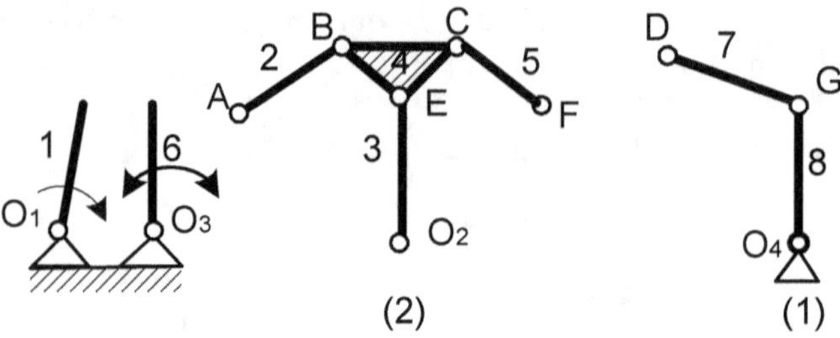

Ce système a quatre structures standard. La troisième structure standard est une structure de troisième catégorie. La quatrième est une structure de deuxième catégorie. Les autres sont des structures de première catégorie.

Ce système est donc un système de troisième catégorie avec deux degrés :

– un mouvement circulaire autour du centre O_1 ;

– un mouvement circulaire alternatif comme balancier autour du centre O_3.

4-3-4   Analyser le mouvement par la méthode de « structure standard »

4-3-4-1 Règle du mouvement pour la structure standard de première catégorie

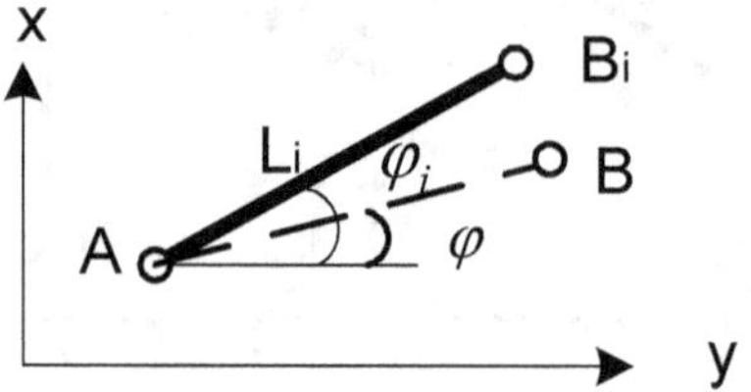

Figure 2-10   Mouvement d'un point par rapport à un autre point

Supposons que le point **B** est un point quelconque de pièce **AB**. Le point **B** se déplace par rapport au point **A**. B_i est la position du point **B** à l'instant i. L_i est la longueur de **AB** à l'instant i. Nous déterminons le mouvement du point **B**.

(1) Position du point B par rapport au point A :

$$x_B = x_A + L_i \cos\varphi_i$$
$$y_B = y_A + L_i \sin\varphi_i$$

(2) Vitesse du point B par rapport au point A :

$$V_{Bx} = V_{Ax} - \varphi_i{}' L_i \cos\varphi_i$$
$$V_{By} = V_{Ay} + \varphi_i{}' L_i \sin\varphi_i$$

(3) Accélération du point B par rapport au point A :

$$a_{Bx} = a_{Ax} - (\varphi_i{}')^2 L_i \cos\varphi_i - \varphi_i{}'' L_i \sin\varphi_i$$
$$a_{By} = a_{Ay} - (\varphi_i{}')^2 L_i \sin\varphi_i + \varphi_i{}'' L_i \cos\varphi_i$$

avec :

φ_i	position de la barre AB à l'instant i
$\varphi_i{}'$	vitesse angulaire de la barre AB à l'instant i
$\varphi_i{}''$	accélération angulaire de la barre AB à l'instant i
x_b, y_b	position du point B suivant la direction x et y
V_{bx}, V_{by}	vitesse du point B suivant la direction x et y
a_{bx}, a_{by}	accélération du point B suivant la direction x et y

4-3-4-2 Mouvement de « structure standard » (deuxième catégorie)

Dans le tableau 2-9, nous montrons simplement les mouvements de structures de deuxième catégorie RRR et RRP. Nous pouvons effectuer les équations des autres structures en utilisant la même méthode.

Pour la troisième et la quatrième catégorie, nous utilisons la méthode de cycle de vecteur.

TABLEAU 2-9   Mouvement de « structure standard »

Structure standard	Fugitif	Mouvement (Déplacement, vitesse, accélération)
Cas 1 Système RRR		**Position de structure S** $S_{BD} = \sqrt{(x_2 - x_1)^2 + (y_2 - y_1)^2}$ $S_{BD} \geq \lvert L_1 + L_2 \rvert \quad$ et $\quad S_{BD} \leq \lvert L_1 - L_2 \rvert$ $\tan\varphi_2 = \dfrac{y_2 - y_1}{x_2 - x_1}$ **Vitesse angulaire ω_1 et ω_2 des barres 1 et 2** $C_1 = L_1 L_2 (\cos\varphi_1 \sin\varphi_2 - \sin\varphi_1 \cos\varphi_2)$ $\omega_1 = \left[L_D \cos\varphi_2 (V_{Dx} - V_{Bx}) + L_D \sin\varphi_2 (V_{Dy} - V_{By}) \right] / C_1$ $\omega_2 = \left[L_B \cos\varphi_1 (V_{Dx} - V_{Bx}) + L_B \sin\varphi_1 (V_{Dy} - V_{By}) \right] / C_1$ **Vitesse d'articulation C** $V_{Cx} = V_{2x} - \omega_2 L_2 \sin\varphi_2$ $V_{Cy} = V_{2y} + \omega_2 L_2 \cos\varphi_2$ **Accélération angulaire γ_1 et γ_2 des barres 1 et 2** $C_2 = a_{Dx} - a_{Bx} + \omega_1^2 L_1 \cos\varphi_1 - \omega_2^2 L_2 \cos\varphi_2$ $C_3 = a_{Dy} - a_{By} + \omega_1^2 L_1 \sin\varphi_1 - \omega_2^2 L_2 \sin\varphi_2$ $\gamma_1 = (C_2 L_2 \cos\varphi_2 + C_3 L_2 \sin\varphi_2) / C_1$ $\gamma_2 = (C_2 L_2 \cos\varphi_1 + C_3 L_2 \sin\varphi_1) / C_1$ **Accélération d'articulation C** $a_{Cx} = a_{Bx} - \gamma_1 L_1 \sin\varphi_1 - \omega_1^2 L_1 \sin\varphi_1$ $a_{Cy} = a_{By} + \gamma_1 L_1 \cos\varphi_1 - \omega_1^2 L_1 \sin\varphi_1$
γ_1 *et* γ_2 accélérations angulaires des barres 1 et 2 S position de structure V vitesse a accélération		

Structure standard	Fugitif	Mouvement (Déplacement, vitesse, accélération)
Cas 2 Système RRP	x 1 L1 B(x1,y1) φ1 C(x3,y3) L2 2 D(x2,y2) K(x2,y2) φ2 S y	**Position de structure** $$\begin{cases} x_C = x_B + L_1\cos\varphi_1 = x_K + S\cos\varphi_2 - L_2\sin\varphi_2 \\ y_C = y_B + L_1\sin\varphi_1 = y_K + S\sin\varphi_2 + L_2\cos\varphi_2 \end{cases}$$ $$\begin{cases} x_D = x_K + S\cos\varphi_2 \\ y_D = y_K + S\cos\varphi_2 \end{cases}$$ $$S = (x_C - x_K + L_2\sin\varphi_2)/\cos\varphi_2 = (y_C - y_K - L_2\cos\varphi_2)/\sin\varphi_2$$ **Vitesse de l'articulation C** $$V_{CX} = V_{Bx} - \omega_1 L_1 \sin\varphi_1$$ $$V_{Cy} = V_{By} + \omega_1 L_1 \cos\varphi_1$$ **Vitesse de coulisseau D** $$V_{DX} = V_{Kx} + V_S\cos\varphi_2 - S\omega_2\sin\varphi_2$$ $$V_{Dy} = V_{Ky} + V_S\sin\varphi_2 + S\omega_2\cos\varphi_2$$ **Accélération de l'articulation C** $$a_{CX} = a_{Bx} - \gamma_1 L_1\sin\varphi_1 - \omega_1^2 L_1\cos\varphi_1$$ $$a_{Cy} = a_{By} + \gamma_1 L_1\cos\varphi_1 - \omega_1^2 L_1\sin\varphi_1$$ **Accélération de coulisseau D** $$a_{DX} = a_{Kx} + a_S\cos\varphi_2 - S\,\gamma_2\sin\varphi_2 - S\omega_2^2\cos\varphi_2 - 2V_S\omega_2\sin\varphi_2$$ $$a_{Dy} = a_{Ky} + a_S\sin\varphi_2 + S\,\gamma_2\cos\varphi_2 - S\omega_2^2\sin\varphi_2 + 2V_S\omega_2\cos\varphi_2$$

γ_1 *et* γ_2 accélérations angulaires des barres 1 et 2 S position de structure V vitesse a accélération

4-3-4-3 Analyser le mouvement d'un système par la méthode de « structure standard »

Le procédé pour l'étude d'une structure quelconque est :

(1) séparer la structure en plusieurs structures standard ;

(2) étudier les structures standard ;

(3) assembler les résultats des « structures standard ».

Exemple 2-23 : un système avec 6 barres (voir figure ci-après).

$$L_{AB} = 100mm \; ; \; L_{BC} = 300mm \; ; \; L_{CD} = 250mm \; ;$$

$$L_{BE} = 300mm \; ; \; L_{CD} = 250mm \; ; \; L_{EF} = 400mm \; ;$$

$$H = 350mm \; ;$$

$$\delta = 30° \; ; \; \omega = 10 \; rad/s.$$

Déterminer les mouvements (les vitesses) de ce système.

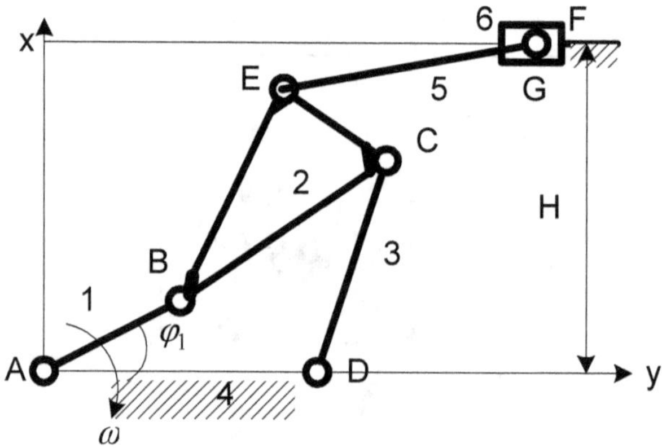

(1) Séparer le système en « système standard » :

En séparant le système en « système standard », nous obtenons les trois structures standard ci-après :

– **AB** est une structure standard de catégorie **I**. Le système mène un mouvement circulaire avec une vitesse angulaire $\omega = 10 \; rad/s$.

– **BCD** est une structure standard de catégorie **II** avec 3 articulations **B**, **C** et **D**. Le système est noté **RRR**.

– **EF** est une structure standard de catégorie **II** avec deux articulations **E** et **F**. Le système est noté **RRP**.

Ce système est donc un système de deuxième catégorie avec un degré de liberté, qui est la rotation autour du centre **A**.

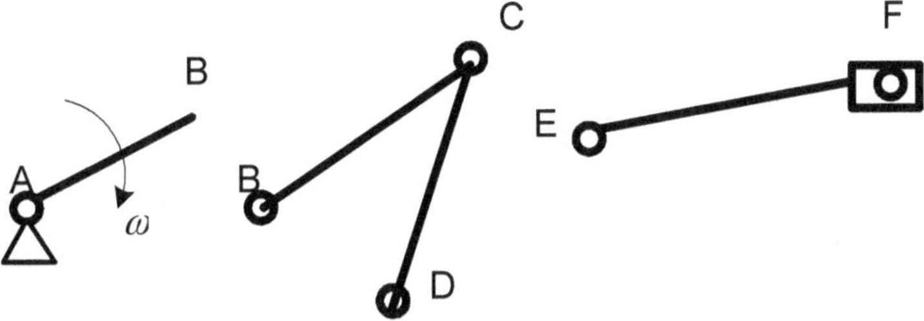

(2) Dans la structure standard *AB* :

La vitesse angulaire ω est connue. Nous pouvons déterminer la vitesse du point **B**.

(3) Dans la structure standard **BCD** :

La vitesse du point **B** est connue. Le point **D** est fixé. Nous pouvons déterminer la vitesse du point **C**. Nous utiliserons les formules de structure standard (tableau 2-6, cas 1 **RRR**) pour déterminer la vitesse du point **C** et les vitesses des barres 2 et 3.

(4) Le point **E** se trouve sur la même pièce que le point *C*, nous utilisons donc les formules du mouvement du point **E**.

(5) Dans la structure standard **EF** :

Nous utilisons les formulaires des standards (tableau 2-9 cas 2 **RRP**) pour déterminer le mouvement de coulisseau *F*.

Enfin nous trouvons le mouvement de coulisseau **F** dans le tableau ci-après :

Position angulaire de la manivelle	Position du coulisseau F (mm)		Vitesse du coulisseau	Accélération du coulisseau
Φ_i	x_F	y_F	m/s	m/s^2
0,00	516,40	350,00	2,11	16,71
30,0	591,64	350,00	0,67	-29,02
60,0	592,74	350,00	-0,50	-15,57
300,00	325,24	350,00	0,97	18,11
330,00	401,96	350,00	1,96	16,92
360,00	516,40	350,00	2,11	-16,71

4-4-4   Analyser le mouvement par la méthode des « éléments finis »

D'abord, nous étudions le mouvement et les efforts sur deux extrémités de chaque barre dans le repère local.

Les résultats se transforment dans le repère global. En utilisant la méthode des éléments finis, nous trouvons les mouvements et les efforts des articulations dans le repère global.

1/ Mouvement d'une barre dans le repère local et dans le repère global

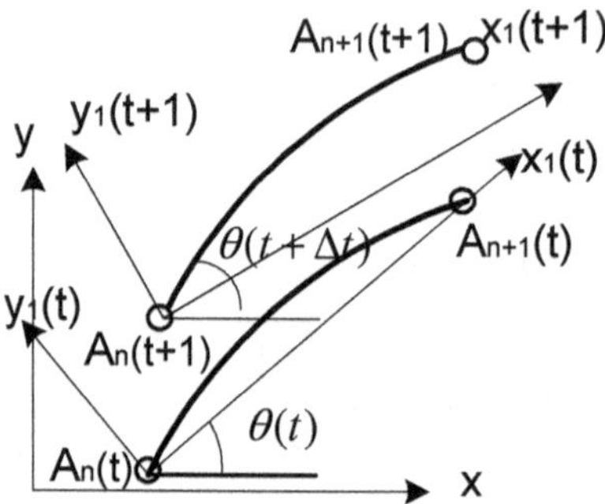

– Mouvement d'une barre dans le repère local

Supposons que le repère x-y est le repère global. Le repère $x_l(t) -y_l$ (t) est le repère local à l'instant t. Le repère $x_l(t+1) -y_l$ $(t+1)$ est le repère local à l'instant $t+1$.

A_n est la nième articulation, que nous appelons le nœud. Dans le repère local, la position de n^e barre A_nA_{n+1} est :

$$\left\{ u_{A_nA_{n+\&}} \right\}_{RL} = \left\{ \begin{array}{c} x_{A_n} \\ y_{A_n} \\ \theta_{A_n} \\ x_{A_{n+1}} \\ y_{A_{n+1}} \\ \theta_{A_{n+1}} \end{array} \right\}_{RL} = \left\{ \begin{array}{c} q_1 \\ q_2 \\ q_3 \\ q_4 \\ q_5 \\ q_6 \end{array} \right\}_{RL}$$

avec :

$$q_1 = u_{A_n} \cos\theta(t) + v_{A_n} \sin\theta(t)$$

$$q_2 = -u_{A_n} \sin\theta(t) + v_{A_n} \cos\theta(t)$$

$$q_4 = u_{A_{n+1}} \cos\theta(t) + v_{A_{n+1}} \sin\theta(t)$$

$$q_5 = -u_{A_{n+1}} \sin\theta(t) + v_{A_{n+1}} \cos\theta(t)$$

– **Mouvement d'une barre dans le repère local et dans le repère global**

Pour trouver le mouvement d'une barre dans le repère global, nous utilisons la matrice de transformation. La matrice de transformation $[T(t)]$ est :

$$[T(t)] = \begin{Bmatrix} \cos\theta(t) & \sin\theta(t) \\ -\sin\theta(t) & \cos\theta(t) \end{Bmatrix}$$

L'équation de transformation du repère local au repère global est :

$$\begin{Bmatrix} u_A{}' \\ v_A{}' \end{Bmatrix}_{RL} = [T(t)] \begin{Bmatrix} u_A \\ v_A \end{Bmatrix}_{Rg} = \begin{Bmatrix} \cos\theta(t) & \sin\theta(t) \\ -\sin\theta(t) & \cos\theta(t) \end{Bmatrix} \begin{Bmatrix} u_A \\ v_A \end{Bmatrix}_{Rg}$$

L'angle $\boldsymbol{\theta}$ (t) est l'angle de transformation entre le repère local et le repère global à l'instant t.

$$\tan\theta^{(n)}(t) = \frac{y_{A_{n+1}}^{(n)}(t) - y_{A_n}^{(n)}(t)}{x_{A_{n+1}}^{(n)}(t) - x_{A_n}^{(n)}(t)}$$

La position du noeud $\boldsymbol{A_{n+1}}$ à l'instant $\boldsymbol{t+\Delta t}$ dans le repère global est :

$$x_{A_{n+1}}(t + \Delta t) = x_{A_{n+1}}(t) + u_{A_{n+1}}(t + \Delta t)$$

$$y_{A_{n+1}}(t + \Delta t) = y_{A_{n+1}}(t) + v_{A_{n+1}}(t + \Delta t)$$

avec :

$x_{An+1}(t), y_{An+1}(t)$ position du noeud A_{n+1} à l'instant t dans le repère global

$x_{An+1}(t+\Delta t), y_{An+1}(t+\Delta t)$ position du noeud A_{n+1} à l'instant $t+\Delta t$ dans le repère global

$u_{An+1}(t+\Delta t), v_{An+1}(t+\Delta t)$ déplacement pendant Δt dans le repère global suivant x et y

2/ Mouvement de la énième barre dans le repère global

Supposons qu'il y a m barres dans un plan. Le barre $A_n A_{n+1}$ se trouve à n^e barre.

Les déplacements du point A_n sont donc :

$$\left\{ \begin{array}{c} u_{A_n} \\ \\ v_{A_n} \end{array} \right\} = \left\{ \begin{array}{c} u_{A_n}^{(1)} + u_{A_n}^{(2)} + \ldots + u_{A_n}^{(n-1)} + u_{A_n}^{(n)} \\ \\ v_{A_n}^{(1)} + v_{A_n}^{(2)} + \ldots + v_{A_n}^{(n-1)} + v_{A_n}^{(n)} \end{array} \right\}$$

Les déplacements du point A_{n+1} sont :

$$\left\{ \begin{array}{c} u_{A_{n+1}} \\ \\ v_{A_{n+1}} \end{array} \right\} = \left\{ \begin{array}{c} u_{A_{n+1}}^{(1)} + u_{A_{n+1}}^{(2)} + \ldots + u_{A_{n+1}}^{(n-1)} + u_{A_{n+1}}^{(n)} \\ \\ v_{A_{n+1}}^{(1)} + v_{A_{n+1}}^{(2)} + \ldots + v_{A_{n+1}}^{(n-1)} + v_{A_{n+1}}^{(n)} \end{array} \right\}$$

En utilisant la méthode numérique, nous obtenons (voir Xiong Youde, *étude du mouvement des mécanismes plan déformables*, Ensam 1984) :

$$\vec{V}_{t+\Delta t} = c_4 \vec{u}_t + (1+c_5)\,\vec{V}_t + c_6 \vec{a}_t$$

$$\vec{a}_{t+\Delta t} = c_1 \vec{u}_t + (1+c_2)\,\vec{V}_t + c_3 \vec{a}_t$$

avec :

Paramètre b	Paramètre c
$b_1 = dt$	$c_1 = \dfrac{1}{b_3} = \dfrac{4}{(dt)^2}$
$b_2 = \dfrac{1}{4}(dt)^2$	$c_2 = -\dfrac{b_1}{b_3} = \dfrac{-2}{dt}$
$b_3 = \dfrac{1}{4}(dt)^2$	$c_3 = -\left(1+\dfrac{b_1}{b_3}\right) = -2$
$b_4 = \dfrac{dt}{2}$	$c_4 = \dfrac{b_5}{b_3} = \dfrac{2}{dt}$
$b_5 = \dfrac{dt}{2}$	$c_5 = b_1\dfrac{b_5}{b_3} = -2$
	$c_6 = b_4 + b_5 - b_5(1-\dfrac{b_2}{b_3}) = 0$

V   MÉTHODE DE CONSTRUCTION D'UN SYSTÈME D'EMBIELLAGE DANS UN PLAN

À partir de positions, de vitesses ou d'accélérations souhaitées, comment construirons-nous un système d'embiellage ?

Nous présentons quelque cas de construction d'un système :

5-1   Construire un système d'embiellage à partir de positions connues

5-1-1   À partir de deux positions limites pour construire un système d'embiellage :

Nous utilisons l'exemple ci-après pour expliquer comment construire le système « manivelle et coulisseau ».

Exemple 2-24   Construire un système d'embiellage.

Nous souhaitons que les deux positions limites du point B soient B_1 et B_2. Les deux positions du point C sont C_1 et C_2. H est la distance de $C_1 C_2$.

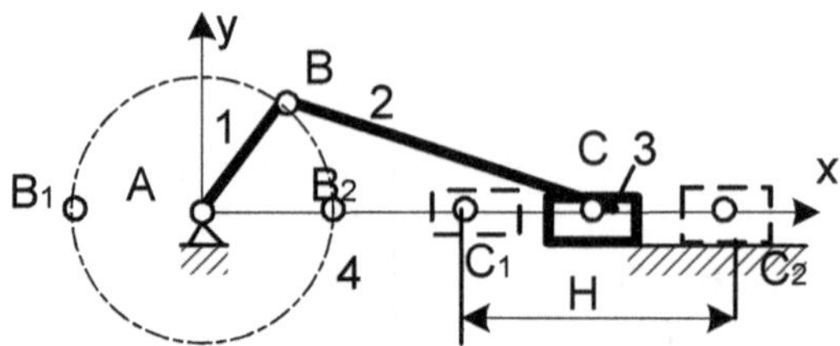

Pour construire le système, le problème consiste à déterminer la longueur de manivelle AB et la longueur de bielle BC, à partir de la distance H.

Avec le géographique, nous avons :

$$L_{AC_2} = L_1 + L_2$$

$$L_{AC_1} = \left(L_2 - L_1 \right)$$

$$H = L_{AC_2} - L_{AC_1} = \left(L_1 + L_2 \right) - \left(L_2 - L_1 \right) = 2L_1$$

Nous obtenons donc :

$$L_1 = H/2$$

C'est-à-dire tous les systèmes d'embiellage que la relation $L_1 = H/2$ peut accepter. Il existera un nombre infini de résultats.

Supposons $\lambda = L_2/L_1$. Avec la condition que doit avoir une manivelle, nous savons que :

$$\lambda > 1.$$

Normalement, $\lambda =$ de 3 à 5. Pour obtenir la structure la plus petite, nous choisirons $\lambda = 3$.

5-1-2 À partir de la longueur de balancier et deux positions limites de balancier pour construire un système d'embiellage

Exemple 2-25 : construire un système de « manivelle et balancier ».

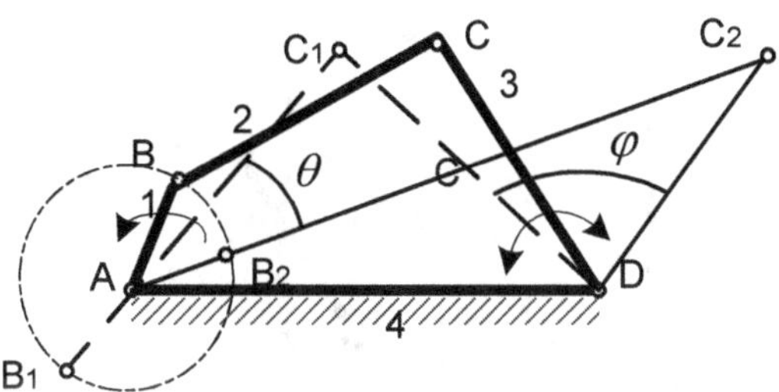

Quand le balancier **CD** arrive en positions limites, la manivelle **AB** et **C₁D** devient une seule ligne. Pour l'autre position, **AB** et **C₂D** devient également une seule ligne.

Avec le géographique, nous avons :

$$L_{AC_2} = L_{AB} + L_{BC}$$

$$L_{AC_1} = L_{BC} - L_{AB}$$

Nous pouvons mesurer la longueur L_{AC_1} et L_{AC_2} dans notre dessin. Nous obtenons donc les longueurs de AB et BC :

$$L_{AB} = (L_{AC_2} - L_{AC_1})/2$$

$$L_{BC} = (L_{AC_2} + L_{AC_1})/2$$

La position du point **A** n'est pas fixée. Nous devons vérifier la condition pour avoir la manivelle (voir ce chapitre, 2-2-1). Nous vérifions aussi les autres conditions pour déterminer la position du point **A**.

5-1-3   À partir de la longueur de la bielle et de deux de ses positions pour construire un système d'embiellage

Exemple 2-26 : construire un système d'embiellage pour fermeture de four.

BC est la porte de four. B_1C_1 est la position horizontale de la porte ouverte. Quand la porte se ferme, elle se déplace en position verticale B_2C_2 (voir figure ci-après).

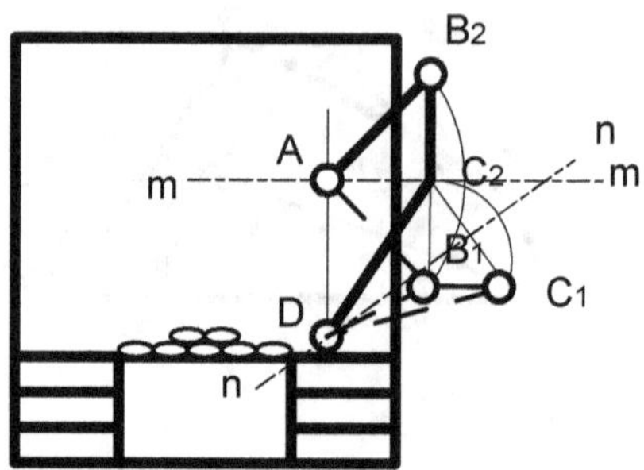

Pour construire ce système, il faut déterminer les positions des points **A** et **D**.

Nous traçons la médiane perpendiculaire m-m de B_1B_2. Le point **A** se trouve sur B_1B_2.

Le point **D** se trouve sur la médiane perpendiculaire n-n de C_1C_2.

Les positions des points **A** et **B** sont infinies sur les lignes m-m et n-n.

Pour déterminer les positions exactes, nous ajoutons les autres conditions : les dimensions de four ; la possibilité d'installation pour les points **A** et **C** ; les angles de transmissions, etc.

5-2   Construire un système d'embiellage à partir du coefficient des vitesses de la course de balancier k_v connue (voir ce chapitre, 2-3-2)

Exemple 2-27 : un système d'embiellage (voir figure). À partir de la longueur de $CD= L_3$, de l'angle de balancier φ et le coefficient des vitesses de la course de balancier k_v, nous construirons un système d'embiellage. B_1 et B_2 sont les deux positions du point **B**, C_1 et C_2 sont les deux positions du point **C**, E_1 et E_2 sont les deux positions du point **E**.

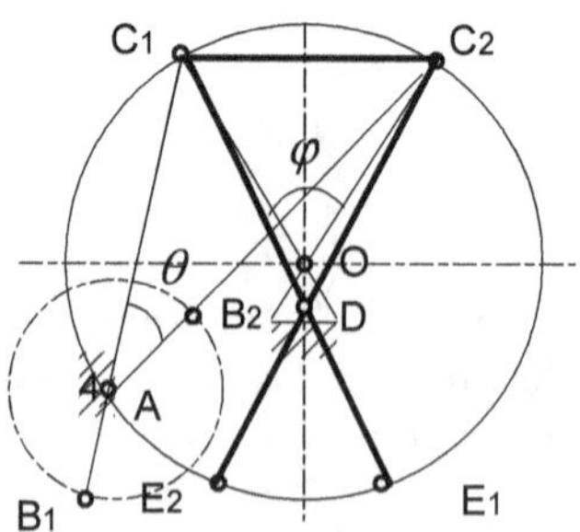

- Déterminer le centre **A** :

  (1) Supposons l'angle $\theta = 180° * \dfrac{k_v - 1}{k_v + 1}$. Tracer un cercle, de centre **O**, qui passe par les points C_1 et C_2 avec l'angle $\varphi = 2\theta$. En utilisant la géographie cinématique, le point **A** devra se trouver sur ce cercle.

  (2) Déterminer le point **D** sur la médiane perpendiculaire de C_1C_2 où $CD = L_3$.

  (3) Tracer un cercle : avec le centre O, le rayon $R = OC_2 = OC_1$. Le point **A** se trouve sur le cercle, donc l'angle C_1OC_2 est égal à θ.

  (4) Pour déterminer les positions exactes du point **A**, il faut ajouter les autres conditions : le sens de rotation de la manivelle **AB**, la direction du balancier de **DC**, la dimension du système, etc.

- Avec la position du point **A**, nous trouvons les deux positions limites du système : C_1AB_1 devient une ligne ; B_2AC_2 devient aussi une ligne. Avec ces deux positions limites, nous pouvons trouver les longueurs de manivelle AB et la longueur de la bielle BC.

5-3 Construire un système d'embiellage à partir des positions connues

Exemple 28 : un système de « manivelle et balancier » (voir figure). Nous souhaitons que ce système passe en trois positions, donc $\varphi_1\,\psi_1$, $\psi_2\,\varphi_2$ et $\psi_3\,\varphi_3$ sont connues.

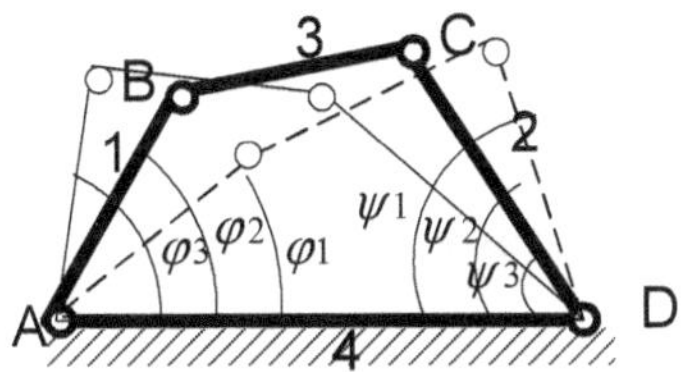

Nous devons déterminer les longueurs de quatre barres.

Supposons que la longueur de la barre 1 est $L_1 = 1$. Il reste donc encore 3 inconnues $L_2\,L_3$ et L_4. Nous cherchons les $L_2\,L_3$ et L_4 correspondants de $L_1 = 1$.

La position du système à l'angle φ peut s'écrire en utilisant les formules ci-après :

$$\begin{cases} \cos\varphi + L_2\cos\alpha = L_4 + L_3\cos\psi \\[2mm] \sin\psi + L_2\sin\alpha = L_3\sin\psi \end{cases}$$

Supprimons l'angle intermédiaire α, nous obtenons :

$$\cos\varphi = \frac{L_4^2 + L_3^2 + 1 - L_2^2}{2L_a} + L_3 \cos\nu - \frac{L_3}{L_4}\cos(\psi - \varphi)$$

Supposons :

$$\lambda_0 = L_3$$

$$\lambda_1 = -\frac{L_3}{L_4}$$

$$\lambda_2 = \frac{(L_4^2 + L_3^2 + 1 - L_2^2)}{2L_4} \qquad (1)$$

L'équation (1) avec trois inconnues devient :

$$\cos\varphi = \lambda_2 + \lambda_0 \cos\nu - \lambda_1 \cos(\psi - \varphi)$$

$$\cos\varphi = \lambda_0 \cos\nu + \lambda_1 \cos(\psi - \varphi) + \lambda_2$$

Nous changeons φ pour φ_1, φ_2 et φ_3 et obtenons trois équations :

$$\cos\varphi_1 = \lambda_0 \cos\psi_1 + \lambda_1 \cos(\psi_1 - \varphi_1) + \lambda_2$$

$$\cos\varphi_2 = \lambda_0 \cos\psi_2 + \lambda_1 \cos(\psi_2 - \varphi_2) + \lambda_2$$

$$\cos\varphi_3 = \lambda_0 \cos\psi_3 + \lambda_1 \cos(\psi_3 - \varphi_3) + \lambda_2$$

Avec ces trois équations, nous pouvons déterminer λ_1, λ_2 et λ_3.

En utilisant les équations (1), nous pouvons trouver les longueurs L_2 L_3 et L_4 par rapport $L_1=1$.

Si nous choisissions $L_1=2, 3, 4…$, nous aurons les longueurs L_2 L_3 et L_4 correspondantes de chaque L_1. Nous obtiendrons donc des résultas infinis.

VI   RÉSISTANCE DES MATÉRIAUX

6-1   Analyser la force de systèmes d'embiellage dans un plan

Dans cette partie, nous étudions comment déterminer les efforts sur les articulations du système à partir des forces extérieures et intérieures.

En général, nous déplaçons les forces sur les centres de gravité de chaque barre. Ce déplacement doit suivre la règle de déplacement de force (voir Xiong Youde, *Formulaires de résistance des matériaux*).

6-1-1   Analyser les forces du système en utilisant la méthode de « structure standard »

Dans un premier temps, nous étudions les efforts sur les articulations du « système standard ». Ensuite, nous assemblons le système et obtenons les efforts sur tout le système.

Nous présentons un exemple pour expliquer comment trouver les efforts des articulations pour le « système standard ».

Exemple 2-29 : un système **RRR** « système standard ».

Nous supposons toutes les forces extérieures appliquées sur le centre de gravité de chaque barre. Nous avons donc les forces sur chaque barre ci-après.

Figure	équation statique
	Sur la barre 1 (à gauche) $F_{x1} = R_{xB} - R_{xC} - m_1 a_{x1}$ $F_{y1} = R_{yB} - R_{yC} - m_1 a_{y1}$ $M_1 = M_B - M_C - J_1 a_{y1}$ Sur la barre 2 $F_{x2} = R_{xC} + R_{xD} - m_2 a_{x2}$ $F_{y1} = R_{yC} + R_{yD} - m_2 a_{y2}$ $M_1 = M_C - M_B - J_2 a_{y2}$

R_x, R_x effort sur l'articulation suivant la direction x et y

F_x, F_y effort sur le centre de gravité

M_1, M_2 moment de rotation sur les barres 1 et 2

J moment d'inertie par rapport au centre de gravité

TABLEAU 2-10 Analyse de charges de « structure standard » de première catégorie I

	Figure	équations
1. Déterminer le couple M_0 pour équilibrer le système et les forces sur l'appui 1		Le couple M_0 pour équilibrer le système et les forces sur l'appui 1 est : $$M = -(M_{F21} + M_{F31} + M_0)$$ $$R_{1x} = -(F_{2x} + F_{3x})$$ $$R_{1y} = -(F_{2y} + F_{3y})$$ M_{F21} couple produit par les forces de barre 21 M_{F31} couple produit par les forces de barre 31 M_{F23} couple produit par les forces de barre 23
2. Déterminer la force F_0 pour équilibrer le système et les forces sur l'appui 1		La force F_0 pour équilibrer le système et les forces sur l'appui 1 est : $$F_{0x} = \frac{-(M_{F21} + M_{F31} + M_0)}{F_{41x}\tan\alpha - F_{41y}}$$ $$F_{0y} = F_{0x}\tan\alpha$$ $$R_{1x} = -(F_{ax} + F_{2x} + F_{3x})$$ $$R_{1y} = -(F_{by} + F_{2y} + F_{3y})$$

TABLEAU 2-11 Analyse de charges de « structure standard » de deuxième catégorie II

	Figure	équations
1. Structure de deuxième catégorie RRR		Supposons : $$A = -(M_{F42} + M_{F52} + M_1 + M_2)$$ $$B = -(M_{F43} + M_1)$$ Les forces sur les articulations 1,2 et 3 sont :

	Figure	équations
	Dans la formule de gauche : $$P_{ijx} = P_{ix} - P_{jx}$$ $$P_{ijy} = P_{iy} - P_{jy}$$ $$M_{Fij} = P_{ijx}F_{iy} - P_{ijy}F_{ix}$$ F_{ix}, F_{iy} charge sur le point i suivant les directions x et y R_{ix}, R_{iy} charge sur l'appui i suivant les directions x et y R_{kx}, R_{ky} charge sur le coulisseau suivant les directions x et y	$$F_{1y} = \frac{(-P_{13y}A + P_{12y}B)}{P_{12y}P_{13x} - P_{12x}P_{13y}}$$ $$F_{1x} = \frac{(P_{12x}B - P_{13x}A)}{P_{12y}P_{13x} - P_{12x}P_{13y}}$$ $$R_{2y} = -(R_{1y} + F_{4y} + F_{5y})$$ $$R_{2x} = -(R_{1x} + F_{4x} + F_{5x})$$ $$R_{3x} = -(-R_{2x} + F_{5x})$$ $$R_{3y} = -(-R_{2y} + F_{5y})$$
2. Structure de deuxième catégorie RRP	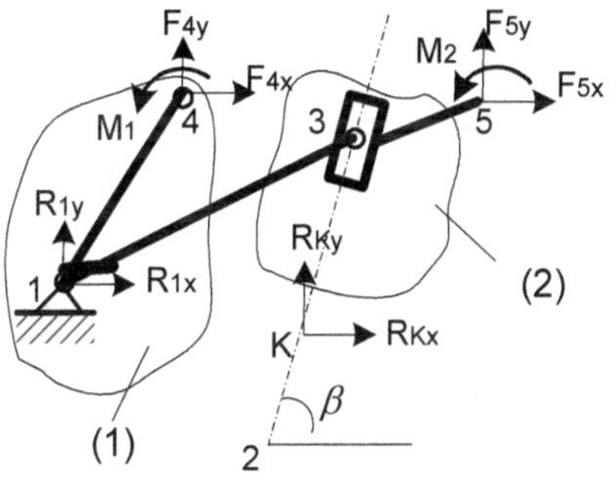 Dans la formule de gauche : $$P_{ijx} = P_{ix} - P_{jx}$$ $$P_{ijy} = P_{iy} - P_{jy}$$ $$M_{Fij} = P_{ijx}F_{iy} - P_{ijy}F_{ix}$$ F_{ix}, F_{iy} charge sur le point i suivant les directions x et y R_{ix}, R_{iy} charge sur l'appui i suivant les directions x et y R_{kx}, R_{ky} charge sur le coulisseau suivant les directions x et y	Supposons : $$A = -(M_{F43} + M_1)$$ $$B = -(F_{4x} + F_{5x})\cos\beta - (F_{4y} + F_{5y})\sin\beta$$ Les forces sur l'appui 1 sont : $$R_{1x} = \frac{P_{13x}B - A\sin\beta}{P_{13x}\cos\beta + P_{13y}\sin\beta}$$ $$R_{1y} = \frac{P_{13y}B - A\cos\beta}{P_{13x}\cos\beta + P_{13y}\sin\beta}$$ $$R_{3x} = R_{1x} + F_{4x}$$ $$R_{3y} = R_{1y} + F_{4y}$$ $$R_{Kx} = -(R_{3x} + F_{5x})$$ $$R_{Ky} = -(-R_{3y} + F_{5y})$$ $$F_{K3x} = \frac{-(M_{F53} + M_2)}{R_{Ky} - R_{Kx}\tan\beta}$$ $$P_{K3y} = P_{K3x}\tan\beta$$ $$P_{Kx} = P_{3x} + P_{K3x}$$ $$P_{Ky} = P_{3y} + P_{K3y}$$

	Figure	équations
3. Structure de deuxième catégorie RPR	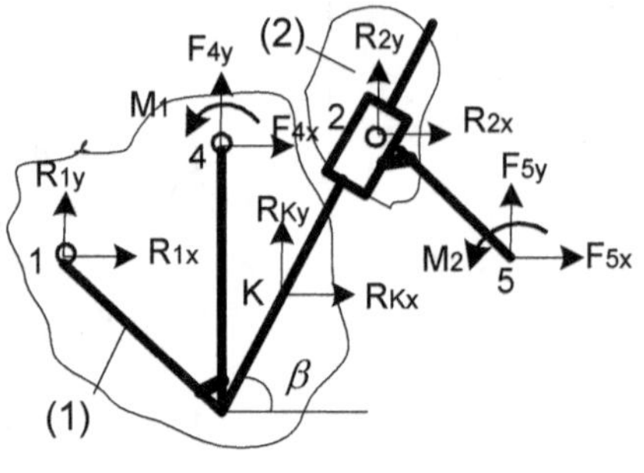 Dans la formule de gauche : $$P_{ijx} = P_{ix} - P_{jx}$$ $$P_{ijy} = P_{iy} - P_{jy}$$ $$M_{Fij} = P_{ijx}F_{iy} - P_{ijy}F_{ix}$$ F_{ix}, F_{iy} charge sur le point i suivant les directions x et y R_{ix}, R_{iy} charge sur l'appui i suivant les directions x et y R_{kx}, R_{ky} charge sur le coulisseau suivant les directions x et y	Supposons : $$A = -(M_{F41} + M_1 + M_{F51} + M_2)$$ $$B = -(F_{5x}\cos\beta + F_{5y}\sin\beta)$$ Les forces sur l'appui 1 sont : $$R_{2x} = \frac{A\sin\beta - P_{21x}B}{P_{21x}\cos\beta - P_{21y}\sin\beta}$$ $$R_{2y} = \frac{-(A\cos\beta + P_{21y}B)}{P_{21x}\cos\beta - P_{21y}\sin\beta}$$ $$R_{1x} = -(R_{2x} + F_{4x} + F_{5x})$$ $$R_{1y} = -(R_{2y} + F_{4y} + F_{5y})$$ $$R_{Kx} = -(R_{2x} + F_{5x})$$ $$R_{Ky} = -(-R_{2y} + F_{5y})$$ $$F_{K2x} = \frac{-(M_{F52} + M_2)}{R_{Ky} - R_{Kx}\tan\beta}$$ $$P_{K2y} = P_{K2x}\tan\beta$$ $$P_{Kx} = P_{2x} + P_{K2x}$$ $$P_{Ky} = P_{2y} + P_{K2y}$$

6-2-2   **Analyser le force et le mouvement par la méthode des « éléments finis » (voir Xiong Youde, *étude du mouvement des mécanismes plan déformables*, Ensam 1984).**

Pour étudier les mouvements et les forces des bras de robot, nous utilisons souvent cette méthode. Nous avons déjà présenté les déplacements, les vitesses et les accélérations dans ce chapitre (voir ce chapitre, 4-3-4-4).

– **équation dynamique :**

$$\{F(t+\Delta t)\} = \left[[K_d] + [K_e]\right] + c_4\left[G_1 + c_1[M_1]\right]\{u_{t+\Delta t}\} + \left[c_5[G_1] + c_2[M_1]\right]\{V_t\} + \left[c_6[G_1] + c_3[M_1]\right]\{a_t\}$$

avec :

$c_1\,c_2\,c_3\,c_4\,c_5\,c_6$ (voir ce chapitre, 4-3-4-4)

$\{u_{t+\Delta t}\}$ matrice de déplacement à l'instant t+Δ t (voir ce chapitre, 4-3-4-4)

$\{F_{t+\Delta t}\}$ matrice de la force à l'instant t+Δ t

$\{v_t\}$ matrice de la vitesse à l'instant t (voir ce chapitre, 4-3-4-4)

$\{a_t\}$ matrice de l'accélération à l'instant t (voir ce chapitre, 4-3-4-4)

$[K_e]$ matrice de rigidité élastique

$$
K_e = \begin{bmatrix}
\dfrac{EA}{L} & 0 & 0 & -\dfrac{EA}{L} & 0 & 0 \\[2mm]
0 & -\dfrac{12EI}{L} & \dfrac{6EI}{L} & 0 & \dfrac{12EI}{L} & \dfrac{6EI}{L} \\[2mm]
0 & \dfrac{6EI}{L} & \dfrac{4EI}{L} & 0 & -\dfrac{6EI}{L} & \dfrac{2EI}{L} \\[2mm]
-\dfrac{EA}{L} & 0 & 0 & \dfrac{EA}{L} & 0 & 0 \\[2mm]
0 & -\dfrac{12EI}{L} & -\dfrac{6EI}{L} & 0 & \dfrac{12EI}{L} & \dfrac{6EI}{L} \\[2mm]
0 & \dfrac{6EI}{L} & \dfrac{2EI}{L} & 0 & -\dfrac{6EI}{L} & \dfrac{4EI}{L}
\end{bmatrix}
$$

$[K_d]$ matrice de rigidité dynamique

$$
[K_d] = \left[-\theta'^2[M] + \theta'^2[M][I]^2 + 2\theta'^2[g][1] + \theta''[g] + \theta''[M][1] \right]
$$

$$
= \begin{bmatrix}
\dfrac{14m\theta'^2}{420} & -\dfrac{7m\theta''}{420} & -\dfrac{21m\theta''L}{420} & \dfrac{-14m\theta'^2}{420} & \dfrac{7m\theta''}{420} & \dfrac{14m\theta''L}{420} \\[2mm]
\dfrac{-9m\theta''}{420} & \dfrac{-18m\theta'^2}{420} & \dfrac{-22m\theta'^2L}{420} & \dfrac{9m\theta''}{420} & \dfrac{18m\theta'^2}{420} & \dfrac{18m\theta'^2L}{420} \\[2mm]
\dfrac{-m\theta''L}{420} & \dfrac{-2m\theta'^2L}{420} & \dfrac{-4m\theta'^2L^2}{420} & \dfrac{m\theta''L}{420} & \dfrac{2m\theta'^2L}{420} & \dfrac{3m\theta'^2L^2}{420} \\[2mm]
\dfrac{-14m\theta'^2}{420} & \dfrac{7m\theta''}{420} & \dfrac{-14m\theta''L}{420} & \dfrac{14m\theta'^2}{420} & \dfrac{-7m\theta''}{420} & \dfrac{21m\theta''L}{420} \\[2mm]
\dfrac{9m\theta''}{420} & \dfrac{18m\theta'^2}{420} & \dfrac{-13m\theta'^2L}{420} & \dfrac{9m\theta''}{420} & \dfrac{-18m\theta'^2}{420} & \dfrac{22m\theta''L}{420} \\[2mm]
\dfrac{-m\theta''L}{420} & \dfrac{-2m\theta'^2L}{420} & \dfrac{3m\theta'^2L^2}{420} & \dfrac{m\theta''L}{420} & \dfrac{2m\theta'^2L}{420} & \dfrac{-4m\theta'^2L^2}{420}
\end{bmatrix}
$$

Matrice de rigidité :

$$[K] = [K_d] + [K_e]$$

$$= \begin{bmatrix}
\dfrac{14m\theta'^2}{420} + \dfrac{EA}{L} & -\dfrac{7m\theta''}{420} & -\dfrac{21m\theta''L}{420} & \dfrac{-14m\theta'^2}{420} - \dfrac{EA}{L} & \dfrac{7m\theta''}{420} & \dfrac{14m\theta''L}{420} \\[3ex]
\dfrac{-9m\theta''}{420} & \dfrac{-18m\theta'^2}{420} + \dfrac{12EI}{L^3} & \dfrac{-22m\theta'^2L}{420} + \dfrac{6EI}{L^2} & \dfrac{9m\theta''}{420} & \dfrac{18m\theta'^2}{420} - \dfrac{12EI}{L^3} & \dfrac{18m\theta'^2L}{420} + \dfrac{6EI}{L^2} \\[3ex]
\dfrac{-m\theta''L}{420} & \dfrac{-2m\theta'^2L}{420} + \dfrac{6EI}{L^2} & \dfrac{-4m\theta'^2L^2}{420} - \dfrac{4EI}{L} & \dfrac{m\theta''L}{420} & \dfrac{2m\theta'^2L}{420} - \dfrac{6EI}{L^2} & \dfrac{3m\theta'^2L^2}{420} + \dfrac{2EI}{L} \\[3ex]
\dfrac{-14m\theta'^2}{420} - \dfrac{EA}{L} & \dfrac{7m\theta''}{420} & \dfrac{-14m\theta''L}{420} & \dfrac{14m\theta'^2}{420} + \dfrac{EA}{L} & \dfrac{-7m\theta''}{420} & \dfrac{21m\theta''L}{420} \\[3ex]
\dfrac{9m\theta''}{420} & \dfrac{18m\theta'^2}{420} - \dfrac{12EI}{L^3} & \dfrac{-13m\theta'^2L}{420} - \dfrac{6EI}{L^2} & \dfrac{9m\theta''}{420} & \dfrac{-18m\theta'^2}{420} + \dfrac{12EI}{L^3} & \dfrac{22m\theta''L}{420} - \dfrac{6EI}{L^2} \\[3ex]
\dfrac{-m\theta''L}{420} & \dfrac{-2m\theta'^2L}{420} + \dfrac{6EI}{L^2} & \dfrac{3m\theta'^2L^2}{420} + \dfrac{2EI}{L} & \dfrac{m\theta''L}{420} & \dfrac{2m\theta'^2L}{420} - \dfrac{6EI}{L^2} & \dfrac{-4m\theta'^2L^2}{420} + \dfrac{4EI}{L}
\end{bmatrix}$$

$$[g] = \begin{bmatrix} 0 & -\dfrac{7m}{20} & \dfrac{-mL}{20} & 0 & -\dfrac{3m}{20} & \dfrac{mL}{20} \\[2ex] \dfrac{7m}{20} & 0 & 0 & \dfrac{3m}{20} & 0 & 0 \\[2ex] \dfrac{mL}{20} & 0 & 0 & \dfrac{mL}{20} & 0 & 0 \\[2ex] 0 & \dfrac{-3m}{20} & \dfrac{-mL}{20} & 0 & \dfrac{-7m}{20} & \dfrac{mL}{20} \\[2ex] \dfrac{3m}{20} & 0 & 0 & \dfrac{7m}{20} & 0 & 0 \\[2ex] \dfrac{-mL}{20} & 0 & 0 & \dfrac{-mL}{20} & 0 & 0 \end{bmatrix}$$

Matrice de masse :

$$[M] = \begin{bmatrix} \dfrac{140m}{420} & 0 & 0 & \dfrac{70m}{420} & 0 & 0 \\[2ex] 0 & \dfrac{156m}{420} & \dfrac{22mL}{420} & 0 & \dfrac{54m}{420} & -\dfrac{13mL}{420} \\[2ex] 0 & \dfrac{22mL}{420} & \dfrac{4mL^2}{420} & 0 & \dfrac{13mL}{420} & \dfrac{-3mL^2}{420} \\[2ex] \dfrac{70m}{420} & 0 & 0 & \dfrac{140m}{420} & 0 & 0 \\[2ex] 0 & \dfrac{54m}{420} & \dfrac{13mL}{420} & 0 & \dfrac{156m}{420} & -\dfrac{22mL}{420} \\[2ex] 0 & -\dfrac{13mL}{420} & \dfrac{-3mL^2}{420} & 0 & -\dfrac{22mL}{420} & \dfrac{4mL^2}{420} \end{bmatrix}$$

Matrice des efforts gyroscopiques :

$$[G] = 2\theta' \big[[g] + [m]\,[1] \big]$$

$$= \frac{2\theta'm}{420} \begin{bmatrix} 0 & -7 & -21L & 0 & 7 & 14L \\ -9 & 0 & 0 & 9 & 0 & 0 \\ -L & 0 & 0 & L & 0 & 0 \\ 0 & 7 & -14L & 0 & -7 & 21L \\ 9 & 0 & 0 & -9 & 0 & 0 \\ -L & 0 & 0 & L & 0 & 0 \end{bmatrix}$$

6-2   Résistance des matériaux

6-2-1   Résistance des matériaux

Pour la résistance des matériaux du système « bielle manivelle », nous considérerons que la bielle et la manivelle sont une poutre. Nous devons donc contrôler les flexions, les tractions, la compression et le flambement comme pour toute poutre. Toutes les formules des poutres peuvent être utilisées (voir Xiong Youde, *Formulaires de résistance des matériaux*).

– Méthode de contrôle

Diviser les forces ΣF et les moments ΣM en trois directions x, y et z. Les composants suivent les directions x, y et z et produisent des déformations différentes.

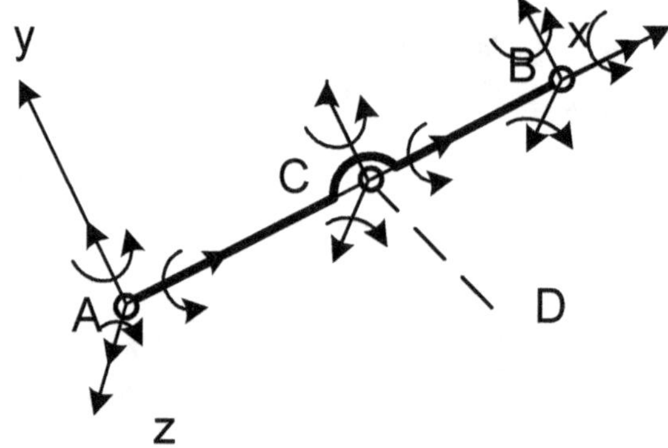

1/ La composante F_x de la force ΣF suit la direction x. Cette direction est la direction longitudinale de la poutre. F_x produit le flambage, la compression ou la traction de la poutre. Nous contrôlons donc le flambage, la compression ou la traction de la poutre avec le composant F_x.

2/ Les composantes F_y et F_z de la force ΣF suivent la direction y et z. Ces deux directions sont les directions transversales de la poutre. F_y et F_z produisent le cisaillement ou la flexion de la poutre. Nous contrôlons donc le cisaillement ou la flexion de la poutre avec les valeurs de F_y et F_z. Si les composantes F_y et F_z sont excentrées de l'axe de la poutre, elles produisent aussi de la torsion.

3/ La composante M_x du moment ΣM est la direction longitudinale de la poutre x. M_x produit de la torsion. Nous contrôlons donc la torsion avec la composante M_x.

4/ Les composantes M_y et M_z du moment ΣM suivent les directions transversales de la poutre y et z. M_y et M_z produisent la flexion de poutre. Nous contrôlons donc la torsion avec le composant M_x.

6-2-2   Résistance de fonctionnement

6-2-2-1 Point mort

Nous appelons point mort le point où l'angle de transmission du mouvement est égal à zéro.

$$\gamma = 0$$

Exemple 2-30 : un système d'embiellage. Quand le balancier DC arrive à la position *1* ou la position *2*, la bielle CB et la manivelle AB arrivent sur une ligne. L'angle de transmission du mouvement est égal à zéro. Le système est arrêté. Ces sont des positions de points morts.

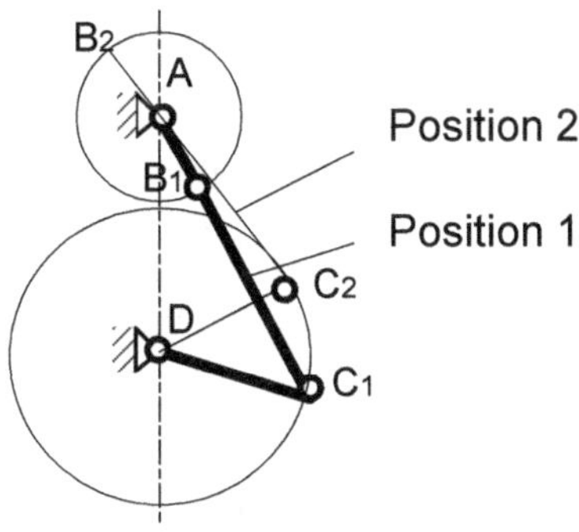

6-2-2-2 Résistance de fonctionnement

Pour les poutres, nous déterminons les dimensions avec les conditions de résistance des matériaux. Mais pour le système « bielle manivelle », cela ne suffit pas.

Le système « bielle manivelle » possède des points morts. Quand le système est au point mort, il bloque. Le système supporte une force importante, jusqu'à casser.

Pour passer le point mort, nous ajoutons de la masse sur la manivelle. Parfois nous donnons une dimension plus importante ou un poids plus lourd pour la manivelle. Quand le système se déplace au point mort, la force d'inertie de la masse pousse le système à continuer son mouvement et à passer le point mort.

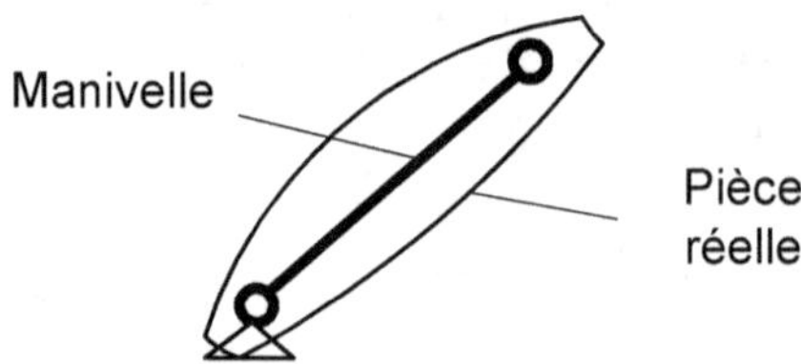

Pour éviter le blocage du système, nous souhaitons que la force d'inertie de la masse soit grande, c'est-à-dire que les dimensions du système soient plus importantes.

La dimension réelle du système est souvent plus importante que la dimension déterminée par les conditions de la résistance des matériaux. Dans la pratique, nous définissons les dimensions du système avec les positions possibles des installations et choisissons les dimensions les plus grandes possibles.

6-2-3   Méthode pour éviter le point mort

– Système « **manivelle bielle balancier** »

Pour éviter le point mort, nous ajoutons souvent une masse au pied de la manivelle. Quand la manivelle arrive au point mort, la force d'inertie donne une vitesse pour le système qui continue de tourner et passer le point mort. Par exemple, c'est le cas des embiellages de moteur de voitures.

– Système « **deux balanciers bielle** »

Parfois dans ce système, il existe des points morts. Mais dans notre étude, nous réglons les longueurs de bielles et des balanciers pour éviter les points morts.

– Système « **deux manivelles bielles** »

Dans le système « deux manivelles bielles », il n'y a pas de point mort ni de position limitée. Mais si le mécanisme présente plusieurs systèmes à « deux manivelles bielles », le mécanisme peut être non équilibré. Nous ajoutons une masse sur la manivelle entraînée (voir figure ci-après).

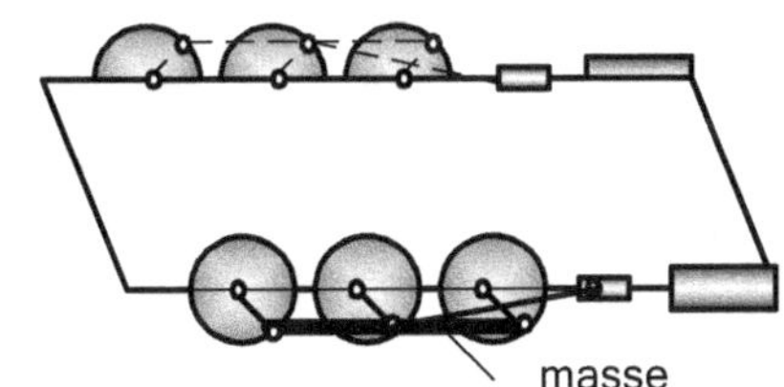

6-3   équilibrer le système

Quand nous choisissons les dimensions avec le poids de chaque élément du système, nous devons examiner les équilibres du système. Comme pendant le mouvement, le système a une masse non uniformément répartie. Cet examen sert à éviter le choc pendant le mouvement.

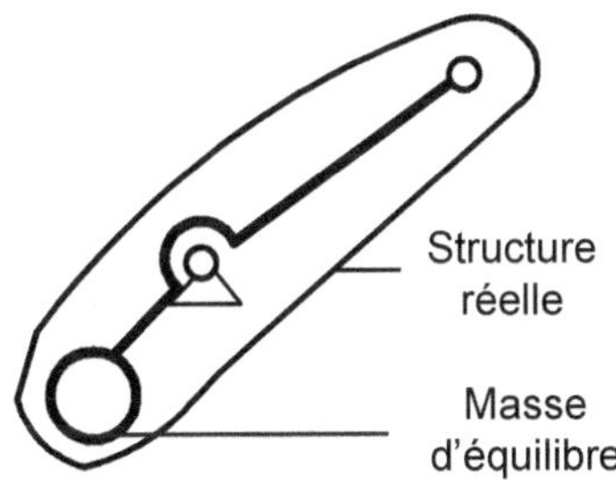

Pour mesurer l'équilibre des masses d'un élément du système, nous utilisons un appareil. Il n'y a aucun calcul, uniquement des essais.

Chapitre 3

CAME

I   DÉFINITION

« Une came est un organe qui permet de transformer un mouvement circulaire uniforme en un mouvement périodique, le plus souvent rectiligne alternatif. », R. Basquin.

Les cames à plateaux et les cames à rainures peuvent agir sur la tige, soit directement, soit par l'intermédiaire d'un levier. Pour réduire le frottement entre la came et la tige, nous installons un galet de roulement entre les deux parties.

II   TYPE DES CAMES

2-1   Came à plateau

Caractéristique	Figure
1/Came disque : Elle donne à la tige guidée un mouvement uniforme de montée suivi d'un mouvement uniforme de descente d'égale durée.	
2/Came : Elle transforme un mouvement horizontal rectiligne alternatif en un mouvement vertical rectiligne alternatif.	
3/Came conduisant un levier oscillant : Elle transforme un mouvement circulaire uniforme en un mouvement alternatif angulaire périodique.	
4/Came conduisant un levier oscillant : Elle transforme un mouvement horizontal rectiligne alternatif en un mouvement angulaire périodique alternatif.	

2-2 Came à rainure

Caractéristique	Figure
1/Came à rainure tracée sur un disque	
2/Came à rainure tracée sur un cylindre	
3/Came à rainure tracée sur un cône	
4/Came à rainure tracée sur un cylindre levier oscillant	

2-3 Quelques exemples de cames (voir R. Basquin, *Mécanique*)

2-3-1 Came Morin

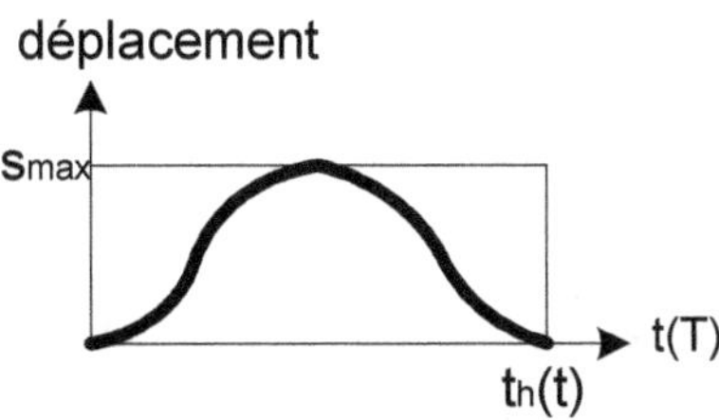

Figure 3-1 Came Morin

« La came Morin transforme un mouvement circulaire continu en mouvement rectiligne alternatif uniformément accéléré, puis uniformément retardé. »

Quand la tige arrive en haut ou en bas de son déplacement, la vitesse de la tige, constante en valeur absolue, change brusquement de sens. Dans un intervalle de temps Δt très court, elle passe de la valeur v à la valeur -v avec une accélération moyenne très grande. Souvent, on note un choc dû aux forces d'inertie des masses en mouvement.

L'utilisation de la came Morin sert à réduire le choc dû à la brusque variation de vitesse à la fin de chaque course.

2-3-2 Came immobilisant la tige avant sa descente

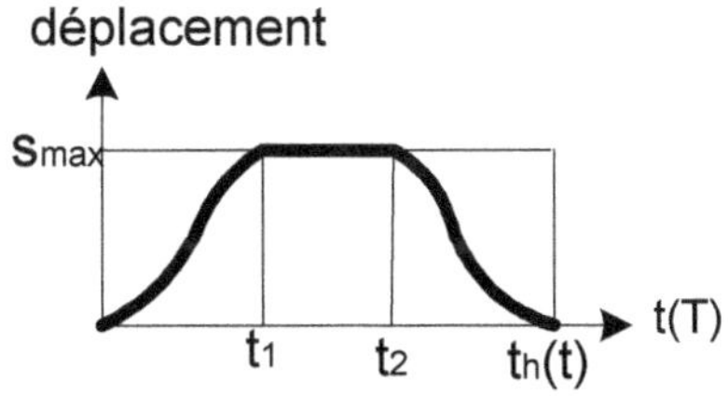

Figure 3-2 Came immobilisant la tige avant sa descente

Dans ce mécanisme de came, la tige doit rester immobile pendant un certain temps avant de redescendre. La courbe des déplacements de la tige présente une partie parallèle à l'axe des temps.

2-3-3   Came à deux galets et à doubles plateaux

Quand la tige transmet les efforts importants dans les deux sens, l'emploi du ressort de rappel est déconseillé. Dans ce cas, nous utilisons la came à deux galets à doubles plateaux ; la tige est fixée sur un cadre muni de deux galets (voir figure ci-après).

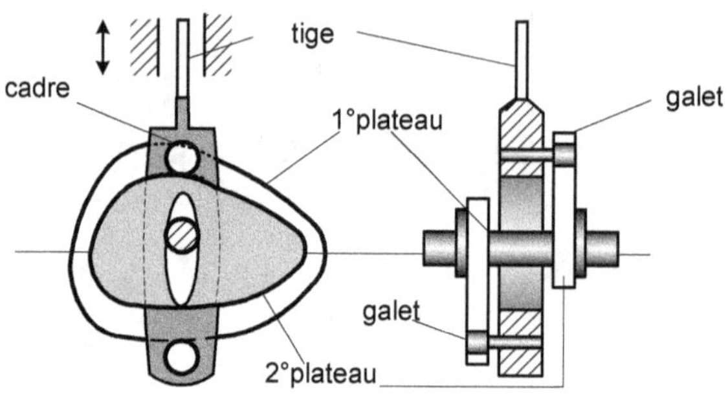

Figure 3-3   Came à deux galets et à doubles plateaux

2-3-4   Came à chute

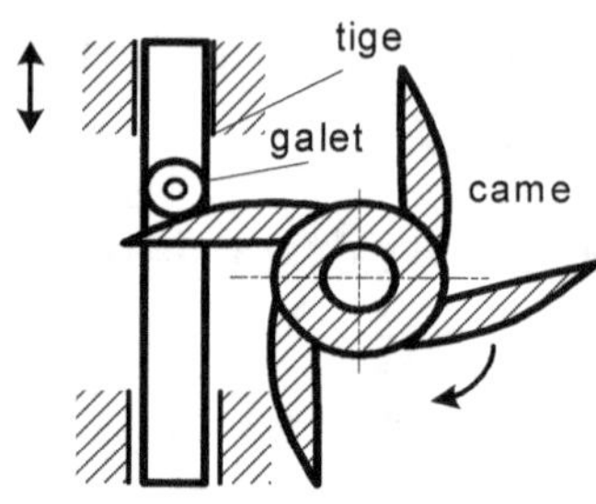

Figure 3-4   Came à chute

III   RÈGLE DE MOUVEMENT DE LA TIGE

3-1   Déplacement de la tige

En général quand la came fait un tour, la tige fait un aller-retour. Nous appelons ce mouvement un cycle. La règle de mouvement de la tige offre trois types différents :

Type d'arrêt de mouvement de tige	Règle de mouvement de galet
Type 1 : La tige a deux arrêts pour un cycle (came immobilisée).	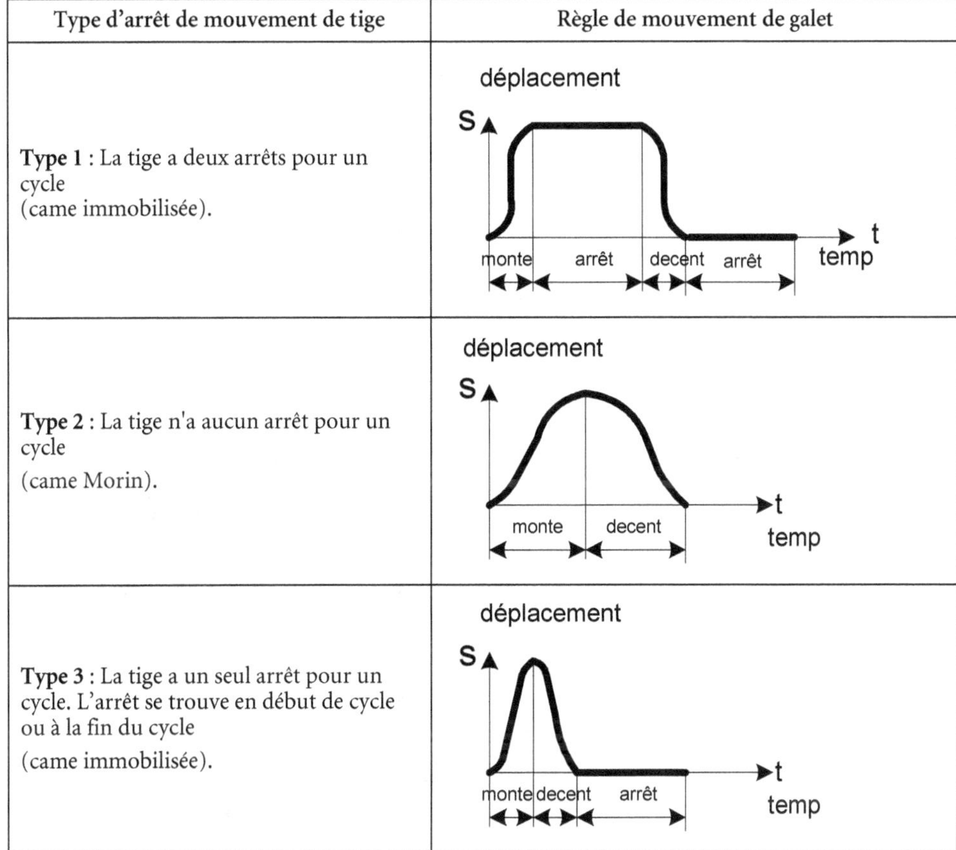
Type 2 : La tige n'a aucun arrêt pour un cycle (came Morin).	
Type 3 : La tige a un seul arrêt pour un cycle. L'arrêt se trouve en début de cycle ou à la fin du cycle (came immobilisée).	

3-2 Équation de mouvement de la tige : (le déplacement *s*, la vitesse *v* et l'accélération *a* de tringle sont déterminées en fonction du temps)

En général, la came tourne autour de l'axe O. La tige appuie sur la came en un mouvement périodique et rectiligne alternatif. Le déplacement de la tige s, la vitesse de la tringle v et l'accélération de la tige a sont fonction du temps t.

Supposons que :

$$T = t / t_h \qquad\qquad S = s / h$$

Nous pouvons obtenir les fonctions s(S), v(V) et a(A). t_h est le temps d'un aller-retour de la came. *h* est le déplacement maximal de tige.

Attention : *T*, *S*, *V* et *A* n'ont pas d'unité. C'est le coefficient du temps *t*, le coefficient de déplacement *s*, le coefficient de la vitesse *v* et le coefficient de l'accélération *a*.

TABLEAU 3-1   Fonction de mouvement de la tige

Fonction	Mouvement de tige
1/Fonction de déplacement $$s = s(t)$$ **ou** $$S = S(T)$$	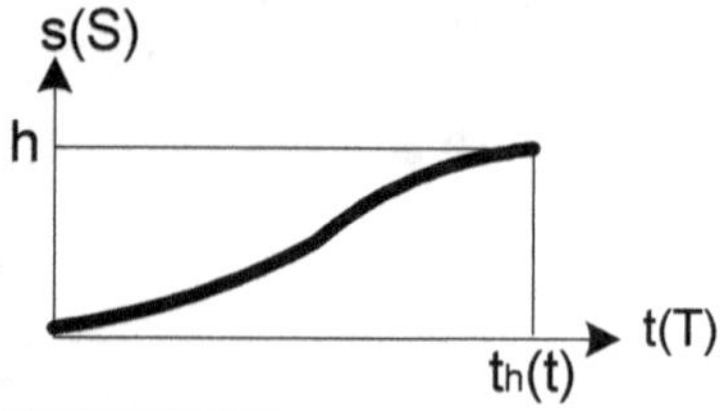
2/Fonction de vitesse $$v = v(t) = \dfrac{ds}{dt}$$ **ou** $$V = V(V) = \dfrac{dS}{dT}$$	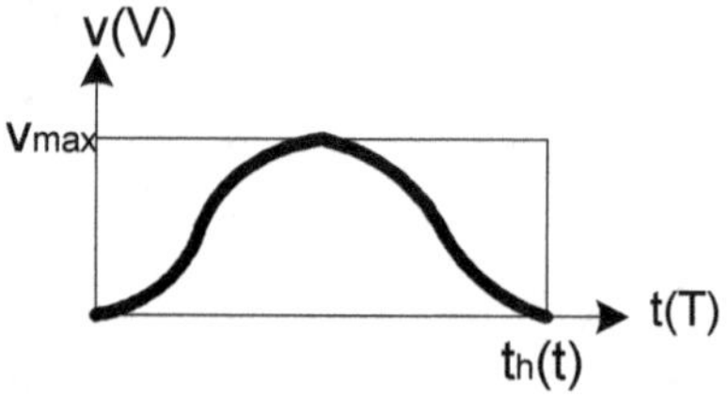
3/Fonction d'accélération $$a = a(t) = \dfrac{d^2 s}{dt^2}$$ **ou** $$A = A(T) = \dfrac{d^2 S}{dT^2}$$	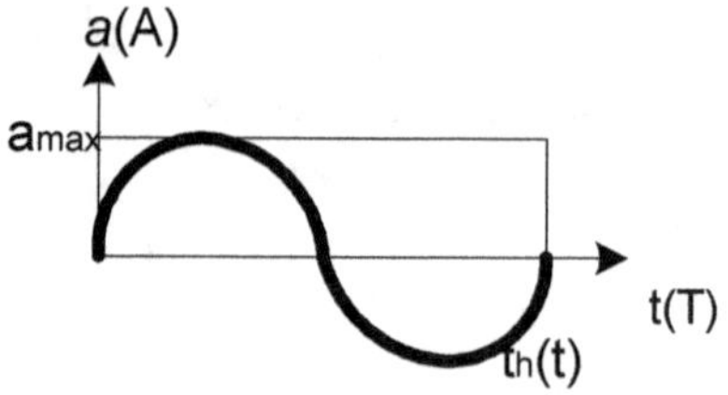

Relation entre la fonction (s, v, a) et la fonction (S, V, A)

Pour la tige came :

$$s = hS$$

$$v = \frac{h}{t_h} V$$

$$a = \frac{h}{t_h^2} A$$

avec :

t_h temps pour un aller-retour de la tige

Pour le levier came :

$$\psi = \psi_0 s$$

$$\frac{d\psi}{dt} = \frac{\psi_0}{t_h V}$$

$$\frac{d^2\psi}{dt^2} = \frac{\psi_h}{t_h^2 V}$$

avec :

ψ déplacement angulaire du levier

$\dfrac{d\psi}{dt}$ vitesse angulaire du levier

$\dfrac{d^2\psi}{dt^2}$ accélération angulaire du levier

3-3   Équation de mouvement de la tige (le déplacement s, la vitesse v et l'accélération a de tringle en fonction du déplacement angulaire de la came)

Dans ces équations de mouvement, le déplacement s, la vitesse v et l'accélération a de la tige sont des fonctions du déplacement angulaire de la came. À partir du déplacement s, de la vitesse v et de l'accélération a de la tige, nous pouvons déterminer la dimension de la came (voir figure ci-après).

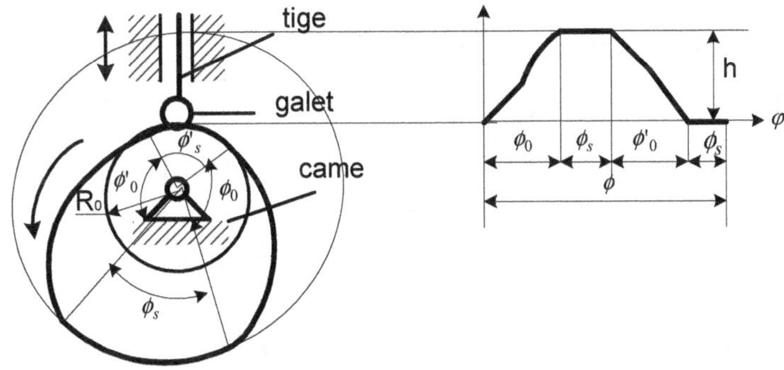

Figure 3-5   Mouvement de la tige

TABLEAU 3-2 Quelques fonctions de mouvement de la tige (T, S, V en fonction du temps)

	Conditions limites	Déplacement	Vitesse	Accélération
1	Si $T = 0$, alors $S = 0$; $V = 0$ Si $T = 1$, alors $S = 1$; $V = 0$	$S = ST^2 - 2T^3$	$V = 6T - 6T^2$	$A = 6 - 12T$
2	Si $T = 0$, alors $S = 0$; $V = 0$; $A = 0$ Si $T = 1$, alors $S = 1$; $V = 0$; $A = 0$	$S = 10T^3 - 15T^4 + 6T^5$	$V = 30T^2 - 60T^3 + 30T^4$	$A = 60T - 180T^2 + 120T^3$
3	Si $T = 0$, alors $S = 0$; $V = 0$; $A = 0$ Si $T = 1$, alors $S = 1$; $V = 0$; $A = 0$	$S = 35T^4 - 84T^5 + 70T^6 - 20T^7$	$V = 140T^3 - 420T^4 + 420T^5 - 140T^6$	$A = 420T^2 - 1680T^3 + 2100T^4 - 840T^5$
4	Si $T = 0$, alors $S = 0$; $V = 0$; $A = 0$ Si $T = 1$, alors $S = 1$; $V = 0$; $A \neq 0$	$S = \dfrac{20}{3}T^3 - \dfrac{25}{3}T^4 + \dfrac{8}{3}T^5$	$V = 20T^2 - \dfrac{100}{3}T^3 + \dfrac{40}{3}T^4$	$A = 40T - 100T^2 + \dfrac{160}{3}T^3$

Dans la figure, $\phi = \phi_0 + \phi_s + \phi'_0 + \phi'_s$ est le déplacement angulaire d'un aller-retour de la came. Nous appelons un tour de came $\phi = 2\pi$.

ϕ_0 est le déplacement angulaire de la came quand la tige s'éloigne du centre de la came. ϕ_s est le déplacement angulaire de la came quand la tige est immobilisée au point le plus éloigné du centre de la came.

ϕ'_0 est le déplacement angulaire de la came quand la tige s'approche du centre de la came. ϕ'_s est le déplacement angulaire de la came quand la tige est immobilisée au point le plus proche du centre de la came.

En général pour le trajet aller, le moteur pousse la came, et la came pousse la tige qui s'éloigne du centre de la came. Pour le trajet retour, le ressort ou une autre force extérieure force la tige à s'approcher du centre de la came.

On nomme R_0 le rayon de base de la came. C'est le plus petit rayon de courbure de came. h est le plus grand déplacement de la tige. Nous appelons h la course de la tige. Nous avons le déplacement maximal et minimal de la tige :

$$s_{\max} = R_0 + h$$

$$s_{\min} = R_0$$

Choisir le type de mouvement de tringle ou de tige

(1) **Choc supporté par la came.** Pendant le mouvement, la came supporte toujours un choc venant du galet (ou de la tige). Nous souhaitons que le choc soit un choc amorti, pas un choc violent.

(2) **Vitesse de galet** (ou vitesse de tige). Nous souhaitons que la vitesse maximale soit la plus petite possible pour que la came supporte un petit choc.

(3) **Accélération de galet** (ou accélération de la tige). Nous souhaitons que l'accélération maximale soit la plus petite possible pour réduire les vibrations, le frottement et la pression entre les deux pièces en contact.

Pour un mécanisme à came lourd, nous conseillons de choisir la vitesse maximale en priorité. Pour un mécanisme à came à grande vitesse, nous conseillerons l'accélération maximale en priorité.

TABLEAU 3-3 Équations de mouvement et courbes de mouvement

(Le déplacement s, la vitesse v et l'accélération a de tringle en fonction du déplacement angulaire de la came)

Mouvement	Équation de mouvement		Mouvement
Cas M1 Mouvement en vitesse constante	**Aller** $0 \leq \varphi \leq \phi_0$ $s = \dfrac{h}{\phi_0}\varphi$ $v = \dfrac{h}{\phi_0}\omega_1$ $a = 0$	**Retour** $\phi_0 + \phi_s \leq \varphi \leq \phi_0 + \phi_s + \phi_0'$ $s = h\left[1 - \dfrac{\varphi - (\phi_0 + \phi_s)}{\phi'_0}\right]$ $v = -\dfrac{h}{\phi'_0}\omega_1$ $a = 0$	
Cas M2 Mouvement en vitesse accélérée	**Aller** $0 \leq \varphi \leq \dfrac{\phi_0}{2}$ $s = 2h \cdot \left(\dfrac{\varphi}{\phi_0}\right)^2$ $v = \dfrac{4h\varpi_1}{\phi_0^2}\varphi$ $a = \dfrac{4h\varpi_1^2}{\phi_0^2}$	**Retour** $\phi_0 + \phi_s \leq \varphi \leq \phi_0 + \phi_s + \dfrac{\phi'_0}{2}$ $s = h - \dfrac{2h}{\phi_0'^2}\left[\varphi - (\phi_0 + \phi_s)\right]^2$ $v = -\dfrac{4h\omega_1}{\phi_0'^2}\left[\varphi - (\phi_0 + \phi_s)\right]$ $a = -\dfrac{4h\omega_1^2}{\phi_0'^2}$	
	Aller $\dfrac{\phi_0}{2} \leq \varphi \leq \phi_0$ $s = h - \dfrac{2h}{\phi_0^2}\cdot(\phi_0 - \varphi)^2$ $v = \dfrac{4h\varpi_1}{\phi_0^2}(\phi_0 - \varphi)$ $a = -\dfrac{4h\varpi_1^2}{\phi_0^2}$	**Retour** $\phi_0 + \phi_s + \dfrac{\phi_0}{2} \leq \varphi \leq \phi_0 + \phi_s + \phi_0'$ $s = \dfrac{2h}{\phi_0'^2}\left[(\phi_0 + \phi_s + \phi_0') - \varphi\right]^2$ $v = -\dfrac{4h\omega_1}{\phi_0'^2}\left[(\phi_0 + \phi_s + \phi_0') - \varphi\right]$ $a = \dfrac{4h\omega_1^2}{\phi_0'^2}$	

Mouvement	Équation de mouvement		Mouvement
	Aller $\quad 0 \le \varphi \le \phi_0$	**Retour** $\quad \phi_0 + \phi_s \le \varphi \le \phi_0 + \phi_s + \phi_0'$	
Cas M3 **Mouvement en vitesse accélérée en fonction du cosinus**	$s = \dfrac{h}{2}\left(1 - \cos\dfrac{\pi}{\phi_0}\varphi\right)$ $v = \dfrac{\pi\,h\omega_1}{2\phi_0}\sin\dfrac{\pi}{\phi_0}\varphi$ $a = \dfrac{\pi^2 h\omega_1^2}{2\phi_0^2}\cos\dfrac{\pi}{\phi_0}\varphi$	$s = \dfrac{h}{2}\left\{1 + \cos\dfrac{\pi}{\phi_0'}\left[\varphi - (\phi_0 + \phi_s)\right]\right\}$ $v = -\dfrac{\pi\,\omega_1 h}{2\phi_0'}\sin\dfrac{\pi}{\phi_0'}\left[\varphi - (\phi_0 + \phi_s)\right]$ $a = -\dfrac{\pi^2 h\omega_1^2}{2\phi_0'^2}\cos\dfrac{\pi}{\phi_0'}\left[\varphi - (\phi_0 + \phi_s)\right]$	
Cas M4 **Mouvement en vitesse accélérée en fonction du sinus**	$s = h\cdot\left(\dfrac{\varphi}{\phi_0} - \dfrac{1}{2\pi}\sin\dfrac{2\pi}{\phi_0}\varphi\right)$ $v = \dfrac{h\varpi_1}{\phi_0}\left(1 - \cos\dfrac{2\pi}{\phi_0}\varphi\right)$ $a = \dfrac{2\pi\,h\varpi_1^2}{\phi_0^2}\sin\dfrac{2\pi}{\phi_0}\varphi$	$s = h\cdot\left[1 - \dfrac{T_1}{\phi_0'} + \dfrac{1}{2\pi}\sin\left(\dfrac{2\pi}{\phi_0'}T_1\right)\right]$ $v = -\dfrac{h\omega_1}{\phi_0'}\left[1 - \cos\left(\dfrac{2\pi}{\phi_0'}T_1\right)\right]$ $a = -\dfrac{2\pi\,h\omega_1^2}{\phi_0'^2}\sin\left(\dfrac{2\pi}{\phi_0'}T_1\right)$ $T_1 = \varphi - \phi_0 - \phi_s$	
Cas M5 **Mouvement en vitesse variée en fonction de polynôme**	$s = h\,(10T_1^3 - 15T_1^4 + 6T_1^5)$ $v = \dfrac{30h\varpi_1 T_1^3}{\phi_0}(1 - 2T_1 + T_1^2)$ $a = -\dfrac{60h\varpi_1^2}{\phi_0^2}T_1(1 - 3T_1 + 2T_1^2)$ $T_1 = \varphi / \phi_0$	$s = h - h\,(10T_2^3 - 15T_2^4 + 6T_2^5)$ $v = -\dfrac{30h\omega_1}{\phi_0'}T_2^2(1 - 2T_2 + T_2^2)$ $a = -\dfrac{60h\omega_1^2}{\phi_0'^2}T_2(1 - 3T_2 + 2T_2^2)$ $T_2 = \dfrac{\varphi - (\phi_0 + \phi_s)}{\phi_0'}$	

s déplacement de tige $\qquad$ v vitesse de tige $\qquad$ a accélération de tige

TABLEAU 3-4 Comparaisons des caractéristiques des différents mouvements de tige

Type de mouvement	Coefficient de la vitesse maximale c_v $V_{max} = (h\omega / \phi_0) \cdot c_v$	Coefficient de l'accélération maximale c_a $a_{max} = (h\omega^2 / \phi_0^2) \cdot c_a$	Type de choc	Utilisation
Mouvement en vitesse constante	1,00	∞	Choc violent	À petite vitesse avec une charge légère
Mouvement en accélération constante	2,00	4,00	Choc amortissant	À moyenne vitesse avec une charge légère
Mouvement en accélération en fonction du cosinus	1,57	4,93	Choc amortissant	À moyenne vitesse avec une charge moyenne
Mouvement en accélération en fonction du sinus	2,00	6,28	-	À grande vitesse avec une charge légère
Mouvement en fonction de polynôme (3 ; 4 ; 5 degrés)	1,88	5,77	-	À grande vitesse avec une charge moyenne

Exemple 3-1 : un mécanisme came tige. Le déplacement de la tige h = 20 mm, l'angle d'aller $\varphi_0=150°$, l'angle d'immobilité d'aller $\varphi_s=60°$, l'angle de retour $\varphi'_0=120°$, l'angle d'immobilité de retour $\varphi'_s=30°$. L'accélération de l'aller est une fonction de cosinus. L'accélération de retour est une fonction de sinus. Déterminer les équations de mouvement de ce mécanisme de came.

(1) équations du mouvement aller de la tige (la tige se déplace loin de la came) ($0 \leq \varphi \leq 5\pi/6$) :

Nous utilisons la règle de mouvement cas M3

$$s = \frac{h}{2}\left(1-\cos\frac{\pi}{\phi_0}\varphi\right) = \frac{20}{2}\left(1-\cos\frac{\pi}{150°}\varphi\right) = 10\cdot\left(1-\cos\frac{6}{5}\varphi\right)$$

$$v = \frac{\pi^2 h\omega_1}{2\phi_0^2}\sin\frac{\pi}{\phi_0}\varphi = \frac{\pi^2\times20\times\omega_1}{2\times(150°)^2}\sin\frac{\pi}{150°}\varphi = 12\omega_1\sin\frac{6}{5}\varphi$$

$$a = \frac{\pi^2 h\omega_1^2}{2\phi_0^2}\cos\frac{\pi}{\phi_0}\varphi = \frac{\pi^2\times20\times\omega_1^2}{2\times(150°)^2}\cos\frac{\pi}{150°}\varphi = 14,4\omega_1^2\cos\frac{6}{5}\varphi$$

(2) équations d'arrêt de la tige (la tige est immobilisée éloignée du centre de la came) ($5\pi/6 \leq \varphi \leq 7\pi/6$) :

$$s = h, \qquad v = 0, \qquad a = 0$$

(3) équations du mouvement de retour de la tige (la tige est rapprochée vers le centre de la came) ($7\pi/6 \leq \varphi \leq 11\pi/6$) :

Nous utilisons la règle de mouvement cas M4 :

$$\phi'_0 = 120° = 2\pi/3$$
$$h = 20 \ ;$$

$$\phi_s = 60° = \pi/3$$
$$\phi_0 = 150° = 5\pi/6$$

$$T_1 = \varphi - \phi_0 - \phi_s = \varphi - 7\pi/6$$

$$s = h \cdot \left[1 - \frac{T_1}{\phi'_0} + \frac{1}{2\pi} \sin\left(\frac{2\pi}{\phi'_0} T_1 \right) \right] = 20 \times \left[2,75 - \frac{3}{2\pi} \varphi + \frac{1}{2\pi} \sin(3\varphi - 3,5\pi) \right]$$

$$v = -\frac{h\omega_1}{\phi'_0} \left[1 - \cos\left(\frac{2\pi}{\phi'_0} T_1 \right) \right] = -\frac{30}{\pi} \omega_1 \left[1 - \cos(3\varphi - 3,5\pi) \right]$$

$$a = -\frac{2\pi \, h\omega_1^2}{\phi'^2_0} \sin\left(\frac{2\pi}{\phi'_0} T_1 \right) = -\frac{90}{\pi} \omega_1^2 \sin(3\varphi - 3,5\pi)$$

(4) équations d'arrêt de tige (la tige est immobilisée près du centre de la came) ($11\pi/6 \leq \varphi \leq 2\pi$) :

$$s = 0, \qquad v = 0, \qquad a = 0$$

IV PROFIL THÉORIQUE DE LA CAME

Comment définir le profil théorique de la came ?

4-1 Méthone classique : (méthode du tracer)

4-1-1 Came à plateau

Nous utilisons un exemple pour expliquer comment tracer un profil de came. Avant de réaliser cette étude, nous devons connaître :

1/ la course de tige **h** ou la course angulaire du levier ;

2/ la distance minimale du centre de rotation de la came au centre du galet ;

3/ le rayon R_0 de base de la came ;

4/ le rayon **r** du galet.

Ensuite, nous utilisons la règle de déplacement de mouvement *s-φ* pour tracer le profil théorique de la came.

Exemple 4-1 : un mécanisme de came tige.

La course de la tige $h = 20\ mm$. Le rayon de base de la came $R_0 = 25\ mm$. Le rayon du galet $r = 6mm$.

(1) établir le diagramme du déplacement parcouru par la tige en fonction du déplacement angulaire *φ* de la came.

(2) Tracer le profil théorique de la came, supposer le rayon de galet $r = 0$.

(3) Utiliser les rayons 01, 02… des segments 1-1', 2-2', respectivement égaux à ceux mesurés sur la règle de mouvement *s-φ*. Nous traçons la courbe continue passant par leur extrémité et obtenons le profil théorique de la came.

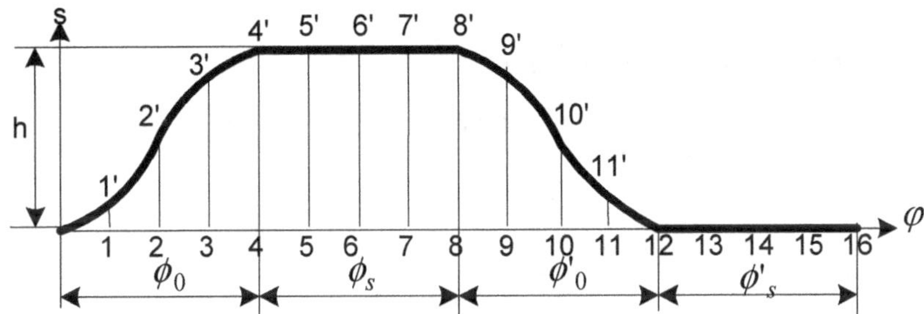

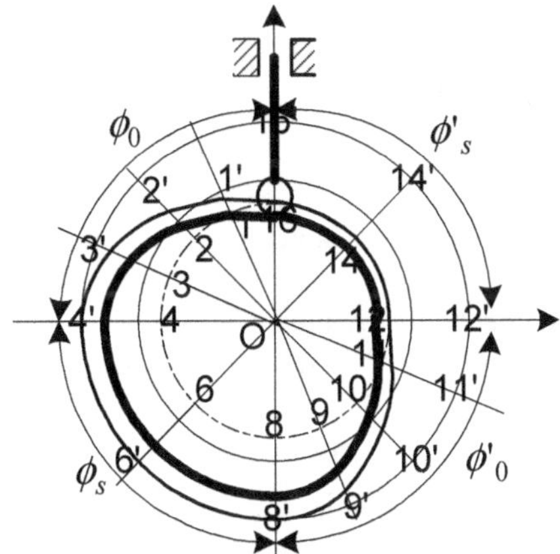

Nous pouvons utiliser la règle de mouvement *s-φ* et obtenir la came tige excentrée ou la came conduisant un levier oscillant.

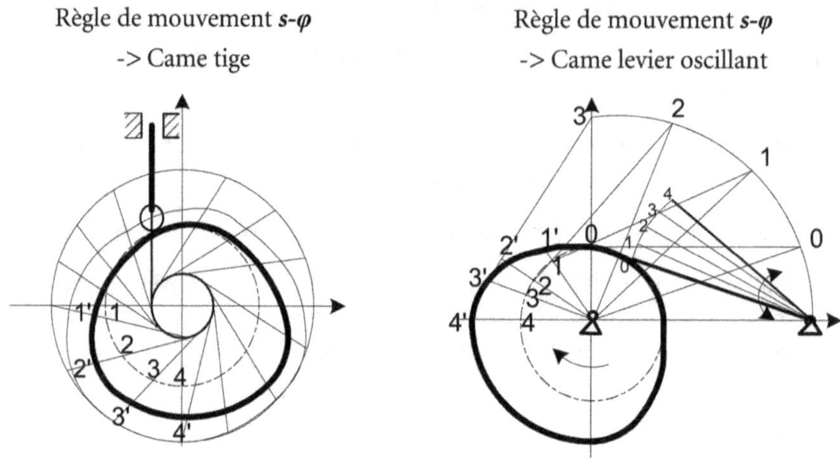

4-1-2   Came à rainure tracée sur un cylindre

Nous pouvons utiliser la règle de mouvement *s-φ* et tracer le profil théorique de came sur le cylindre à rayon R_0.

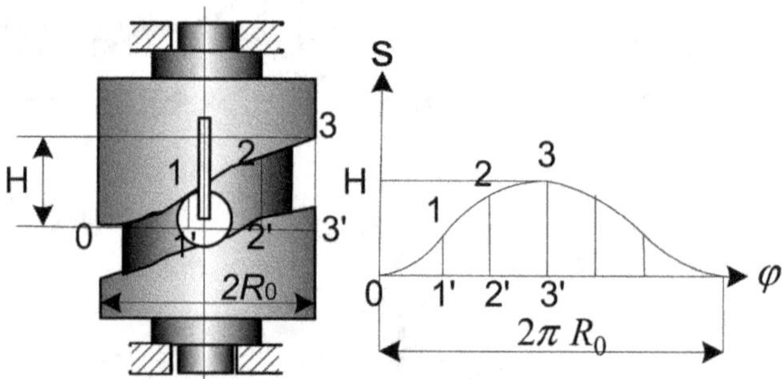

Figure 3-6   Came à rainure tracée sur un cylindre

4-2   Méthode de calcul de profil théorique de la came (déterminer l'équation du profil théorique de came)

4-2-1   Système de came tige excentrée

B_0 est le point de départ. L'excentration de la tige par rapport au centre des cames est *e*. Quand la came tourne un angle *φ*, la tringle se déplace de $s = s\ (φ)$ du point B_0 au point $B_1(x, y)$. Pour tracer facilement le profil théorique de la came, nous supposons que la came ne s'est pas déplacée. C'est la tige qui tourne d'un angle $-\,φ$.

Nous trouvons le point B'_1 (x', y') de la came.

- équation de profil théorique de came :

$$\begin{bmatrix} x' \\ y' \end{bmatrix} = \begin{bmatrix} R_\varphi \end{bmatrix} \cdot \begin{bmatrix} x \\ y \end{bmatrix}$$

avec la matrice de rotation :

$$\begin{bmatrix} R_\varphi \end{bmatrix} = \begin{bmatrix} \cos\varphi & -\sin\varphi \\ \sin\varphi & \cos\varphi \end{bmatrix}$$

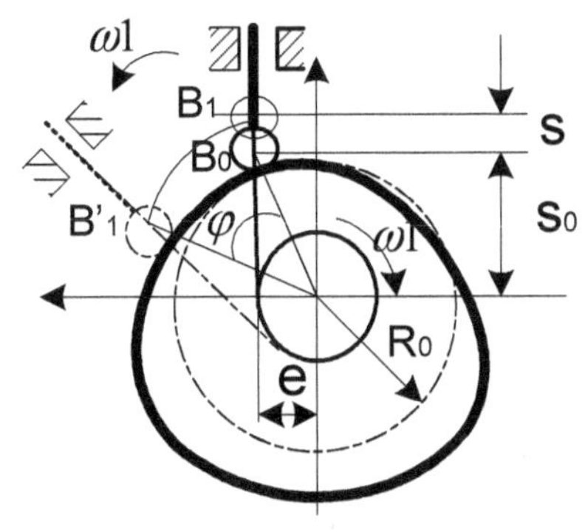

Figure 3-7 Profil théorique de came

Les coordonnées de B' (x', y') sont :

$$\begin{bmatrix} x' \\ y' \end{bmatrix} = \begin{bmatrix} s_0 + s \\ e \end{bmatrix}$$

L'équation de profil théorique de came en forme matrice est donc devenue :

$$\begin{bmatrix} x \\ y \end{bmatrix} = \begin{bmatrix} \cos\varphi & -\sin\varphi \\ \sin\varphi & \cos\varphi \end{bmatrix} \begin{bmatrix} s_0 + s \\ e \end{bmatrix}$$

Nous pouvons écrire aussi l'équation de profil théorique de came $0 \le \varphi \le 2\pi$:

$$x = (s_0 + s)\cos\varphi - e\sin\varphi$$
$$y = (s_0 + s)\sin\varphi + e\cos\varphi$$

avec :

$$s_0 = \sqrt{R_0^2 - e^2}$$

R_0 rayon de courbure de la base de la came   *en mm*

s déplacement de la tige   *en mm*

– équation du profil réel de la came avec une tige à galet :

$$X = x \mp r \frac{dy/d\varphi}{\sqrt{(dx/d\varphi)^2 + (dy/d\kappa)^2}}$$

$$Y = y \pm r \frac{dx/d\varphi}{\sqrt{(dx/d\varphi)^2 + (dy/d\kappa)^2}}$$

avec :

r	rayon de galet	*en mm*
x, y	coordonnées des points de profil théorique de la came	*en mm*
X, Y	coordonnées des points de profil réel de la came	*en mm*
φ	déplacement angulaire de la came	*en rad*

4-2-2   Système de came levier oscillant

1/ Le sens du déplacement angulaire de la came est le même que celui du levier oscillant

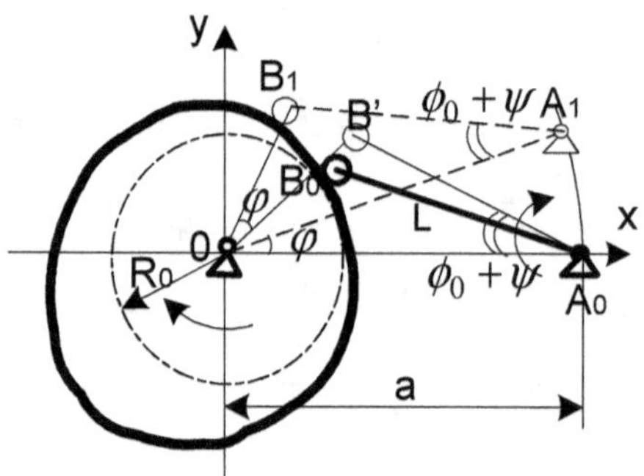

Figure 3-8 Sens du déplacement angulaire de la came

Problème :

Un mécanisme de came levier oscillant. Le déplacement du levier oscillant suit l'équation de mouvement $\psi = \psi(\varphi)$. La longueur de levier oscillant est L. La distance entre deux centres est a. B_0 est le point de départ. R_0 est le rayon de courbure de base de came. Déterminer le profil théorique de la came.

Quand la came se déplace d'un angle φ, le levier oscillant se déplace du point B_0 au point B'. Supposons que la came soit fixe, le levier oscillant se déplace d'un angle φ et arrive en A_1, le galet se déplace du point B_0 au point B_1.

Les coordonnées du point B_1 :

$$\begin{bmatrix} x \\ y \end{bmatrix} = \begin{bmatrix} R_\varphi \end{bmatrix} \begin{bmatrix} x' \\ y' \end{bmatrix}$$

La matrice de rotation :

$$\begin{bmatrix} R_\varphi \end{bmatrix} = \begin{bmatrix} \cos\varphi & -\sin\varphi \\ \sin\varphi & \cos\varphi \end{bmatrix}$$

Les coordonnées du point B' :

$$\begin{bmatrix} x' \\ y' \end{bmatrix} = \begin{bmatrix} a - L\cos(\psi_0 + \psi) \\ L\sin(\psi_0 + \psi) \end{bmatrix}$$

Nous obtenons les équations du mouvement de came suivantes :

$$\begin{bmatrix} x \\ y \end{bmatrix} = \begin{bmatrix} \cos\varphi & -\sin\varphi \\ \sin\varphi & \cos\varphi \end{bmatrix} \begin{bmatrix} a - L\cos(\psi_0 + \psi) \\ L\sin(\psi_0 + \psi) \end{bmatrix}$$

Nous obtenons l'équation de profil théorique de came : ($0 \le \varphi \le 2\pi$)

$$x = a\cos\varphi - L\cos(\psi_0 + \psi - \varphi)$$
$$y = a\sin\varphi + L\sin(\psi_0 + \psi - \varphi)$$

ψ_0 est l'angle de départ du levier oscillant :

$$\psi_0 = \arccos\frac{a^2 + L^2 - R_0^2}{2aL}$$

2/ Le sens de déplacement angulaire de la came est le contraire de celui du levier oscillant

Nous utilisons la même méthode que dans le premier cas.

Les coordonnées du point B_1 sont toujours égales à :

$$\begin{bmatrix} x \\ y \end{bmatrix} = \begin{bmatrix} R_\varphi \end{bmatrix} \begin{bmatrix} x' \\ y' \end{bmatrix}$$

La matrice de rotation :

$$\left[R_\varphi\right] = \begin{bmatrix} \cos\varphi & -\sin\varphi \\ \sin\varphi & \cos\varphi \end{bmatrix}$$

Les coordonnées du point **B'** deviennent :

$$\begin{bmatrix} x' \\ y' \end{bmatrix} = \begin{bmatrix} a - L\cos(\psi_0 + \psi) \\ -L\sin(\psi_0 + \psi) \end{bmatrix}$$

Les équations du mouvement de la came sont devenues :

$$\begin{bmatrix} x \\ y \end{bmatrix} = \begin{bmatrix} \cos\varphi & -\sin\varphi \\ \sin\varphi & \cos\varphi \end{bmatrix}\begin{bmatrix} a - L\cos(\psi_0 + \psi) \\ -L\sin(\psi_0 + \psi) \end{bmatrix}$$

Nous obtenons l'équation du profil théorique de la came : ($0 \le \varphi \le 2\pi$)

$$x = a\cos\varphi - L\cos(\psi_0 + \psi + \varphi)$$
$$y = a\sin\varphi - L\sin(\psi_0 + \psi + \varphi)$$

ψ_0 est l'angle de départ du levier oscillant :

$$\psi_0 = \arccos\frac{a^2 + L^2 - R_0^2}{2aL}$$

4-2-3   Mécanisme de came plateau tige à tête plateau et excentrée du centre de came

Problème :

Un mécanisme de came plateau tige à tête plateau et excentré par rapport au centre de la came. Le déplacement de la tige suit l'équation de mouvement $s = s(\varphi)$. L'excentration de la tige par rapport au centre des cames est e. Déterminer le profil théorique de la came. Le plateau de tige est perpendiculaire à la tige.

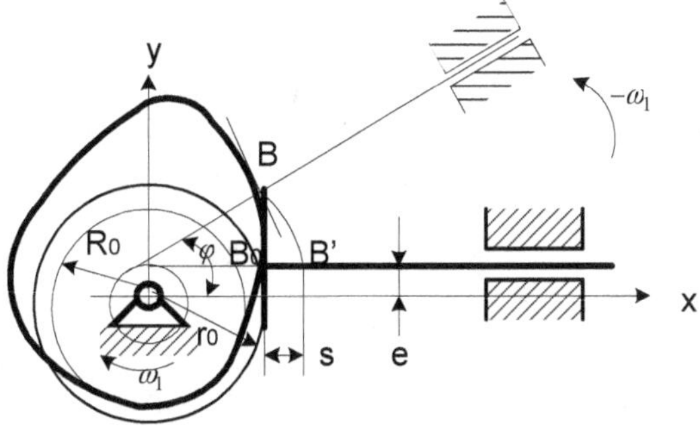

Figure 3-9 Came plateau tige à tête plateau et excentrée du centre de came

B_0 est le point de départ. R_0 est le rayon de courbure de base de la came. Quand la came se déplace d'un angle φ, la tige se déplace du point B_0 au point B'. Supposons que la came soit fixée, la tige se déplace d'un angle $-\varphi$ et parvient au point $B(x, y)$.

La matrice de rotation :

$$\left[R_\varphi\right] = \begin{bmatrix} \cos\varphi & -\sin\varphi \\ \sin\varphi & \cos\varphi \end{bmatrix}$$

Les coordonnées du point B sont :

$$\begin{bmatrix} x \\ y \end{bmatrix} = \left[R_\varphi\right]\begin{bmatrix} x' \\ y' \end{bmatrix} = \begin{bmatrix} \cos\varphi & -\sin\varphi \\ \sin\varphi & \cos\varphi \end{bmatrix}\begin{bmatrix} R_0 + s \\ e \end{bmatrix}$$

où :

$$x = (R_0 + s)\cos\varphi - e\sin\varphi$$
$$y = (R_0 + s)\sin\varphi - e\cos\varphi$$

L'équation de déplacement de plateau de tige est :

$$Y - (R_0 + s)\sin\varphi - e\cos\varphi = \tan(90° + \varphi)\left[X - (R_0 + s)\cos\varphi + e\sin\varphi\right]$$

L'équation du profil réel de la came : $0 \le \varphi \le 2\pi$

$$X = (R_0 + s)\cos\varphi - \frac{ds}{d\varphi}\sin\varphi$$
$$Y = (R_0 + s)\sin\varphi + \frac{ds}{d\varphi}\cos\varphi$$

Remarque :

L'excentration e de la tige par rapport au centre de la came ne change pas le profil théorique de la came. Nous n'avons donc pas besoin de placer la tige à tête de plateau excentrée, sauf s'il s'agit d'une structure spéciale à la demande.

Exemple 3-3 : un mécanisme de came plateau tige excentrée à tête plateau.

Le rayon de base de came $R_0 = 26$ mm.

La distance de la tige excentrée au centre de la came $e = 10$ mm.

L'angle d'aller $\varphi_0 = 150°$, l'angle immobilisant loin du centre de came $\varphi_s = 60°$.

L'angle de retour $\varphi'_0 = 120°$, l'angle immobilisant près du centre de came $\varphi'_s = 30°$.

L'accélération aller de la came est une fonction de cosinus. L'accélération de retour de la came est une fonction de sinus.

Déterminer les équations de mouvement de ce mécanisme de came.

(1) équation de mouvement aller : (la tige se déplace loin de la came) $0 \leq \varphi \leq 5\pi/6$

$$s_0 = \sqrt{R_0^2 - e^2} = 24mm$$

$$x = \left(34 - 10\cos\frac{6}{5}\varphi \right)\cos\varphi - 10\sin\varphi$$

$$y = \left(34 - 10\cos\frac{6}{5}\varphi \right)\sin\varphi + 10\cos\varphi$$

(2) équation d'arrêt à l'aller : (la tige est immobilisée loin du centre de la came)

$$5\pi/6 \leq \varphi \leq 7\pi/6$$

$$x = 44\cos\varphi - 10\sin\varphi$$
$$y = 44\sin\varphi + 10\cos\varphi$$

(3) équation de mouvement retour : (la tige est approchée de la came) $7\pi/6 \leq \varphi \leq 11\pi/6$

$$x = \left[79 - \frac{30}{\pi}\varphi + \frac{10}{\pi}\sin(3\varphi - 3{,}5\pi) \right]\cos\varphi - 10\sin\varphi$$

$$y = \left[79 - \frac{30}{\pi}\varphi + \frac{10}{\pi}\sin(3\varphi - 3{,}5\pi) \right]\sin\varphi + 10\cos\varphi$$

(4) équation d'arrêt au retour : (la tige est immobilisée près du centre de la came)

$$11\pi/6 \le \varphi \le 2\pi$$

$$x = 24\cos\varphi - 10\sin\varphi$$
$$y = 24\sin\varphi + 10\cos\varphi$$

V   ANGLE DE PRESSION ET RAYON DE COURBURE MINIMAL

5-1   Angle de pression et rayon de courbure

5-1-1   Angle de pression α

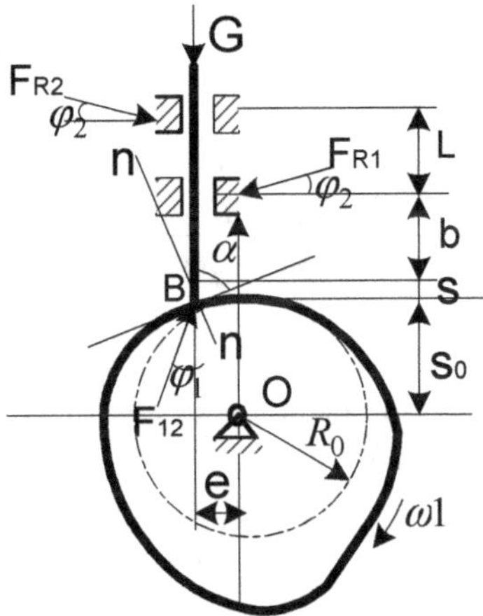

Figure 3-10 Angle de pression α

Dans la figure 3-10, B est un point quelconque de la came. φ_1 et φ_2 sont les angles de frottement. La force F_{12}, supportée par la tige, est donnée par la came. Le vecteur *n-n* est un vecteur normal à la surface du contact de la came. α est l'angle de pression. C'est un angle entre la direction de la vitesse de tige et le vecteur *n-n*. La tige supporte une charge **G**. Cette charge comprend le poids de la tige, la force du ressort, la force de frottement, etc.

Les équations d'équilibre de tige sont :

$$F_{21}\sin(\alpha+\varphi_1)-(F_{R1}-F_{R2})\cos\varphi_2=0$$
$$F_{21}\cos(\alpha+\varphi_1)-(F_{R1}+F_{R2})\sin\varphi_2=0$$
$$F_{R2}\cos\varphi_2(L+b)-F_{R1}\cos\varphi_2 b=0$$

À partir des équations d'équilibre, nous avons :

$$F_{12}=\cfrac{G}{\cos(\alpha+\varphi_1)-\left(1+\dfrac{2b}{L}\right)\sin(\alpha+\varphi_1)\tan\varphi_2}$$

À l'instant t, le rendement du mécanisme de came :

$$\eta=\cfrac{\cos(\alpha+\varphi_1)-\left(1+\dfrac{2b}{L}\right)\sin(\alpha+\varphi_1)\tan\varphi_2}{\cos\alpha}$$

Quand l'angle de pression grandit, la force F_{12} grandit aussi.

Jusqu'à $cos\alpha = 0$ et $\cos(\alpha+\varphi_1)-\left(1+\dfrac{2b}{L}\right)\sin(\alpha+\varphi_1)\tan\varphi_2=0$. La force F_{12} devient ∞. Le rendement devient nul.

$\eta = 0$. Le mécanisme est bloqué. Nous pouvons calculer cet angle limite en appliquant la formule suivante :

$$\alpha_0=\arctan\left[\cfrac{1}{\left(1+\dfrac{2b}{L}\right)\tan\varphi_2}\right]-\varphi_1$$

5-1-2 Angle de pression α et rayon courbure ρ dans les cas pratiques

Type de came	Angle de pression α	Rayon courbure ρ
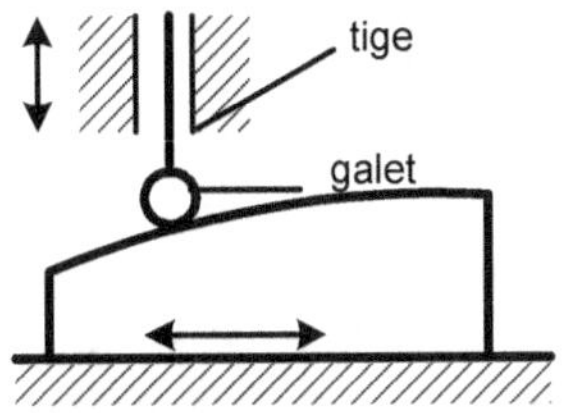	$\tan\alpha=\dfrac{dy}{dx}$	$\rho=\dfrac{\sqrt{\left(1+\left(\dfrac{dy}{dx}\right)^2\right)^3}}{\dfrac{d^2y}{dx^2}}$
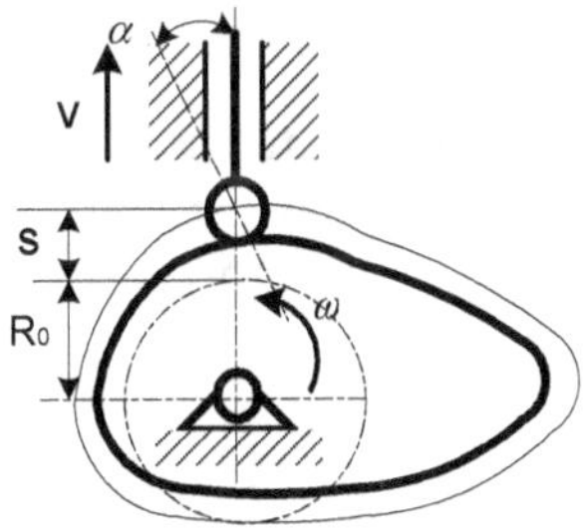	$\tan\alpha=\dfrac{\dfrac{ds}{d\phi}}{R_0+s}$	$\rho=\dfrac{\sqrt{\left((R_0+s)^2+\left(\dfrac{ds}{d\phi}\right)^2\right)^3}}{(R_0+s)^2+2\left(\dfrac{ds}{d\phi}\right)^2-(R_0+s)\dfrac{d^2s}{d\phi^2}}$
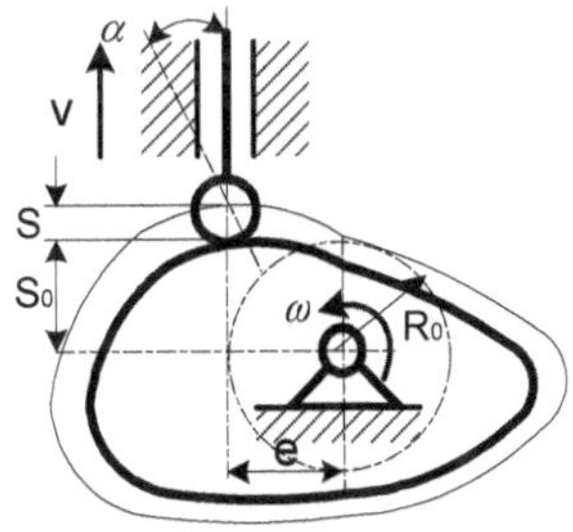	$\tan\alpha=\dfrac{\dfrac{ds}{d\phi}-e}{s+\sqrt{R_0^2+s^2}}$ $s_0=\sqrt{R_0^2-e^2}$	$\rho=\dfrac{1}{T\left[1+T\left(\dfrac{ds}{d\phi}\sin\alpha-\dfrac{d^2s}{d\phi^2}\cos\alpha\right)\right]}$ $T=\dfrac{\cos\alpha}{s+s_0}$
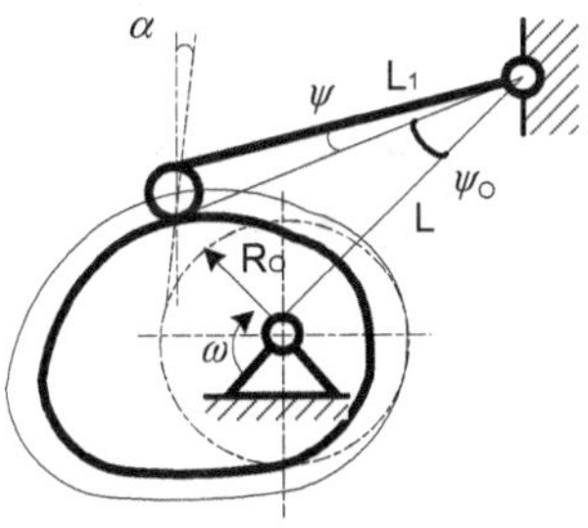	$\tan\alpha=\cot(\psi+\psi_0)$ $-\dfrac{L\left(1-\dfrac{d\psi}{d\varphi}\right)}{L\sin(\psi+\psi_0)}$ $\psi_0=\arccos\dfrac{L_1^2+L^2-R_0^2}{2L_1L}$	$\rho=$ $\dfrac{1}{\lambda\left\{1+\lambda\left[\left(1-\dfrac{d\psi}{d\phi}\right)\dfrac{d\psi}{d\phi}\sin\alpha-\dfrac{d^2\psi}{d\phi^2}\cos\alpha\right]\right\}}$ $\lambda=\dfrac{\cos\alpha}{L\sin\alpha}$

s	déplacement de galet	φ	déplacement angulaire de came
R_0	rayon de base de came	e	distance excentrée
L_1	longueur de levier	L	distance entre centre de levier et centre de came
ψ	déplacement angulaire de levier $\psi=\psi(\phi)$		

Remarque :

L'excentration *e* pourra être négative ou positive. Quand la came tourne vers la droite, le galet se trouve à gauche de la came, *e* est positif. C'est bon pour diminuer l'angle de pression. Si le galet se trouve à droite de la came, *e* est négatif.

Quand la came tourne vers la gauche, le galet se trouve à gauche de la came, *e* est négatif.

5-1-3   Rayon de base de la came R_0

Le rayon de base de la came R_0 est le rayon de courbure minimal du profil théorique de la came. La valeur du rayon de base de la came détermine la grandeur de la came. Avec la règle de mouvement, le rayon de base de la came et l'angle de pression, nous pouvons déterminer les dimensions de la came.

Pour réduire les dimensions de la came et la dimension du mécanisme, nous souhaitons choisir le rayon de base de la came le plus petit possible. Comment déterminer le rayon minimal de base de la came ? Nous le trouverons au chapitre 5-2-2.

5-1-4   Galet

1/ Pour la partie concave du profil théorique de la came, nous avons la relation :

$$\rho_r = \rho + r_0$$

avec :

r_0 rayon de galet

ρ rayon de la courbure du profil théorique de la came

ρ_r rayon de la courbure du profil réel de la came

Comme le rayon de courbure du profil théorique de la came est toujours supérieur au rayon du profil réel : $\rho > \rho_r$. Nous pouvons donc choisir la dimension du rayon du galet pour la partie concave du profil théorique de la came.

2/ Pour la partie convexe du profil théorique de la came, nous avons la relation :

$$\rho_r = \rho - r_0$$

Nous étudions trois cas :

Cas 1 : $\rho_r > 0$ et $\rho > r_0$

Le rayon de courbure de profil théorique de la came est supérieur au rayon de profil réel. Nous pouvons construire le profil réel de la came. Nous construisons une came normale.

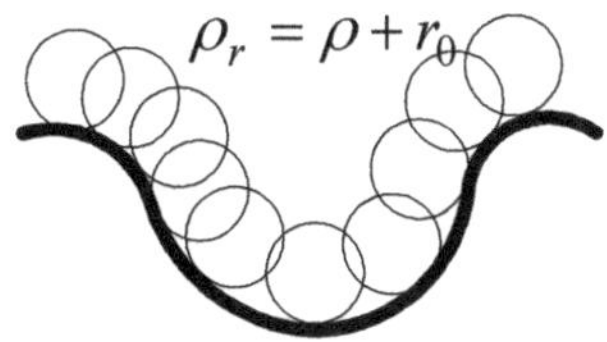

Figure 3-11 Cas 1 $\rho_r > 0$ et $\rho > r_0$

Cas 2 : $\rho_r = 0$ **et** $\rho = r_0$

Nous pouvons construire le profil réel de la came. Mais sur le profil de came, il y a des points pointus. La came s'use très rapidement (voir figure ci-après).

Figure 3-12 Cas 2 $\rho_r = 0$ et $\rho = r_0$

Cas 3 : $\rho_r = 0$ **et** $\rho = r_0$

Nous ne pouvons plus construire le profil réel de la came.

Le rayon de galet ne peut donc pas être supérieur au rayon de profil théorique de came. Mais dans l'installation mécanique, le rayon de galet ne peut pas être trop petit. Nous conseillons :

$$r_0 < \rho_{\min} - (\ 3mm \quad \text{à} \quad 5mm\ )$$

Pour que la came puisse transmettre une charge importante, nous choisirons le rayon du galet $r_0 \approx \rho_{r\min} \approx \rho_{\min}/2$, afin que la contrainte de contact entre came et galet soit plus petite.

5-2 Condition de fonctionnement de came

5-2.1 Angle admissible de pression au contact

L'angle de pression au contact influence directement la force de contact entre la came et le galet, la tige ou le levier, pendant la transformation de mouvement. Elle influence aussi la taille de la came.

Si nous souhaitons une petite taille de la came, nous devons choisir un petit rayon de base de la came. Mais un petit rayon de base de la came produit un grand angle de pression au contact. Ensuite, la force nécessaire pour pousser la tige est augmentée.

Le frottement entre la tige et le guide est augmenté également. Quand l'angle de pression au contact arrive à une valeur maximale, le mécanisme de came est bloqué.

L'angle de pression au contact doit donc être limité. Nous donnons un angle admissible de pression au contact.

TABLEAU 3-5 Angle admissible de pression au contact

Type de came	Pour le trajet aller (pousse)	Pour la trajet retour	
		Came bloquée par la force	Came bloquée par la forme de came
Came tige	$< 30°$	$< 70°$- $80°$	$< 30°$
Came levier	$< 35°$ - $45°$	$< 70°$- $80°$	$< 35°$ - $45°$

5-2.2 Rayon minimal de base de came

Pour réduire la dimension de la came, nous souhaitons que le rayon de la came soit le plus petit possible.

Le rayon minimal de base de la came dépend du mouvement du mécanisme. Il doit assurer le fonctionnement du mécanisme de came pour éviter le blocage du mouvement. La force de frottement entre la tige et le guide doit donc est limitée.

Dans la pratique, nous pouvons utiliser l'angle admissible de pression au contact pour déterminer le rayon de base de la came.

Déterminer le rayon de base de la came

Méthode 1

À partir des dimensions de l'espace et de nos expériences, nous pouvons fixer un rayon de base de la came. Nous dessinons la came et calculons l'angle de pression. Si l'angle de pression est admissible, notre étude est acceptée. Si l'angle de pression est trop grand, nous devons augmenter le rayon de base, jusqu'à ce que l'angle de pression soit admissible.

Méthode 2

En utilisant les formules des 4-1, supposons que quand s = h/2, nous avons l'angle maximal de pression α_m. Nous déterminons le rayon de base de la came.

Méthode 3

En utilisant les équations de mouvement, nous pouvons trouver le rayon minimal R_0 de base de la came.

(1) Pour le mécanisme de came à plateau tige :

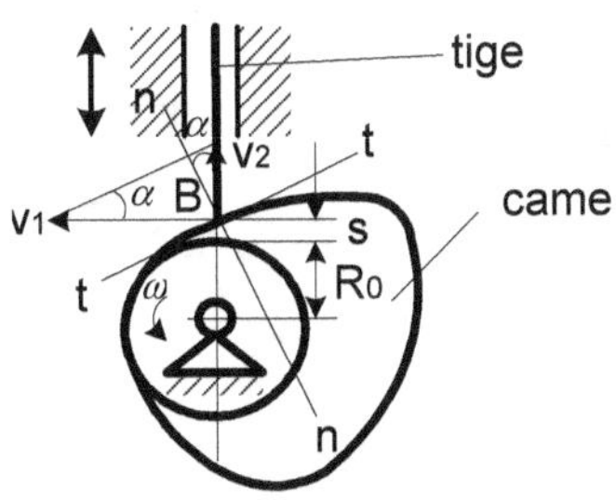

Figure 3-13   Came à plateau tige

Si les mouvements du mécanisme sont connus, c'est-à-dire les vitesses de la came et de la tige, le déplacement de tige est connu. Le rayon minimal de base de la came est déterminé par la formule suivante :

$$v_2 = v_1 \tan\alpha = \omega_1 \left(R_0 + s \right) \tan\alpha$$

$$R_0 = \frac{v_2}{\left(\omega_1 \tan\alpha \right) - s}$$

avec :

v_1 vitesse de came

v_2 vitesse de tige

s déplacement de tige

α angle admissible de pression au contact

ω vitesse angulaire de la came

(2) Mécanisme de came à rainure :

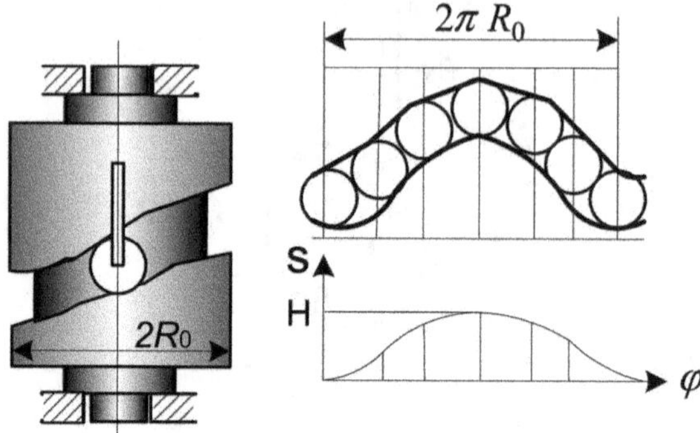

Figure 3-14   Came à rainure

Dans la courbe de déplacement, l'angle de pression est :

$$\tan\alpha = \frac{1}{R_0}\frac{ds}{d\varphi}$$

L'angle maximal de pression au contact est :

$$\tan\alpha_{max} = \frac{1}{R_0}\left(\frac{ds}{d\varphi}\right)_{max}$$

L'angle maximal de pression au contact doit être inférieur à l'angle de pression admissible :

$$\tan\alpha_{max} \leq \tan[\alpha]$$

Le rayon minimal de base de la came est :

$$R_0 = \frac{1}{\tan[\alpha]}\left(\frac{ds}{d\varphi}\right)_{max}$$

VI   RÉSISTANCE DES MATÉRIAUX DE LA CAME

En général, le but du mécanisme à came est la transmission du mouvement. La came supporte moins de contrainte de déformation (exemple : traction, compression et flexion). Nous n'avons donc pas besoin de contrôler la résistance à la déformation. Mais quand le mécanisme à came supporte une force importante, le mécanisme a une grande vitesse ou le mécanisme supporte un choc, nous devons contrôler la résistance au contact. Nous contrôlons alors la contrainte au contact.

– **La contrainte au contact** est calculée en appliquant la formule **H.Hertz** suivante :

$$\sigma_c = \sqrt{\frac{F_n}{\pi\, b} \cdot \frac{\dfrac{1}{\rho_{min}} + \dfrac{1}{r_0}}{\dfrac{1-v_1^2}{E_1} + \dfrac{1-v_2^2}{E_2}}} \leq \left[\sigma_c\right] \qquad MPa$$

avec :

F_n effort normal, perpendiculaire à la direction tangentielle de came, au point de contact   *en N*

b longueur de contact   *en mm*

ρ_{min} rayon de courbure minimal de la came *en mm*

r_0 rayon de courbure de la tête de tige

     Si sa tête est un galet, r_0 est le rayon du galet. Si sa tête est un plateau, $r_0 = \infty$.

E_1 module d'élasticité longitudinale de la came

E_2 module d'élasticité longitudinale du galet ou de la tringle, qui est au contact de la came

v_1 coefficient de Poisson de la came

v_2 coefficient de Poisson du galet ou tringle, qui est au contact de la came

– **Contrainte admissible au contact de la came :** $\left[\sigma_c\right]$

La contrainte admissible au contact dépend du matériel et du traitement de surface de la came.

– Pour l'acier normal $\left[\sigma_c\right] = 2{,}6 \times (HB)$

– Pour l'acier affiné avec un traitement thermique $\left[\sigma_c\right] = 27 \times (HRC)$

– Pour l'acier allié Cr avec un traitement thermique $\left[\sigma_c\right] = (28 \text{ à } 30) \times (HRC)$

– Pour la fonte normale $\left[\sigma_c\right] = 1{,}5 \times (HB)$

– Pour la fonte nodulaire $\left[\sigma_c\right] = 1{,}8 \times (HB)\,x$

HB et HRC représentent les duretés de la came.

P.C : DURETÉ :   (voir Xiong Youde, *Formulaire de résistance des matériaux*)

« La dureté est une caractérisation de la résistance d'un matériau par formation d'une empreinte sur une surface plane du matériau à caractériser. La dureté d'un matériau peut être définie par la résistance qu'il oppose à la pénétration d'un poinçon. »

1/ La dureté Brinell **HB** utilise une bille sphérique pour former l'empreinte

Une bille en acier est appliquée sur le corps. Une poussée constante P, mesurée en Newton, est exercée sur cette bille. Selon la dureté du matériau testé, la bille pénètre plus ou moins. Elle marque une empreinte de forme sphérique. Du diamètre de l'empreinte, on déduit la surface S de la calotte sphérique mesurée en mm².

$$HB = 0,102 \frac{2P}{\pi D \left(D - \sqrt{D^2 - d^2} \right)} \qquad \text{en } N/mm^2$$

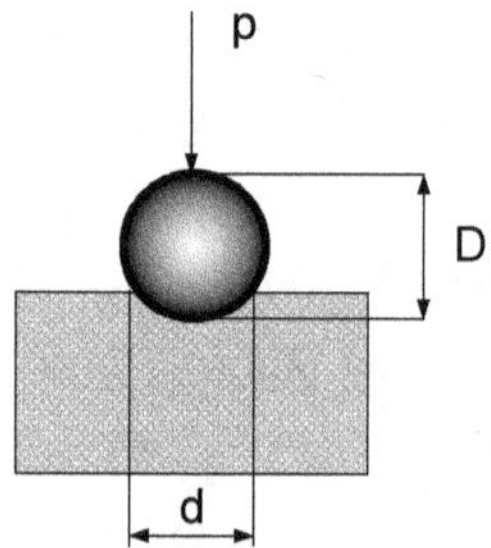

Figure 3-15   Dureté Brinell HB

La valeur de la dureté Brinell **HB** est le quotient P/S multiplié par un coefficient destiné à assurer la cohérence avec les mesures anciennes où l'unité utilisée pour les forces était le kilogramme poids.

Relation entre la valeur de dureté et la résistance de rupture R :

$$R \approx 0,34\,HB$$

2/ Dureté ROCKWELL HR

La définition est analogue à celle de la dureté Brinell. La bille Brinell est remplacée par une pointe conique en diamant.

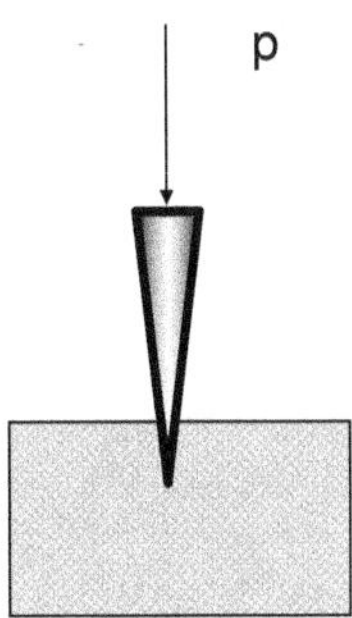

TABLEAU 3-6   Résistance en traction et dureté

Résistance en traction kg/mm^2	Dureté						
	Dureté Brinell	Dureté RockWell					Dureté Vickers
	HB-30D^2	HRC	HRA	HR-15N	HR-30N	HR-45N	HV
174,4	488	50,0	75,8	85,7	68,6	54,7	509
168,6	474	49,0	75,3	85,2	67,7	53,6	493
163,1	461	48,0	74,7	84,6	66,8	52,4	478
158,1	449	47,0	74,2	84,0	65,9	51,2	463
153,3	436	46,0	73,7	83,5	65,0	50,1	449

Chapitre 4

ENGRENAGE

I   GÉNÉRALITÉS

1-1   Engrenage, roue et pignon (voir réf. 6)

Dans la transmission du mouvement, pour éviter le glissement, nous utilisons des roues dentées. L'ensemble de deux roues dentées est nommé engrenage. Quand deux roues dentées sont en prise, la petite s'appelle le pignon et la grande conserve le nom de roue.

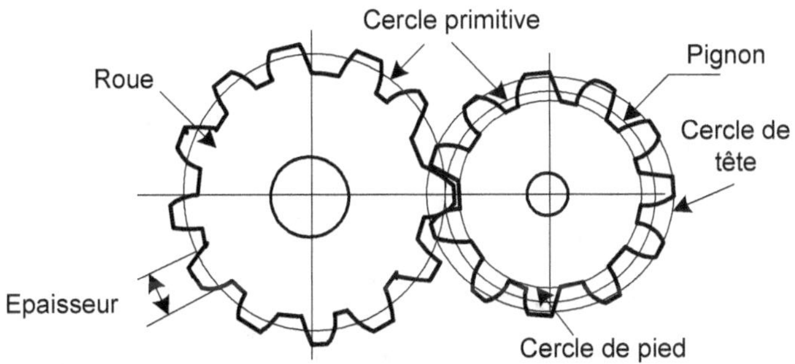

Figure 4-1   Roue et pignon

1-2   Pourquoi utiliser les engrenages pour transmettre le mouvement

1/   Transmettre le mouvement circulaire sans glissement

Les roues de friction donnent lieu à des glissements importants dès que l'effort tangentiel à transmettre est trop élevé.

Les engrenages permettent la transmission du mouvement circulaire entre deux arbres rapprochés, l'entraînement se faisant par obstacle, par poussée d'une dent de la roue de moteur sur une dent de l'engrenage récepteur. Pendant la transmission de mouvement, les engrenages n'effectuent pas de glissement.

2/   Transmettre le mouvement circulaire continu sans choc

La transmission du mouvement est possible d'une façon continue, sans choc ni coincement, si les dents présentent des profils conjugués.

3/   Permettre de transmettre un couple important

Les engrenages transmettent le mouvement circulaire entre deux arbres par les dents. Ils permettent donc de transmettre une puissance importante. Dans la pratique, nous les utilisons beaucoup pour la machinerie lourde ou l'automobile.

4/   Transmettre le mouvement circulaire entre deux arbres rapprochés avec une vitesse différente

L'ensemble des engrenages transmet le mouvement circulaire ou un autre mouvement circulaire avec une vitesse différente, ou à même vitesse. Nous pouvons l'utiliser pour changer le mouvement circulaire vertical en mouvement horizontal ou inverse. Quelquefois, il peut être utilisé pour transmettre un mouvement circulaire en mouvement rectiligne.

5/ Possibilité de réduire les frottements pendant la transmission du mouvement

Dans les boîtes de vitesses, nous utilisons les engrenages parce qu'ils occupent moins de place. La boîte de vitesses permet d'ajouter facilement des produits pour réduire le frottement entre deux roues conjuguées.

1-3   Rapport des vitesses des roues *R*

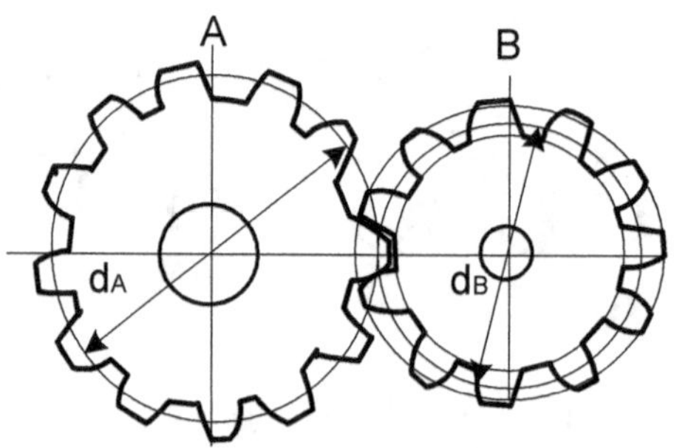

Figure 4-2   Rapport des vitesses des engrenages

Supposons que la roue *A* transmette le mouvement à la roue *B*. La vitesse de la roue *A* est V_A. La vitesse de la roue *B* est V_B.

Le diamètre de cercle primitif de la roue *A* est d_A. Le diamètre de cercle primitif de la roue *B* est d_B. z_A est le nombre de dents de la roue *A*. z_B est le nombre de dents de la roue *B*.

Le rapport des vitesses R_{AB} des roues *A* et *B* est égal au rapport inverse de leurs diamètres, i_{AB} est égal au rapport inverse du nombre de dents.

$$R_{AB} = \frac{V_A}{V_B} = \frac{d_B}{d_A} = \frac{z_B}{z_A}$$

Nous utilisons l'exemple suivant pour expliquer comment calculer le rapport des vitesses dans un boîte de vitesses.

Exemple 4-1 : Une boîte de vitesses pour les montres et les horloges. Les engrenages 1, 2, 3, 4, 5, 6, 7, 8, 9, 10, 11 et 12 sont dans la boîte. Leurs conjuguées sont dans la figure ci-après. Les nombres des dents sont : $z_1=72$; $z_2=12$; $z_3=64$; $z_4=8$; $z_5=60$; $z_6=8$; $z_7=60$; $z_8=6$; $z_9=8$; $z_{10}=24$; $z_{11}=6$; $z_{12}=24$. *N* est le ressort. Calculer le rapport de l'aiguille de seconde *s* et l'aiguille de minute *m*. Déterminer le rapport de l'aiguille des minutes *m* et l'aiguille des heures *h*.

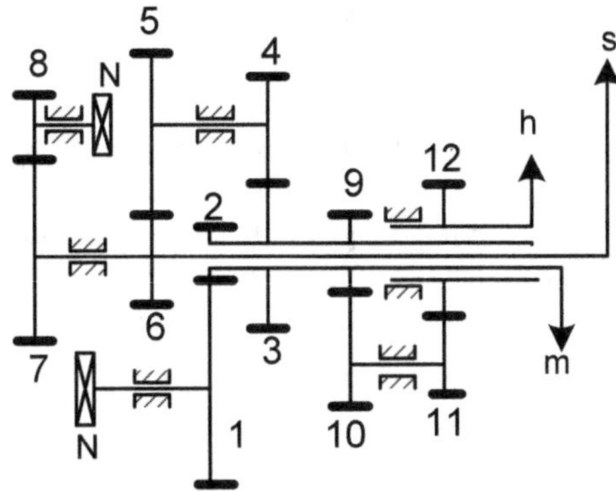

– Chemin de la Transmission du mouvement :

   (1) Chemin de la transmission du mouvement jusqu'à l'aiguille de seconde *s* :

       le ressort N, l'engrenage $1 - 2 - 3 - 4 - 5 - 6$, l'aiguille de seconde *s*.

   (2) Chemin de la transmission du mouvement jusqu'à l'aiguille de minute *m* :

       le ressort N, l'engrenage $1 - 2$, l'aiguille de minute *m*.

   (3) Chemin de la transmission du mouvement jusqu'à l'aiguille de l'heure *h* :

       le ressort N, l'engrenage $1 - 2 - 9 - 10 - 11 - 12$, l'aiguille de l'heure *h*.

– Rapport de l'aiguille de seconde *s* et l'aiguille de minute ***m***. Entre *s* et ***m***, il y a deux couples de roues en prise : les engrenages 3 et 4, les roues 5 et 6. Le rapport est donc :

$$R_{s-m} = (-1)^2 \frac{z_3}{z_4} \cdot \frac{z_5}{z_6} = \frac{64}{8} \cdot \frac{60}{8} = 60$$

– Rapport de l'aiguille de minute ***m*** et l'aiguille d'heure *h*. Entre ***m*** et ***h***, il y a deux couples de roues en prise, les roues 9 et 10, les roues 11 et 12. Le rapport est donc :

$$R_{s-m} = (-1)^2 \frac{z_{10}}{z_9} \cdot \frac{z_{12}}{z_{11}} = \frac{24}{8} \cdot \frac{24}{6} = 12$$

Attention :

  1. Dans le rapport de la vitesse, si le conjugueur des engrenages est extérieur comme dans l'exemple, le rapport est négatif. Si le conjugueur des engrenages est intérieur contraire, le rapport est positif.

  2. Dans la boîte de vitesses, nous utilisons quelquefois la roue "satellite" comme intermédiaire. La roue intermédiaire ne change pas le rapport des vitesses ni le sens de la vitesse.

1-4   Coefficients Z pour déterminer la résistance des matériaux des engrenages au contact

1-4-1   Coefficient de module d'élasticité longitudinale Z_E au contact

Le coefficient Z_E représente le changement de la contrainte au contact. Ce changement provient des caractéristiques des deux roues conjuguées. Ces dernières peuvent présenter les mêmes matériaux ou des matériaux différents.

Les caractéristiques des matériaux des engrenages sont les modules d'élasticité longitudinale ; les coefficients de Poisson.

La valeur de coefficient de module d'élasticité longitudinale Z_E se détermine en utilisant la formule ci-après :

$$Z_E = \sqrt{\frac{1}{\pi \cdot \left(\dfrac{1-v_1^2}{E_1} + \dfrac{1-v_2^2}{E_2} \right)}} \qquad en \sqrt{N/mm^2}$$

avec :

E_1 et E_2 module d'élasticité longitudinale des engrenages 1 et 2

v_1 et v_2 coefficients de Poisson des engrenages 1 et 2

TABLEAU 4-1   Coefficient de module d'élasticité longitudinale Z_E

Matériaux de pignon	Matériaux de l'engrenage				
	Acier	Acier moulé	Fonte à graphite nodulaire	Fonte à graphite lamellaire	Matériaux composites
Acier	189,8	188,9	181,4	162,0	56,4
Acier coulé en fondu	188,9	188,0	180,5	161,4	-
Fonte à graphite nodulaire	165,4	161,4	146,0	156,6	-
Fonte à graphite lamellaire	181,4	180,5	156,6-	173,9	-

1-4-2   Coefficient de conjugaison Z_ε au contact

1-4-2-1 Coefficient de conjugaison Z_ε au contact

Quand deux roues sont en prise, aux points des contacts de cercle primitif les deux roues tournent à même vitesse circonférentielle.

À chaque instant fixé, il y a un nombre de points des deux roues en contact. Le coefficient Z_ε donne une valeur pour mesurer ces nombres de points au contact sur la largeur ou sur le cylindre de tête de la roue.

Si le coefficient Z_ε est grand, les points de contact sont nombreux. La transmission de puissance est meilleure : silencieuse, elle a moins de perte d'énergie.

Le coefficient de zone de conjugaison Z_ε se calcule en utilisant la formule ci-après :

$$Z_\varepsilon = \sqrt{\frac{4-\varepsilon_\alpha}{3}\left(1-\varepsilon_\beta\right)+\frac{\varepsilon_\beta}{\varepsilon_\alpha}}$$

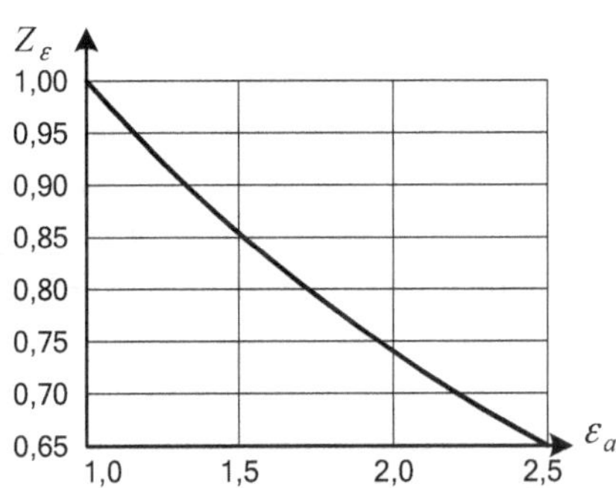

Figure 4-3 Coefficient de zone conjuguée Z_ε

Pour déterminer les coefficients de conjuguée Z_ε, nous devons d'abord déterminer la valeur du facteur de conjugaison ε en utilisant la formule proposée dans la partie 1-4-2-2 de ce chapitre.

À partir de la valeur de conjugaison ε, nous utilisons la figure 4-3 pour trouver la valeur de Z_ε.

1-4-2-2 Facteur de conjugaison ε

– En général :

$$\varepsilon = 0{,}318\phi_{d-cir} \cdot z \cdot \tan\alpha$$

avec :

z	nombre de dents de l'engrenage
α	angle de pression.
ϕ_{d-cir}	(voir ce chapitre, 1-4-10)

1/ Engrenage cylindrique à denture droite

Si le pignon se trouve à l'extérieur de la roue :

$$\varepsilon = \frac{1}{2\pi}\Big[z_1\big(\tan\alpha_1 - \tan\alpha\big) + z_2\big(\tan\alpha_2 - \tan\alpha\big)\Big]$$

Si le pignon se trouve à l'intérieur de la roue :

$$\varepsilon = \frac{1}{2\pi}\Big[z_1\big(\tan\alpha_1 - \tan\alpha\big) - z_2\big(\tan\alpha_2 - \tan\alpha\big)\Big]$$

avec :

z	nombre de dents de la roue
z_1, z_2	nombres de dents du pignon et de la roue
a_1, a_2	angles de pression sur les cercles primitifs du pignon et de la roue
α	angles de pression

2/ Engrenage cylindrique à denture hélicoïdale

$$\varepsilon = \varepsilon_a + \varepsilon_\beta$$

avec :

Facteur de conjugaison εa :

Si le pignon se trouve à l'extérieur de la roue :

$$\varepsilon_a = \frac{1}{2\pi}\Big[z_1\big(\tan\alpha_1 - \tan\alpha\big) + z_2\big(\tan\alpha_2 - \tan\alpha\big)\Big]$$

Si le pignon se trouve à l'intérieur de la roue :

$$\varepsilon_a = \frac{1}{2\pi}\Big[z_1\big(\tan\alpha_1 - \tan\alpha\big) - z_2\big(\tan\alpha_2 - \tan\alpha\big)\Big]$$

Facteur de conjugaison ε_β :

$$\varepsilon_\beta = \frac{b\tan\beta}{\pi\cdot m} = \frac{b\sin\beta}{\pi\cdot m}$$

z	nombre de dents de la roue
z_1, z_2	nombres de dents du pignon et de la roue
a_1, a	angles de pression sur les cercles primitifs du pignon et de la roue
α	angle de pression

1-4-2-3 Formule approchée pour l'engrenage à denture droite

1/ Facteur de conjugaison de cylindre de tête de l'engrenage εa

$$\varepsilon_a \approx \left[1,88 - 3,2\cdot\left(\frac{1}{z_1}+\frac{1}{z_2}\right)\right]\cos\beta$$

2/ Facteur de conjugaison suivant la largeur de l'engrenage ε_β

$$\varepsilon_\beta = \frac{b\tan\beta}{\pi\cdot m} = \frac{b\sin\beta}{\pi\cdot m} \approx 0,318\phi_{d-cir}z_1\tan\beta$$

avec :

z	nombre de dents de la roue
z_1	nombre de dents du pignon
a_1, a_2	angle de pression sur les cercles primitifs du pignon et de la roue
α	angle de pression

1-4-3 Coefficient de l'angle d'hélice Z_β au contact

La grandeur d'angle d'hélice β influence la contrainte du contact. Nous utilisons le coefficient de l'angle d'hélice Z_β pour mesurer ce changement. On détermine le coefficient de l'angle d'hélice Z_β en utilisant la formule de l'expérience ci-après :

$$Z_\beta = \sqrt{\cos\beta}$$

1-4-4 Coefficient de dimension de l'engrenage Z_x au contact

Le défaut de fabrication influence le module m. Ce changement de module m peut réduire la durée de vie de fatigue au contact. Nous utilisons le coefficient de dimension de l'engrenage pour mesurer ce changement.

Le coefficient Z_X dépend des matériaux et du traitement thermique.

$$Z_X = 0,7 \quad \text{à} \quad 1,00$$

1-4-5   Coefficient de durée de contact Z_N au contact (voir ce chapitre, 1-7)

Le nombre de contacts dans un temps fixé influence aussi la contrainte au contact. Nous introduisons le coefficient de fréquence de contact Z_N pour mesurer ce changement.

$$Z_N = {}^{m_N}\!\!\sqrt{\frac{N_0}{N}}$$

avec :

N nombre de fréquence de la contrainte de contact (par essai)

m_N facteur de fatigue ; il dépend des matériaux et du traitement thermique

N_0 nombre de fréquence de la contrainte de contact (admissible)

$$N_0 = 60 \cdot n \cdot L_h$$

n vitesse de l'engrenage tr/s

L_h durée de vie de l'engrenage *en h* (nombre d'heures)

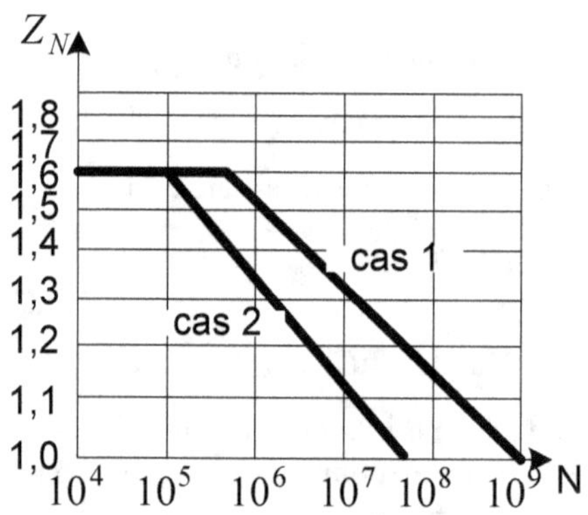

Figure 4-4   Coefficient de durée de contact Z_N au contact

Cas 1   Nous acceptons les points de dommage sur l'engrenage dus à l'utilisation.

Cas 2   Nous acceptons les points de dommage sur l'engrenage dus à l'utilisation.

1-4-6   Coeffcient de zone de conjugaison Z_H au contact

La contrainte supportée par la roue est liée à la forme de la roue. La relation entre la contrainte du contact et le rayon de courbure de cylindre de tête de la roue ; le rayon de courbure suivant l'axe normal influence la contrainte. Nous utilisons le coefficient de zone de conjugaison Z_H pour présenter ce changement.

$$Z_H = \sqrt{\frac{2\cos\beta}{\cos^2\alpha_1 \tan\alpha'_1}}$$

avec :

β	angle d'hélice sur le cercle primitif
a_1	angle de pression sur le cercle primitif du pignon
a'_1	angle de pression sur le cercle de base du pignon

Pour la roue à denture droite avec un angle de pression $\alpha = 20°$, nous avons $Z_H = 2,5$.

Pour la roue à denture hélicoïdale avec un angle de pression $\alpha = 20°$, nous pouvons trouver le coefficient Z_H dans la figure ci-après :

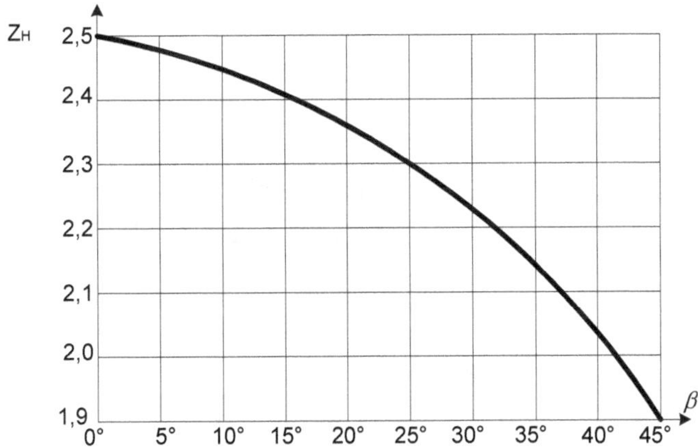

Figure 4-5 Coefficient de zone de conjugaison Z_H

1-4-7   Coefficient de dureté Z_w au contact

Quand les deux roues sont en prise, durant la transmission de puissance, les dents du pignon dur entrent régulièrement au contact des dents de la roue. Grâce à ce nombre de contacts, l'acier de la roue devient dur également. Ce résultat prolonge la durée de vie à la fatigue de contact.

Pour la dureté 130<HB<470 de l'engrenage, on calcule Z_w en utilisant la formule ci-après :

$$Z_w = 1,2 - \frac{HB - 130}{1700}$$

Pour l'autre dureté de l'engrenage, nous avons $Z_w = 1$.

1-4-8   Coefficient de lubrification Z_{Lu} au contact

Les conditions de lubrification influencent la contrainte au contact. Ces conditions sont :

– le collement de lubrification sur les dentures ;

– la vitesse circonférentielle de la roue ;

– le glissement de surface de denture.

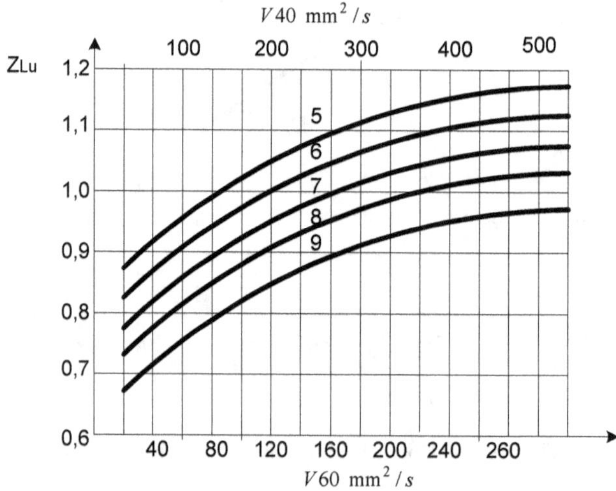

Figure 4-6 Coefficient de lubrification Z_{Lu} (pour la surface moue de denture)

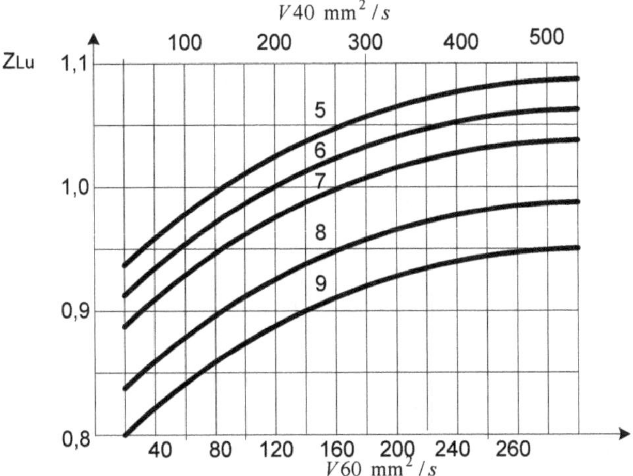

Figure 4-7 Coefficient de lubrification Z_{Lu} (pour la surface dur de denture)

1-4-9 Coefficient de forme de denture Z_F au contact

La forme de l'engrenage influence la déformation au contact de denture. Le coefficient de forme de denture Z_F caractérise cette influence. Le coefficient Z_F dépend du nombre de dents z de la roue. Il est indépendant du module m de la roue.

TABLEAU 4-2 Coefficient de forme de denture Z_F au contact

Nombre de dents z	17	18	19	20	21	22	23	24	25	26	27	28
Z_F	4,51	4,45	4,41	4,36	4,33	4,30	4,27	4,24	4,21	4,19	4,47	4,15

Nombre de dents z	29	30	35	40	45	50	60	70	80	90	100	
Z_F	4,13	4,12	4,06	4,04	4,02	4,01	4,00	3,99	3,98	3,97	3,96	

Attention :

Le coefficient de pignon Z_{F1} et le coefficient de la roue Z_{F2} sont différents.

$$Z_{F1} \neq Z_{F2}$$

Pour la roue normale à denture droite, nous avons (voir ce chapitre, 1-4) :

$$Z_F = 2,5 \quad \text{et} \quad \alpha = 20°$$

1-4-10   Coefficient de la largeur ϕ

1-4-10-1 Coefficient de la largeur ϕ_{d-cir} et ϕ_{d-con} en fonction du diamètre primitif d

ϕ_d est le coefficient de la largeur par rapport au diamètre primitif d.

– La roue cylindrique à denture droite, notée ϕ_{d-cir}, se calcule avec la formule :

$$\phi_{d-cir} = \frac{b}{d}$$

TABLEAU 4-3   Coefficient de la largeur ϕ_{d-cir}

Cas de l'installation	Surface molle de denture	Surface dure de denture
roulement / roulement / roues dentées / axe	$\phi_d = \text{de } 0,8 \text{ à } 1,4$	$\phi_d = \text{de } 0,4 \text{ à } 0,9$
roulement / roulement / roues dentées / axe	$\phi_d = \text{de } 0,6 \text{ à } 1,2$	$\phi_d = \text{de } 0,3 \text{ à } 0,6$
roues dentées / roulement / axe	$\phi_d = \text{de } 0,3 \text{ à } 0,4$	$\phi_d = \text{de } 0,2 \text{ à } 0,25$

– La roue conique à denture droite, notée ϕ_{d-con}, se calcule avec la formule :

$$\phi_{d-con} = \frac{b}{d} = \frac{\phi_R \sqrt{v^2 + 1}}{2\phi_R}$$

avec :

b	largeur de denture
d	diamètre de cercle primitif
v	coefficient de Poisson du matériel de la roue

$$\phi_R = \frac{b}{R_c}$$

R_c rayon du cône de pied

1-4-10-2 Coefficient de la largeur en fonction du module de l'engrenage ϕ_m

Le coefficient de la largeur de l'engrenage est fonction du module d'engrenage. Il se calcule en utilisant la formule ci-après :

$$\phi_m = \frac{b}{m}$$

Nous pouvons aussi le calculer avec la formule :

$$\phi_m = 0,5 \cdot (R \pm 1) \cdot \phi_a z_1 = \phi_{d-cir} z_1$$

En général, $\phi_m = 8 \rightarrow 25$.

Pour une boîte de vitesses ouverte, nous choisirons : $\phi_m = 8 \rightarrow 15$.

Pour une transmission de puissance importante et une petite vitesse de transmission, nous choisirons : $\phi_m = 20 \rightarrow 25$.

1-4-10-3 Coefficient de la largeur en fonction de l'entraxe ϕ_a

Le coefficient de la largeur de l'engrenage est fonction du module d'engrenage. On le calcule en utilisant la formule ci-après :

$$\phi_a = \frac{b}{a}$$

En général, pour une boîte de vitesses fermée, nous choisirons : $\phi_a = 0,3 \rightarrow 0,6$

Pour un réducteur, nous choisirons $\phi_a = 0,4$

Pour une boîte de vitesses moyenne, nous choisirons : $\phi_a = 0,12 \rightarrow 0,15$

Pour la boîte de vitesses ouverte, nous choisirons :

$$\phi_a = 0,1 \rightarrow 0,3$$

Remarque :

Si nous construisons un réducteur standard, les valeurs de coefficient ϕ_a doivent être égales aux valeurs standard. Les valeurs standard de ϕ_a sont : 0,2 ; 0,25 ; 0,3 ; 0,4 ; 0,5 ; 0,6 ; 0,8 ; 1,0 ; 1,2.

1-5   Coefficients Y pour déterminer la résistance des matériaux des engrenages en flexion

1-5-1   Coefficient complexe de forme de denture en flexion Y_{Fm}

$$Y_{Fm} = Y_F Y_m$$

Le coefficient Y_{Fm} dépend de la forme de la denture et du coefficient de déplacement x. En général, le coefficient Y_{FS} est égal à :

$$Y_{Fm} = 3,4 \quad \text{à} \quad 5,6$$

On nomme Y_F le coefficient de forme de la denture en flexion. Il présente le changement de contrainte en flexion au pied de denture. Ce changement vient de la forme de la denture. Nous pourrons déterminer le coefficient Y_F en fonction du nombre z de dents ou le nombre apparent z_n de dents avec la figure 4-9.

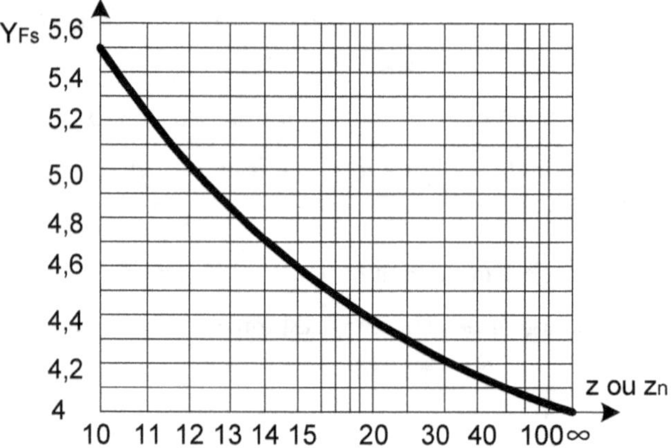

Figure 4-8   Coefficient de forme de la denture en flexion

(l'angle de pression $\alpha = 20°$)

On nomme Y_m le coefficient de modification. Il modifie le changement de la contrainte au pied de denture. Ce changement vient de la concentration des contraintes produites par la qualité de fabrication et la forme de denture.

$$Y_m = 1,3 \quad \text{à} \quad 2,0$$

Pour la charge statique, nous ne tiendrons pas compte du coefficient Y_m. Le coefficient Y_{Fm} devra donc être divisé par Y_m :

$$Y'_{Fm} = \frac{Y_{Fm}}{Y_m}$$

Nous pouvons déterminer le coefficient Y_m en fonction du nombre z de dents ou le nombre apparent z_n de dents avec la figure 4-10.

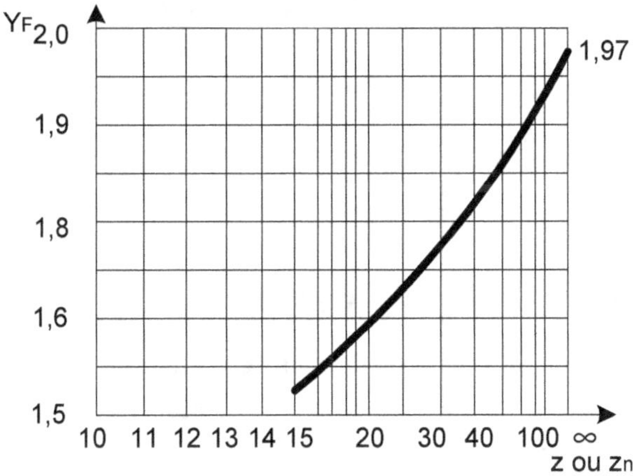

Figure 4-9 Coefficient de modification Y_m

(l'angle de pression $\alpha = 20°$)

1-5-2 Coefficient de conjugaison et de l'hélice $Y_{\alpha\beta}$

$$Y_{\alpha\beta} = Y_\alpha Y_\beta$$

Y_α est le coefficient de conjugaison en flexion. Quand nous réalisons le calcul, nous devons transmettre la charge de tête de denture au point du contact en ajoutant un coefficient Y_α. Y_β est le coefficient d'hélice. L'angle d'hélice influe sur la contrainte de flexion.

Pour les engrenages $1 < \varepsilon_\alpha < 2$ (ε_α et ε_β : voir ce chapitre, 1-4-2-2 et 1-4-2-3)

$$Y_\alpha = 0,25 + \frac{0,75}{\varepsilon_a}$$

$$Y_\beta = 1 - \varepsilon_\beta \frac{\beta}{120°}$$

Pour les autres cas d'engrenages, nous pouvons choisir dans la figure 4-10.

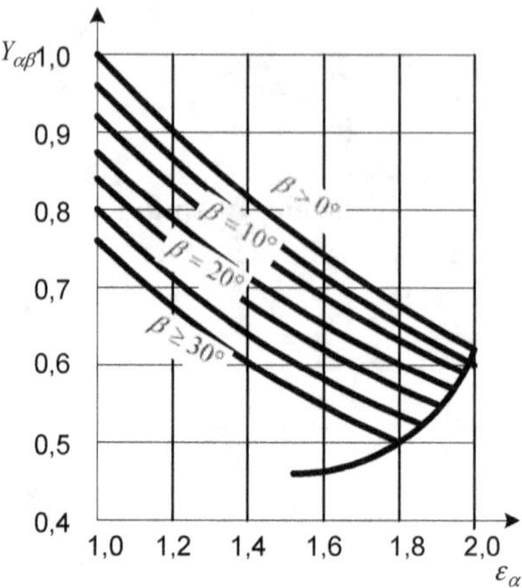

Figure 4-10 Coefficient de conjugaison et de l'hélice $Y_{\alpha\beta}$

1-5-3 Coefficient de dimension de denture Y_x en flexion

Le coefficient de dimension de denture Y_x en flexion présente le changement de module de l'engrenage **ma**. Ce changement de module **m** provient des défauts de fabrication. Il influence la résistance des matériaux en flexion.

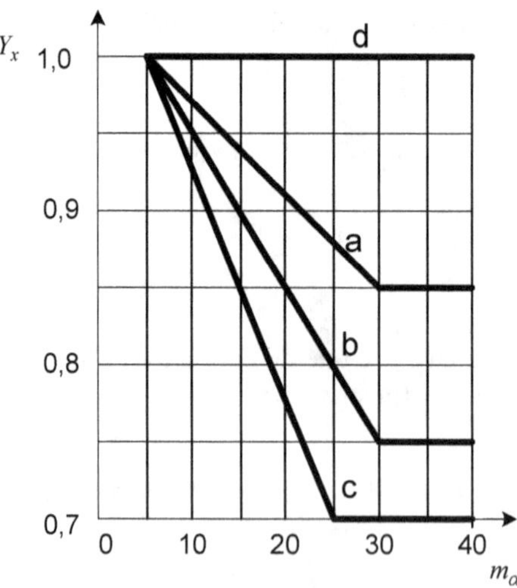

Figure 4-11 Coefficient de dimension de denture Y_x en flexion

Nous choisirons le coefficient Y_x en utilisant la figure 4-11. Dans la figure 4-11, le cas *d* est pour l'acier et la fonte à graphite sphéroïdal ; le cas *a* est pour l'acier à traitement surface ; le cas *b* est pour la fonte à graphite lamellaire ; le cas *c* est pour tous les matériaux sous charge statique.

1-5-4   Coefficient de durée de vie Y_N en flexion (voir ce chapitre, 1-7)

Le coefficient de durée de vie s'utilise seulement dans le cas où nous demandons une limite de durée de vie à $N < 3 \times 10^5$. En général, le coefficient est $Y_N = 1,0$ à $2,5$.

Si le nombre de flexions est égal ou supérieur à $N \geq 3 \times 10^5$, le coefficient de durée de vie est égal à $Y_N = 1,0$.

On calcule le coefficient de durée de vie en flexion en utilisant la formule ci-après :

$$Y_N = \sqrt[m_n]{\frac{N_0}{N}}$$

avec :

m_n module apparent de la roue

N nombres de cycles de durée de vie en flexion

$$N = 60 n a_n L_h$$

n vitesse de la roue *en tr/min*

a_n nombre de contacts sur la même denture quand la roue fait un tour

L_h nombre d'heures de durée de la roue

Si nous connaissons le nombres de cycles *N* en flexion, nous pouvons aussi utiliser la figure 4-12 pour déterminer le coefficient de vie en flexion.

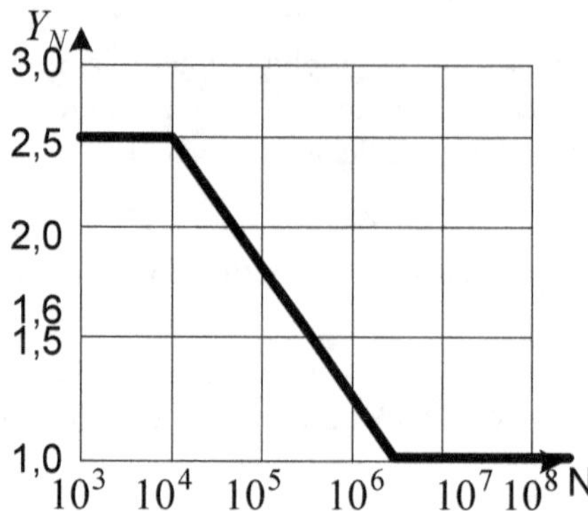

Figure 4-12 Coefficient de vie en flexion Y_N

1-5-5 Coefficient de sensibilité d'arrondissement au pied de denture Y_r en flexion

Le coefficient Y_r présente le changement de contrainte en flexion par l'arrondissement au pied de denture. La différence de l'arrondi de denture vient de la qualité de fabrication.

TABLEAU 4-4 Coefficient de sensibilité d'arrondissement au pied de denture Y_r

Rayon d'arrondissement au pied d'engrenage	Coefficient de sensibilité d'arrondissement au pied de denture Y_r	
	En fatigue dynamique	En fatigue statique
$r \geq 1{,}5\,mm$	1	1
$r < 1{,}5\,mm$	0,95	0,7

1-5-6 Coefficient de l'état de surface au pied de denture Y_s

Quand la surface au pied de la denture est lisse ou rugueuse, les contraintes en flexion ne sont pas les mêmes. Pour mesurer cette différence, nous utilisons le coefficient de l'état de surface au pied de denture Y_s. Pour mesurer la classe de glissement de surface, nous utilisons R_g.

1/ Pour calculer la contrainte de la fatigue en flexion :

Si la classe de la surface au pied de denture $R_g \leq 16\mu\,m$, le coefficient de l'état de surface au pied de denture :

$$Y_s = 1{,}0$$

Si la classe de la surface au pied de denture $R_g > 16\mu\,m$, le coefficient de l'état de surface au pied de denture :

$$Y_s = 0,9$$

2/ Pour calculer la contrainte en statique :

$$Y_s = 1,0$$

1-6 Coefficient de condition de travail K

1-6-1 Coefficient de sécurité K_s

Nous utilisons le coefficient de sécurité pour étudier le risque des points de dommages au contact et le risque de casser des dentures.

– Coefficient de sécurité K_s au contact

La probabilité des points de dommage au contact est 1 %. En général, pour le calcul de résistance des matériaux au contact, nous proposons un coefficient de sécurité de :

$$K_{s-c} = 1$$

– Coefficient de sécurité K_s en flexion

La denture cassée est plus fréquente. En général, pour le calcul de résistance des matériaux en flexion, nous proposons un coefficient de sécurité de :

$$K_{s-f} = 1,4$$

TABLEAU 4-5   Coefficient de sécurité K_s

Probabilité des engrenages devenus inutilisables	0,1 %	1 %	10 %
Coefficient de sécurité au contact K_{s-c}	$K_{s-c} \geq 1,25$	$K_{s-c} \geq 1,0$	$K_{s-c} \geq 0,85$
Coefficient de sécurité en flexion K_{s-f}	$K_{s-f} \geq 1,5$	$K_{s-f} \geq 1,25$	$K_{s-f} \geq 1,0$

1-6-2 Coefficient de charge K_c

Nous utilisons le coefficient de charge pour réaliser l'influence de la charge. Le type de charge (dynamique ou statique) ; la vitesse de l'engrenage ; la qualité de fabrication influencent la contrainte supportée par l'engrenage en flexion ou au contact.

En général, on calcule le coefficient de charge ainsi :

$$K_c = K_u K_f K_r K_d$$

Si nous utilisons un moteur – électrique, à vapeur, diesel –, le coefficient de charge est :

$$K_c = 1{,}2 \quad à \quad 2$$

1-6-3   Coefficient d'utilisation K_u

Le coefficient d'utilisation K_u dépend des conditions d'utilisation. K_u est fonction de la charge extérieure. Par exemple, les vibrations de la machine réceptrice, les vibrations des machines en utilisation, les contacts entre les roues conjuguées.

Si les charges extérieures sont violentes, la contrainte de contact ou la contrainte en flexion peut être importante. Si les charges extérieures sont douces, les contraintes peuvent être faibles.

TABLEAU 4-6   Coefficient d'utilisation K_u

Condition du travail de motrice	Condition de travail de la machine			
	Très calme	Calme	Moyen	Violent
Très calme	$K_u = 1{,}00$	$K_u = 1{,}25$	$K_u = 1{,}50$	$K_u = 1{,}75$
Calme	$K_u = 1{,}10$	$K_u = 1{,}35$	$K_u = 1{,}60$	$K_u = 1{,}85$
Moyen	$K_u = 1{,}25$	$K_u = 1{,}50$	$K_u = 1{,}75$	$K_u = 2{,}00$
Violent	$K_u = 1{,}50$	$K_u = 1{,}75$	$K_u = 2{,}0$	$K_u > 2{,}25$

1-6-4   Coefficient de fabrication K_f

Le coefficient de fabrication K_f indique les tolérances sur les dentures, les qualités de fabrication. Si l'engrenage a une bonne qualité de fabrication, il y a toujours un couple de dents en prise pendant le mouvement. La roue motrice peut transmettre la puissance à la roue réceptrice. L'engrenage peut donc supporter une grande vitesse sans un choc important.

Le coefficient K_f mesure la qualité moyenne de fabrication (voir tableau ci-après).

TABLEAU 4-7 Coefficient de fabrication K_f

Vitesse m/s	Qualité de fabrication							
	Bon		$\rightarrow$			Mauvais		
	1	6	7	8	9	10	11	12
0	0	0	0	0	0	0	0	0
10	1,00	1,10	1,18	1,28	1,38	1,48	1,60	1,72
20	1,00	1,14	1,25	1,38	1,50	1,64	-	-
30	1,00	1,16	1,30	1,45	-	-	-	-
40	1,00	1,19	1,34	-	-	-	-	-

1-6-5   Coefficient de répartition de la charge K_r

La répartition de la charge influence la contrainte sur la denture. Nous utilisons le coefficient de répartition de la charge K_r qui présente ce phénomène.

La répartition de la charge comprend deux parties :

$$K_r = K_{r-\beta} K_{r-a}$$

– la répartition sur les différents couples de dents, mesurée par $K_{r-\beta}$;

– la répartition sur la largeur de la denture, mesurée par K_{r-a}.

Méthode pratique pour réduire le coefficient K_r

Dans la pratique, comment réduire le coefficient de charge sur la denture droite K_r et la charge uniformément repartie sur la largeur des dentures ?

– avoir une bonne qualité de production des roues ;

– choisir les modèles d'installation, les roues installées au milieu de l'axe reposant sur deux appuis ;

– augmenter la résistance des roulements et des axes ;

– bien choisir la largeur des dents des roues ;

– changer la forme de denture, par exemple choisir les dents hélicoïdales de la roue.

1-6-5-1 Coefficient de répartition de charge entre les différents couples de dentures en prise $K_{r-\beta}$

Dans la pratique, la charge n'est pas toujours uniformément répartie sur chaque couple des dents conjuguées. Les charges réparties sur les différents couples de dents en prise sont différentes. Nous utilisons le coefficient K_{r-a} pour présenter ce phénomène.

Le coefficient $K_{r\beta}$ dépend des tolérances de fabrication de la roue dentée ; la résistance du contact entre les dents, les duretés de surface des roues et la déformation de dents en prise.

TABLEAU 4-8   Coefficient de répartition sur chaque couple de dents en prise $K_{r\beta}$

Niveaux de qualité de fabrication (Exemple : 5 est le bon, 8 le moyen)		5	6	7	8
Engrenage à dents droites	Sans traitement thermique	1,0	1,0	1,0	1,1
	Surface à traitement thermique	1,0	1,0	1,1	1,2
Engrenage à dents hélicoïdales	Sans traitement thermique	1,0	1,0	1,1	1,2
	Surface à traitement thermique	1,0	1,1	1,2	1,4

1-6-5-2 Coefficient de répartition de charge sur chaque couple de dentures en prise $K_{r\text{-}a}$

La répartition de la charge n'est pas uniforme sur les différents couples de dents en prise. Elle n'est pas uniforme non plus sur la largeur de chaque couple de dents en prise.

Le coefficient $K_{r\text{-}a}$ de répartition de la charge présente la répartition des charges sur chaque couple de dentures en prise. Quand les charges offrent une répartition inégale sur les dents de l'engrenage, cela produit des contraintes inégales sur les dents. Cette répartition peut se faire sur la largeur de la dent ou sur l'angle d'hélice.

Quand les deux dents commencent à entrer en contact, au début il n'y a qu'un point en contact. Ensuite, les dents se déforment et les deux dentures se touchent sur toute leur largeur. Mais les déformations de chaque point des dents sont différentes, donc la répartition des charges n'est pas uniforme. Les contraintes sur les largeurs des dents sont inégales.

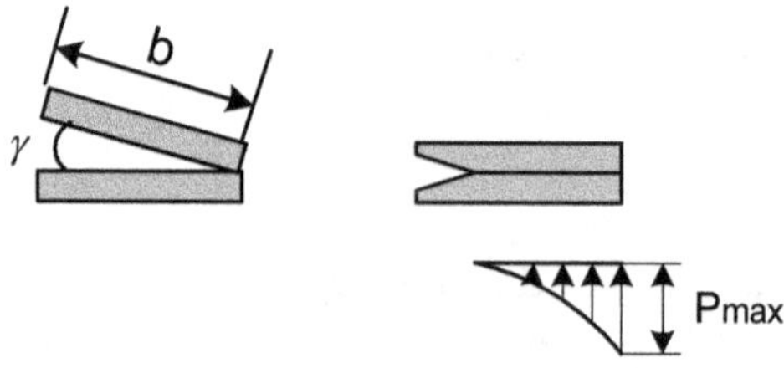

Figure 4-13   Répartition de charge sur chaque couple de dentures en prise

Le coefficient $K_{r\text{-}a}$ dépend de l'installation de mécanisme, de la fabrication des roues, des durées des dentures, des largeurs des dentures et des résistances des matériaux des roues.

La figure 4-15 montre que le coefficient $K_{r\text{-}a}$ est fonction du type de l'installation et le coefficient de la largeur ϕ_{d-cir} ou ϕ_{d-con}. Si la largeur de denture est grande, ou l'angle important, la répartition inégale devient importante.

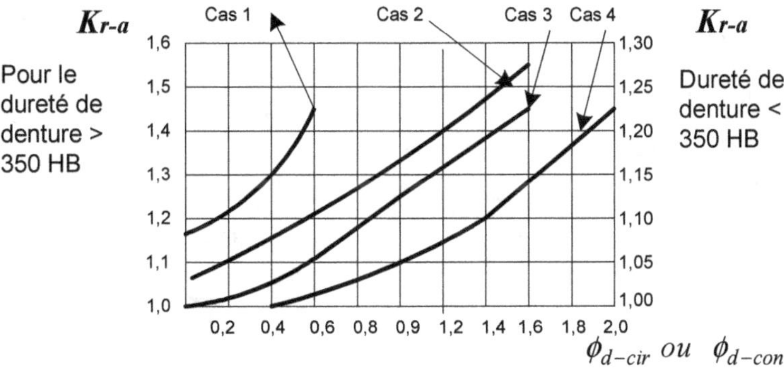

Figure 4-14 Relation entre le coefficient $K_{r\text{-}\beta}$ et le coefficient de la largeur ϕ_{d-cir} ou ϕ_{d-con}

Dans la figure 4-14, les cas 1, cas 2, cas 3 et cas 4 se trouvent dans le tableau 4-9. Le coefficient de la largeur ϕ_{d-cir} ou ϕ_{d-con} se trouve dans ce chapitre, 1-4.

Si les roues sont installées comme console, le coefficient de la répartition de charge sur la denture droite $K_{r\text{-}\beta}$ est plus important que dans les autres cas.

Types de l'installation des roues

L'utilisation du tableau 4-9 aide à déterminer le coefficient $K_{r\text{-}\beta}$. Nous le présentons dans la partie 1-6-5-2 de ce chapitre (voir figure 4-13).

TABLEAU 4-9   Types de l'installation des engrenages

Type de l'installation	Figure
Cas 1 La roue dentée normale est installée à l'extrémité d'un axe console.	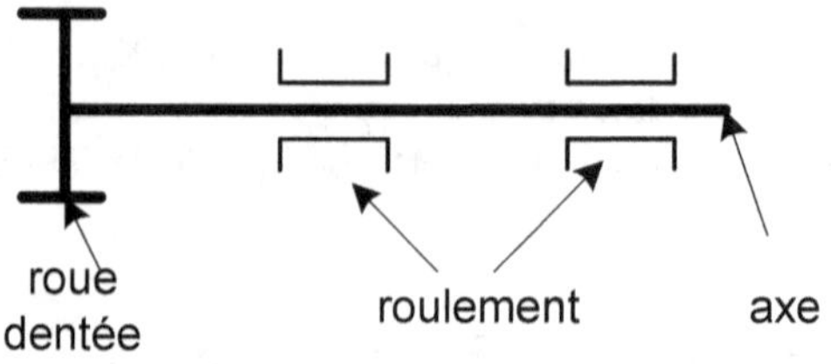 roue dentée — roulement — axe
Cas 2 La roue dentée dure est installée au milieu d'un axe sur deux appuis. (dureté de roues >350 HB)	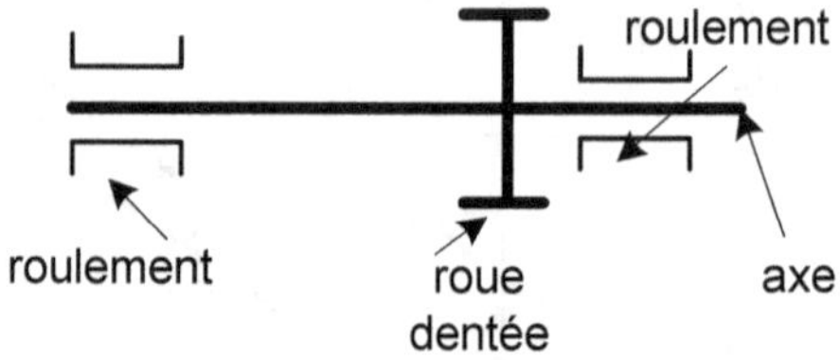 roulement — roue dentée — roulement — axe
Cas 3 La roue dentée moins dure est installée sur deux appuis. (dureté de roues <350 HB)	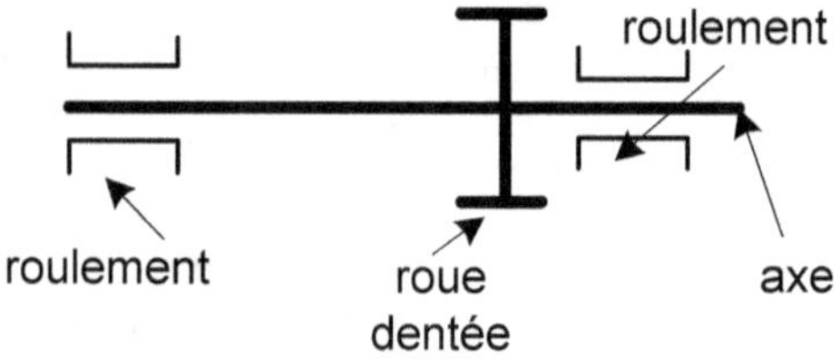 roulement — roue dentée — roulement — axe
Cas 4 La roue dentée dure est installée au centre d'un axe sur deux appuis	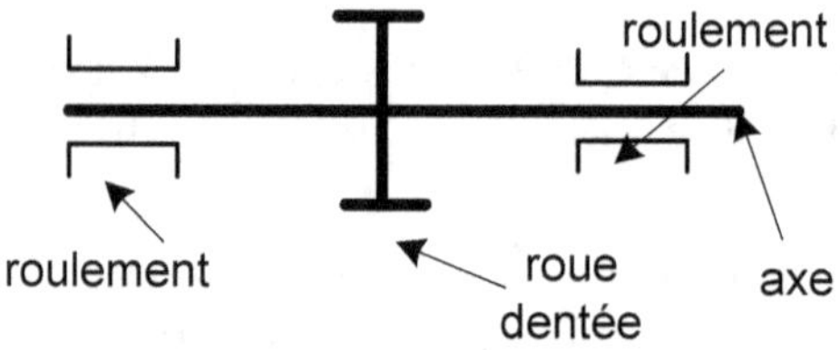 roulement — roue dentée — roulement — axe

Remarque :

Si la vitesse est faible, la machine silencieuse, le coefficient de la largeur ϕ_{cir} ou ϕ_{con} petit et la fabrication très bonne, nous pouvons choisir un petit coefficient de charge K_r.

Si la vitesse est grande, la machine violente, le coefficient de la largeur ϕ_{cir} ou ϕ_{con} important et la fabrication mauvaise, nous devons choisir un grand coefficient de charge K_r.

1-6-6 Coefficient dynamique K_d

La charge, douce ou violente, s'appliquant sur l'engrenage, peut changer les efforts intérieurs de l'engrenage. Nous utilisons le coefficient dynamique K_d pour mesurer ce changement. Le coefficient dynamique K_d dépend de la qualité de la fabrication, des tolérances des dimensions, des vitesses circonférentielles, des poids des engrenages et de la résistance des matériaux des engrenages. On détermine le coefficient dynamique K_d en utilisant la formule ci-après.

$$K_d = 1 + \left(\frac{K_1}{K_u \dfrac{F_t}{b}} + K_2 \right) \cdot \frac{z_1 V}{100} \sqrt{\frac{R^2}{1 + R^2}}$$

avec :

R	rapport des vitesses
z_1	nombre de dents de pignon
b	largeur de l'engrenage
F_t	composante tangentielle de la force de transmission
V	vitesse circonférentielle au cercle primitif
K_u	coefficient d'utilisation (voir ce chapitre, 1-6-3)

TABLEAU 4-10   Coefficient K_1 et K_2

	K_1 Qualité de fabrication de l'engrenage II Bon – > mauvais					K_2 Qualité de fabrication
	5	6	7	8	9	5-9
Engrenage à denture droite	7,51	14,94	26,81	39,07	52,85	0,0193
Engrenage à denture hélicoïdale	6,68	13,30	23,87	34,79	47,06	0,0087

Le coefficient dynamique K_d est fonction de la vitesse du pignon. Si nous connaissons la vitesse du pignon et les qualités de fabrication, nous pouvons déterminer le coefficient dynamique grâce à la figure 4-16.

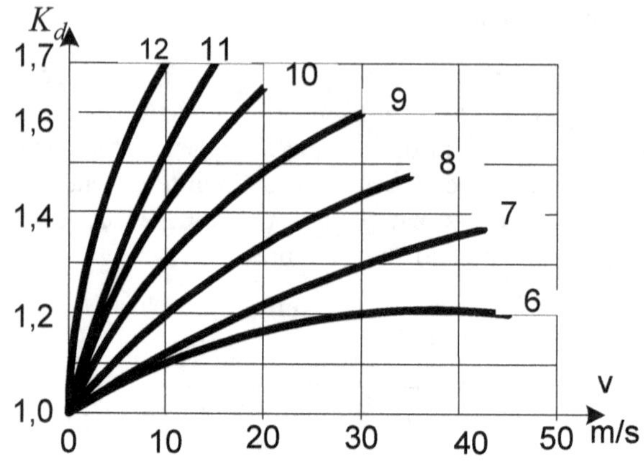

Figure 4-15   Coefficient dynamique K_d

1-7   Quelques exemples pour la contrainte maximale par essai $\sigma_{c\,max}$ et $\sigma_{f\,max}$

1-7-1   Contrainte maximale à la fatigue au contact $\sigma_{c\,max}$ en fonction de dureté HB

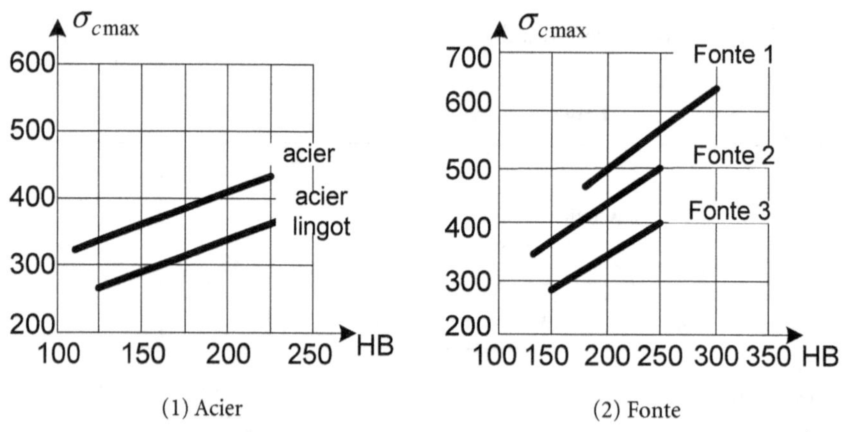

Figure 4-16   Contrainte maximale à la fatigue au contact $\sigma_{c\,max}$

Fonte 1 : fonte à graphite lamellaire ;

Fonte 2 : fonte à graphite nodulaire ;

Fonte 3 : fonte malléable.

1-7-2   Contrainte maximale à la fatigue en flexion $\sigma_{f\,max}$ en fonction de dureté HB

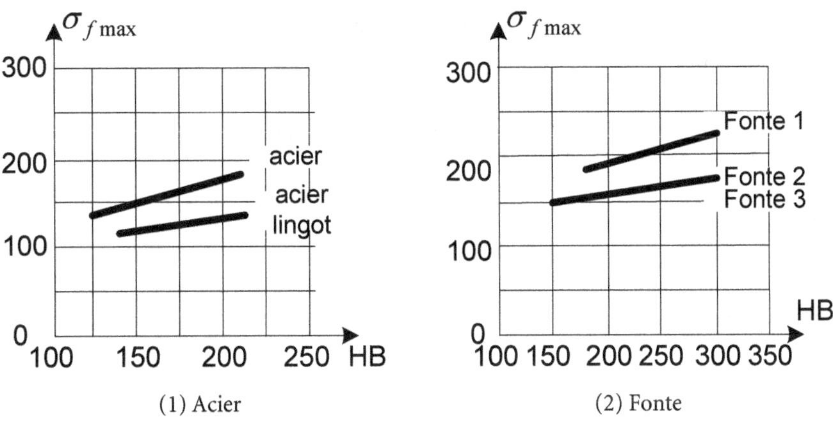

Figure 4-17   Contrainte maximale à la fatigue en flexion $\sigma_{f\,max}$

Fonte 1 : fonte à graphite lamellaire ;

Fonte 2 : fonte à graphite nodulaire ;

Fonte 3 : fonte malléable.

II   ENGRENAGES CYLINDRIQUES À DENTURE DROITE

2-1   Définition relative aux roues : (voir norme NF E 23-001/002/005/006)

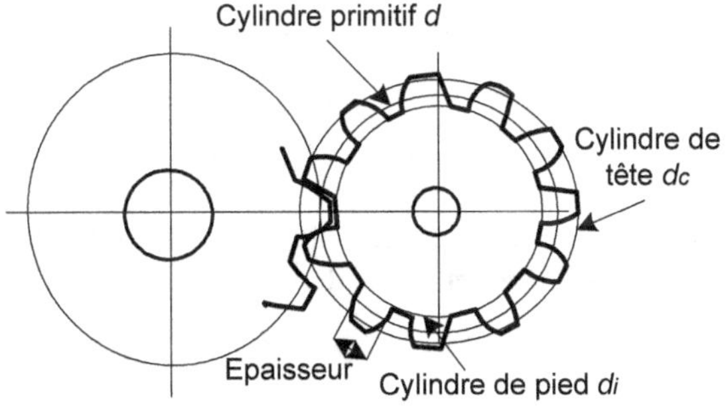

Figure 4-18   Définition relative aux engrenages

- **Entraxe a :** L'entraxe est la distance entre les axes des roues parallèles. Nous notons l'entraxe **a.**

- **Cercle primitif :** Dans la transmission de mouvement, nous utilisons des roues de friction dont nous avons appris à calculer le diamètre. Théoriquement, les points sur le cercle primitif sont des points aux premiers contacts. Nous notons le diamètre de cercle primitif **d**.

- **Cylindre de tête :** C'est le cylindre coaxial à la roue contenant le sommet de la dent. Nous notons son diamètre d_c.

- **Cylindre de pied :** C'est le cylindre de pied passant par le pied des dents. Nous l'appelons aussi l'évidement et notons son diamètre d_i.

- **Largeur de denture :** C'est la largeur de la partie dentée d'une roue mesurée suivant une génératrice du cylindre primitif. Nous la notons **b**.

- **Saillie :** C'est la distance radiale entre le cylindre de pied et le cercle primitif. Nous la notons h_s

$$h_s = d - d_c$$

- **Creux :** C'est la distance radiale entre le cylindre de pied et le cercle primitif. Nous notons h_f.

$$h_f = d - d_i$$

- **Hauteur de dent :**

$$h = d_c - d_i = h_s + h_f$$

2-2   Module de denture m : (voir la norme NF E 23-001/002/005/006)

Le module est le quotient du pas exprimé en millimètres par le nombre π. C'est un coefficient utilisé pour déterminer les paramètres des dents d'engrenage. Nous le notons **m**.

2-2-1   Hypothèses

- La dent est une poutre encastrée.

- L'épaisseur au pied = l'épaisseur au cercle primitif.

- La force F_t est appliquée au bout de la dent.

- Une seule dent transmet la force F_t déterminée par la puissance de transmission.

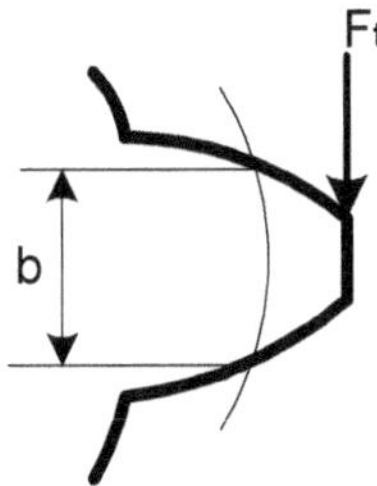

Figure 4-19 Force F_t appliquée au bout de la denture

2-2-2 Calculer le module

Nous déterminons le module de denture en utilisant la formule ci-après. Avec le module que nous calculons, nous choisissons le module standard (voir tableau 4-2).

$$m \geq 2,3\sqrt{\frac{F_t}{K_t \sigma_f}}$$

avec :

K_t coefficient défini pour chaque type de dent $7 < K_t < 12$

σ_f résistance à la fatigue du matériau. Exemple : $\sigma_f = 0,5 \times R_m$. R_m est la dureté de la dent.

TABLEAU 4-11 Valeur du module m

Valeur du module m					
Principaux			Secondaires		
0,5	2,5	12	0,55	2,75	14
0,6	3	16	0,7	3,5	18
0,8	4	20	0,9	4,5	22
1	5	25	1,125	5,5	28
1,25	6	32	1,375	7	36
1,5	8	40	1,75	9	45
2	10	50	2,25	11	

2-2-3 Calculer les paramètres de l'engrenage à partir du module de denture m

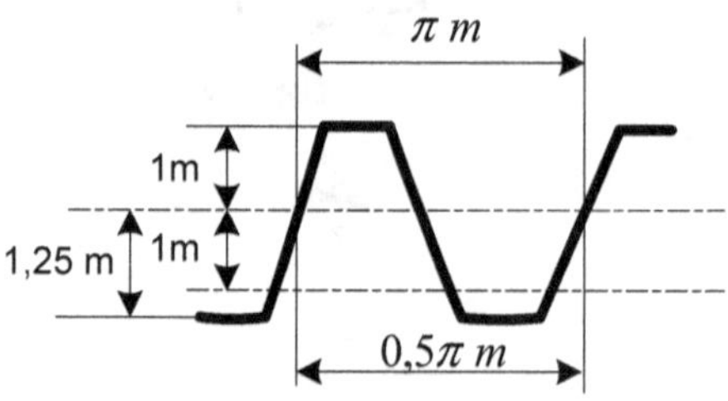

Figure 4-20 Paramètre de l'engrenage

TABLEAU 4-12 Paramètres de l'engrenage

Paramètres de l'engrenage	Formules
Diamètre primitif	$d = m \cdot z$
Pas	$P = m \cdot \pi$
Saillie	$h_a = m$
Creux	$h_f = 1,25\ m$
Hauteur de dent	$h = 2,25\ m$
Diamètre de tête	$d_a = d + 2h_a = d + 2m$
Diamètre de pied	$d_f = d - 2h_f = d - 2,50\ m$
Largeur de denture	$b = K_t \cdot m$
Entraxe	$a = (d_a + d_f)/2$

avec :

K_t coefficient défini pour chaque type de dent : $7 < K_t < 12$

z nombre de dents

Remarque :

Pour assurer la continuité de mouvement, il faut qu'un couple de dents entraîne avant qu'un autre couple ne cesse d'entraîner. Pour un bon entraînement sans correction de denture, nous choisirons Z_{min}.

Pour deux roues de même diamètre, $Z_{min} \geq 13$ dents

Pour une roue entraînant une crémaillère, $Z_{min} \geq 17$ dents

2-3 Charge supportée par les engrenages

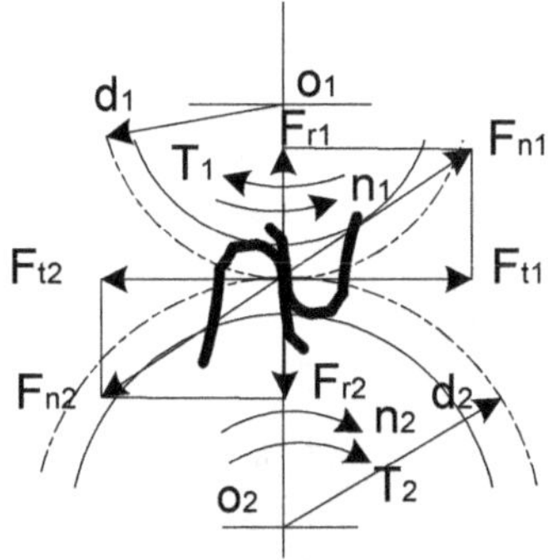

Figure 4-21 Force supportée par les dentures

Deux roues dentées sont en prise. Nous supposons que le frottement est négligeable. La force uniformément répartie est appliquée entre les dents en contact des deux engrenages. F_n est la force normale. F_{t1} et F_{r1} sont le composant tangentiel de la force et le composant radial de la force F_n.

$$F_t = \frac{2M_c}{d}$$

$$F_r = F_t \tan\alpha$$

$$F_n = \frac{F_t}{\cos\alpha}$$

$$F_{t2} = -F_{t1} = F_t$$

$$F_{r2} = -F_{r1} = F_r$$

$$F_{n2} = -F_{n1} = F_n$$

avec :

d	diamètre de cylindre primitif du pignon *en mm*
α	angle de pression au cylindre primitif *en rad*
M_c	couple de force transmise par le pignon *en N.mm*

– Charge pratique

Dans la pratique, les puissances des moteurs, les tolérances de fabrication, les positions de l'installation sont différentes de celles souhaitées. La charge supportée par la denture est plus grande que ce que nous avons déterminé pour la transmission de puissance. Donc dans la pratique, nous devons utiliser un coefficient de perte K_p pour calculer la charge pratique (voir ce chapitre, 2-2-3) :

$$M_{réel} = K_p M_{theorique}$$

TABLEAU 4-13 Force supportée par l'engrenage cylindrique

Force supportée par l'engrenage	Formules de calcul	
	Engrenage cylindrique à denture droite	Engrenage cylindrique à denture hélicoïdale
Force tangentielle sur le cercle de base	$$F_{t-d} = \dfrac{2000 M_c}{d_b}$$ avec : M_c couple de force transmuée par le pignon *en N.mm* ; d_b diamètre de cercle de base *en mm*	
Force circonférentielle sur le cercle primitif	$$F_t = \dfrac{2000 M_c}{d}$$ avec : M_c couple de force transmuée par le pignon *en N.mm* ; d_t diamètre de cercle primitif *en mm*	
Force radiale	$$F_r = F_t \tan \alpha$$ avec : Ft force tangentielle appuyée au cercle primitif	$$F_r = F_t \dfrac{\tan \alpha}{\cos \beta}$$ avec : Ft force tangentielle appuyée au cercle primitif ; β angle d'hélice ; α angle de pression
Force axiale	-	**Engrenage cylindrique à denture hélicoïdale :** $$F_x = F_t \tan \beta$$
Couple transmis par le pignon	$$M_c = \dfrac{1000 P}{\omega} = \dfrac{9549 P}{n}$$ avec : ω vitesse angulaire de l'engrenage $$\omega = \dfrac{\pi \cdot n}{30} \ \ rad/s$$ n vitesse de l'engrenage *en tr/min* ; P puissance de transmission *en kW*	

2-4   **Résistance des matériaux des engrenages cylindriques à denture droite**

2-4-1   **Résistance des matériaux sous charge statique**

2-4-1-1 Résistance des matériaux au contact de surface de denture

– **Condition de résistance des matériaux au contact de surface de denture**

La contrainte au contact de surface de dentures doit être inférieure ou au plus égale à la contrainte admissible ; d'où la condition :

$$\sigma_c \leq [\sigma_c]$$

Cette condition peut se traduire sous les deux formes pratiques ci-après.

– **Résistance des matériaux au contact de surface de denture**

1/ **Entraxe admissible *a* entre deux engrenages en prise**

Quand les deux roues cylindriques à dentures droites sont en prise, elles supportent des charges au choc. L'entraxe *a* doit être supérieur ou au moins égal à l'entraxe admissible [*a*] ; d'où la condition :

$$\alpha \geq [a]$$

$$[a] = 483(R \pm 1) \cdot \sqrt[3]{\frac{K_c \cdot n_1}{\phi_a [\sigma_c]^2 R}}$$

2/ **Diamètre admissible du pignon**

Quand les deux roues cylindriques à dentures droites sont en prise, elles supportent des charges au contact. Le diamètre primitif du pignon d_1 doit être supérieur ou au moins égal à l'entraxe admissible $[d_1]$; d'où la condition :

$$d_1 \geq [d_1]$$

Si le pignon engrène avec une roue à denture intérieure le diamètre primitif du pignon, d_1 est :

$$d_1 = 765 \cdot \sqrt[3]{\frac{K_c \cdot M_c}{\phi_{d-cir} \cdot [\sigma_c]^2} \cdot \frac{R-1}{R}}$$

Si le pignon se trouve à l'extérieur de la roue, le diamètre primitif de pignons d_1 est :

$$d_1 = 765 \cdot \sqrt[3]{\frac{K_c \cdot M_c}{\phi_{d-cir} \cdot [\sigma_c]^2} \cdot \frac{R+1}{R}}$$

avec :

M_c moment de force de transmission

d_1 diamètre du pignon

K_c coefficient de charge ; en général $K_c = 1,2$ à   2 . Si la charge est plus grande et violente nous choisirons $K_c = 2$. Pour l'engrenage à denture droite, nous choisirons la valeur la plus grande (voir ce chapitre, 1-6-2).

$[\sigma_c]$ contrainte admissible en contact

$\phi_a = \dfrac{b}{a}$ coefficient de largeur de l'engrenage en fonction de l'entraxe (voir ce chapitre, 1-4-10). En général, pour la boîte de vitesses $\phi_a = 0,3 \rightarrow 0,6$.

Les valeurs standard de $\phi_a = \dfrac{b}{a}$ sont : 0,2 ; 0,25 ; 0,3; 0,4 ; 0,5 ; 0,6 ; 0,8 ; 1,0 ; 1,2.

$\phi_{d-cir} = \dfrac{b}{d_1}$ coefficient de la largeur de l'engrenage (voir ce chapitre, 1-4-10). En général, nous avons $\phi_{d-cir} = 0,2 \rightarrow 2,4$.

R rapport des vitesses

Si le rapport des vitesses R est positif, les pignons se trouvent à l'intérieur. Les deux axes des roues tournent dans le même sens.

Si le rapport des vitesses R est négatif, les pignons se trouvent à l'extérieur. Les deux axes des roues tournent dans les sens inverses.

TABLEAU 4-14   Choix de rapport des vitesses $R \pm 1$

Position de la roue et du pignon	Choix de ($R \pm 1$)
Cas 1 Le pignon se trouve à l'extérieur	$R + 1$
Cas 2 Le pignon se trouve à l'intérieur	$R - 1$

2-4-1-2 Condition de résistance en flexion
au pied des engrenages à denture droite

– **Condition de résistance en flexion au pied des engrenages à denture droite**

La contrainte en flexion de dentures doit être égale ou inférieure à la contrainte admissible :

$$\sigma_f \leq \left[\sigma_f\right]$$

Cette condition peut se traduire selon la forme pratique ci-après.

– **Condition de module de l'engrenage cylindrique**

Le module de la denture doit être supérieur ou au moins égal au module admissible ; d'où la condition :

$$m \geq \left[m\right]$$

$$\left[m\right] = 12,6 \cdot \sqrt[3]{\frac{K_c \cdot M_c}{\phi_m z_1} \frac{Y_F}{\left[\sigma_f\right]}}$$

avec :

K_c coefficient de charge (voir ce chapitre, 1-6-2)

Y_F coefficient de forme de denture, fonction du nombre de dents z (voir ce chapitre, 1-4-9 et tableau 4-2)

$\phi_m = \dfrac{b}{m}$ coefficient de la largeur de l'engrenage en fonction du module de denture.

En général :

$$\phi_m = 8 \rightarrow 25$$

Nous pouvons calculer avec la formule :

$$\phi_m = 0,5 \cdot \left(R \pm 1\right) \cdot \phi_a z_1 = \phi_{d-cir} z_1$$

M_c moment de force de transmission

z_1 nombre de dents du pignon

$\left[\sigma_f\right]$ contrainte admissible en flexion

TABLEAU 4-15   **Résistance des matériaux des engrenages cylindriques à denture droite**

Résistance au contact	Résistance en flexion
- Entraxe admissible a entre deux roues en prise Si le pignon se trouve à l'intérieur de la roue, l'entraxe doit être $$\alpha \geq 483 \cdot (R-1) \cdot \sqrt[3]{\dfrac{K_c \cdot M_c}{\phi_a [\sigma_c]^2 R}}$$ Si le pignon se trouve à l'extérieur de la roue, l'entraxe doit être $$\alpha \geq 483 (R+1) \cdot \sqrt[3]{\dfrac{K_c \cdot M_c}{\phi_a [\sigma_c]^2 R}}$$ - Diamètre admissible du pignon Si le pignon se trouve à l'intérieur de la roue, le diamètre de pignon doit être : $$d_1 \geq 765 \cdot \sqrt[3]{\dfrac{K_c \cdot M_c}{\phi_d \cdot [\sigma_c]^2} \cdot \dfrac{R-1}{R}}$$ Si le pignon se trouve à l'extérieur de la roue, le diamètre de pignon doit être : $$d_1 \geq 765 \cdot \sqrt[3]{\dfrac{K_c \cdot M_c}{\phi_d \cdot [\sigma_c]^2} \cdot \dfrac{R+1}{R}}$$	- Module de l'engrenage $$m \geq 12{,}6 \cdot \sqrt[3]{\dfrac{K_c M_c}{\phi_m z_1} \cdot \dfrac{Y_F}{[\sigma_f]}}$$ avec : $\phi_a, \phi_{d-cir}, \phi_m$ coefficient de largeur b : $$\phi_a = \dfrac{b}{a}$$ $$\phi_{d-cir} = \dfrac{b}{d_1}$$ $$\phi_m = \dfrac{b}{m}$$ z_1 nombre de dents du pignon R rapport des vitesses K_c coefficient de charge Y_F coefficient de forme de l'engrenage $[\sigma_c]$ contrainte admissible au contact $[\sigma_f]$ contrainte admissible en flexion

Remarque :

Les résultas de l'entraxe α et le diamètre de cercle primitif d_1 sont pour les engrenages en acier. Pour les engrenages en fonte, nous devons ajouter un coefficient : le diamètre de cercle primitif d_1 sera $d'_1 = 0{,}83 d_1$, l'entraxe α sera $\alpha' = 0{,}9\alpha$.

2-4-2   Résistance des matériaux à la fatigue

2-4-2-1 Résistance des matériaux à la fatigue au contact des engrenages cylindriques à denture droite

– **Condition de résistance des matériaux à la fatigue au contact**

La contrainte due au contact entre les dentures doit être inférieure ou au plus égale à la contrainte à la fatigue au contact admissible ; d'où la condition :

$$\sigma_{f-c} \leq \left[\sigma_{f-c} \right]$$

– **Contrainte à la fatigue au contact**

Si le pignon se trouve à l'intérieur de la roue, la contrainte à la fatigue au contact est :

$$\sigma_{f-c} = Z_H Z_E Z_{\alpha\beta} \sqrt{\frac{F_t}{bd_1} \cdot \frac{R-1}{R} K_u K_d K_r} \quad en\ N/mm^2$$

Si le pignon se trouve à l'intérieur de la roue, la contrainte à la fatigue au contact est :

$$\sigma_{f-c} = Z_H Z_E Z_{\alpha\beta} \sqrt{\frac{F_t}{bd_1} \cdot \frac{R+1}{R} K_u K_d K_r} \quad en\ N/mm^2$$

avec :

F_t	force tangentielle sur le cercle primitif du pignon cylindrique *en N*	
d_1	diamètre du pignon	*en mm*
b	largeur de l'engrenage	*en mm*
R	rapport des vitesses	
Z_H	coefficient de zone de conjugaison (voir ce chapitre, 1-4)	
Z_E	coefficient de module d'élasticité longitudinale (voir ce chapitre,1-4)	
$Z_{\alpha\beta}$	coefficient de l'angle d'hélice (voir ce chapitre, 1-4)	
K_u	coefficient d'utilisation (voir ce chapitre, 1-6-3)	
K_d	coefficient de la charge dynamique (voir ce chapitre, 1-6-6)	
K_r	coefficient de répartition de charge (voir ce chapitre, 1-6-5)	

– **Contrainte admissible à la fatigue au contact**

$$\left[\sigma_{f-c}\right] = \frac{\sigma_{f\,max}}{K_s}$$

$\sigma_{f\,max}$ contrainte de rupture à la fatigue au contact par essai *en N/mm*^{2}. Nous pouvons utiliser le résultat du même chapitre, 1-7.

K_s coefficient de sécurité (voir ce chapitre, 1-6)

P.C

La condition de résistance des matériaux à la fatigue au contact peut se traduire sous les deux formes ci-après. Si la contrainte admissible à la fatigue au contact est connue, nous pouvons utiliser ces formules pour déterminer les dimensions des engrenages.

1/ Diamètre primitif de l'engrenage cylindrique

Le diamètre du pignon cylindrique doit être supérieur ou au moins égal au diamètre primitif admissible ; d'où la condition :

$$d_1 \geq \left[d_1\right] \quad en\ mm$$

– **Si le pignon se trouve à l'intérieur, le diamètre du pignon est :**

$$d_1 = \sqrt[3]{\frac{2K_c M_c}{\phi_{d-cir}} \cdot \frac{R-1}{R}\left(\frac{Z_E Z_H Z_\varepsilon}{[\sigma_{f-c}]}\right)^2} \quad en\ mm$$

– **Si le pignon se trouve à l'extérieur, le diamètre du pignon est :**

$$d_1 = \sqrt[3]{\frac{2K_c M_c}{\phi_{d-cir}} \cdot \frac{R+1}{R}\left(\frac{Z_E Z_H Z_\varepsilon}{[\sigma_{f-c}]}\right)^2} \quad en\ mm$$

avec :

M_c moment de transmission de l'engrenage cylindrique *en N .mm*

d_1 diamètre de pignon *en mm*

R rapport des vitesses

Z_H coefficient de zone de conjugaison (voir ce chapitre, 1-4)

Z_E coefficient de module d'élasticité longitudinale (voir ce chapitre, 1-4) $en\ \sqrt{MPa}$

$$Z_\varepsilon \qquad \text{coefficient de conjugaison au contact (voir ce chapitre, 1-4)}$$

$$K_c \qquad \text{coefficient de charge}$$

$$\phi_{d-cir} = \frac{b}{d_1} \quad \text{coefficient de la largeur de l'engrenage (voir ce chapitre, 1-4)}$$

2/ Entraxe des engrenages cylindriques

– Condition de résistance des matériaux à la fatigue au choc

Quand les deux roues cylindriques à dentures droites sont en prise, elles supportent des charges à la fatigue au choc. L'entraxe des deux roues cylindriques doit être supérieur ou au moins égal à l'entraxe admissible ; d'où la condition :

$$a \geq [a] \ en \ mm$$

– Entraxe entre deux roues cylindriques

Si le pignon se trouve à l'intérieur, l'entraxe des roues cylindriques est :

$$a = (R-1) \cdot \sqrt[3]{\frac{2K_c M_c}{\phi_a} \cdot \left(\frac{Z_E Z_H Z_\varepsilon}{[\sigma_{f-c}]}\right)} \ en \ mm$$

Si le pignon se trouve à l'extérieur, l'entraxe des roues cylindriques est :

$$a = (R+1) \cdot \sqrt[3]{\frac{2K_c M_c}{\phi_a} \cdot \left(\frac{Z_E Z_H Z_\varepsilon}{[\sigma_{f-c}]}\right)} \ en \ mm$$

avec :

$$M_c \qquad \text{moment de transmission du pignon cylindrique en } N.mm$$

$$a \qquad \text{entraxe en } mm$$

$$R \qquad \text{rapport des vitesses (voir ce chapitre 1-3 et tableau 4-14)}$$

$$Z_H \qquad \text{coefficient de zone de conjugaison (voir ce chapitre, 1-4)}$$

$Z_E \qquad$ coefficient de module d'élasticité longitudinale
(voir ce chapitre, 1-4) $en \sqrt{MPa}$

$$Z_\varepsilon \qquad \text{coefficient de conjugaison au contact (voir ce chapitre, 1-4)}$$

$$K_c \qquad \text{coefficient de charge (voir ce chapitre, 1-6)}$$

$$\phi_a = \frac{b}{a} \quad \text{coefficient de la largeur de l'engrenage (voir ce chapitre, 1-4-10)}$$

2-4-2-2 Résistance à la fatigue en flexion au pied de denture droite de l'engrenage cylindrique

– **Condition de résistance des matériaux à la fatigue en flexion**

La contrainte de résistance des matériaux à la fatigue en flexion au pied de denture doit être inférieure ou au plus égal à la contrainte admissible et à la fatigue en flexion :

$$\sigma_{f\text{-}f} \leq \left[\sigma_{f\text{-}f}\right]$$

Le but du calcul de résistance des matériaux est de s'assurer que la denture a une longueur de vie suffisante.

– **Déterminer les contraintes à la fatigue en flexion au pied de denture droite de l'engrenage cylindrique**

Supposons que la denture soit une poutre console. La force F_n est appuyée sur un seul couple de denture de l'engrenage. La force F_n, est appuyée sur la tête de denture avec un angle α.

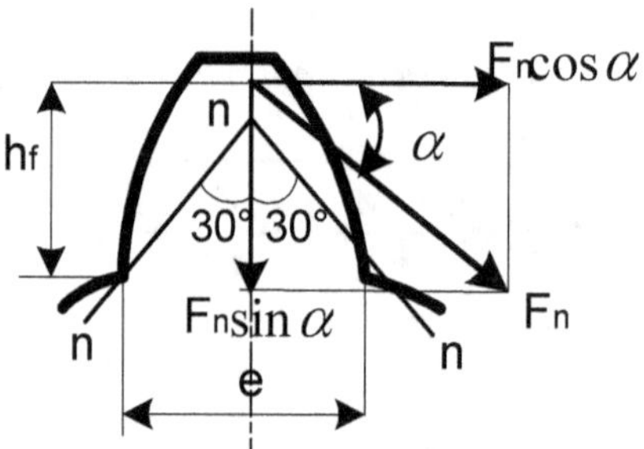

Figure 4-22 Force s'appliquant sur la denture droite

La section dangereuse se trouve inclinée à **30°** de la ligne centrale (voir figure 4-22). La section en dessous de la ligne **n-n-n** est donc la section dangereuse. L'épaisseur **e** est une épaisseur plus dangereuse. **h** est la hauteur utile de denture.

$$\sigma_{f\text{-}f} = \frac{M_f}{W} = \frac{h \cdot F_n \cos\alpha}{b \cdot e^2 / 6} = \frac{F_t}{bm} \cdot \frac{6 \cdot \left(\dfrac{h_F}{m}\right)\cos\alpha_F}{\left(\dfrac{e}{m}\right)^2 \cos\alpha} = \frac{F_t}{b \cdot m} Y_F \quad en \; N/mm^2 (MPa)$$

$$Y_F = \frac{6 \cdot \left(\dfrac{h_F}{m}\right)\cos\alpha_F}{\left(\dfrac{e}{m}\right)^2 \cos\alpha}$$

avec :

α	angle de pression
M_f	moment de flexion en $N.m$
F_n	force appliquée sur la denture en N
K_c	coefficient de charge (voir ce chapitre, 1-6)
b	largeur de la denture en mm
m	module de denture (voir ce chapitre, 2-2)
Y_F	coefficient de forme de denture (voir ce chapitre, 1-5)
h_F	distance entre l'axe neutre et le point éloigne en mm
e	épaisseur au pied de denture en mm
z	nombre de dents d'une roue

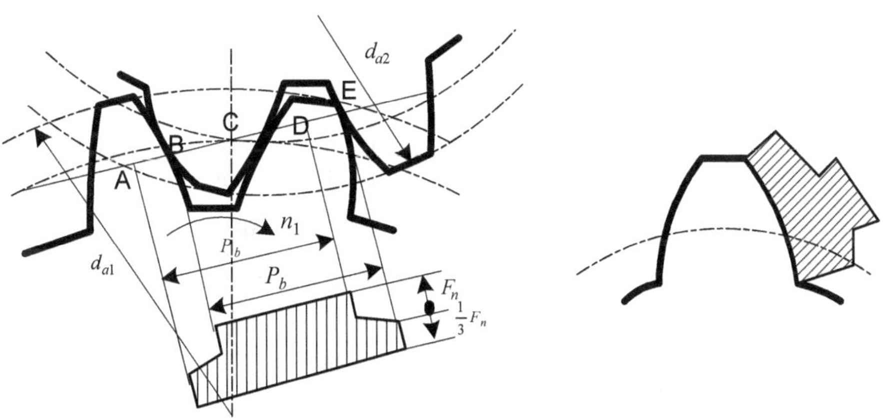

Figure 4-23 Contrainte au pied de denture droite

La formule que nous avons trouvée est une formule théorique. Dans la pratique, nous utilisons la formule ci-après.

– **Contrainte à la fatigue en flexion au pied de denture droite**

$$\sigma_{f-f} = \frac{F_t}{bm} K_u K_d K_r Y_{Fm} Y_{\alpha\beta}$$

avec :

F_t force tangentielle sur le cercle primitif de l'engrenage cylindrique en N

m module de l'engrenage

b largeur de l'engrenage en mm

K_u coefficient de l'utilisation (voir ce chapitre, 1-6)

K_d coefficient de la charge dynamique (voir ce chapitre, 1-6)

K_r coefficient de répartition (voir ce chapitre, 1-6)

Y_{Fm} coefficient complexe de forme de denture en flexion (voir ce chapitre, 1-5)

$Y_{\alpha\beta}$ coefficient de conjugaison et de l'hélice (voir ce chapitre, 1-5)

– **Contrainte admissible à la fatigue en flexion au pied de denture droite**

$$\left[\sigma_{f-f}\right] = \frac{\sigma_{f\,max}}{K_s} Y_N Y_r Y_s Y_x$$

avec :

$\sigma_{f\,max}$ contrainte maximale à la fatigue en flexion. Nous pouvons utiliser le résultat dans ce chapitre, 1-7, en *en N/mm^2*.

Y_N coefficient de durée de vie en flexion (voir ce chapitre, 1-5)

Y_r coefficient de sensibilité d'arrondi au pied de denture (voir ce chapitre, 1-5)

Y_s coefficient de l'état de surface au pied de la denture (voir ce chapitre, 1-5)

Y_x coefficient de dimension de denture (voir ce chapitre, 1-5)

K_s coefficient de sécurité (voir ce chapitre, 1-6)

P.C

La condition de résistance des matériaux à la fatigue en flexion peut se traduire suivant deux formes ci-après. Nous pouvons utiliser ces formules pour déterminer les dimensions des roues.

1/ Module de denture m

– Condition de résistance des matériaux

La dimension du pignon cylindrique doit être supérieure ou au moins égale au diamètre primitif admissible ; cette condition se traduit donc par le module de denture :

$$m \geq [m] \quad en\ mm$$

– Module de denture m

$$m = \sqrt[3]{\frac{2 \cdot K_c \cdot M_c}{\phi_m z_1^2} \cdot \frac{Y_F Y_\varepsilon}{[\sigma_{f-f}]}} \qquad en\ mm$$

avec :

K_c coefficient de charge (voir ce chapitre, 1-6)

M_c moment de transmission par les roues en N/mm

z_1 nombre de dents du pignon

ϕ_m coefficient de la largeur (voir ce chapitre, 1-4) en N/mm^2

$[\sigma_c]$ contrainte admissible en fatigue au contact

Y_F coefficient de forme de denture, en fonction du nombre de dents z (voir ce chapitre, 1-5 et remarque)

Y_ε coefficient de conjugaison si l'engrenage est en flexion (voir remarque)

Remarque :

1/ Pour une roue à denture droite déformée en flexion, le coefficient de conjugaison Y_ε peut se déterminer avec la méthode ci-après.

$$Y_\varepsilon = 0{,}25 + \frac{0{,}75}{\varepsilon_a}$$

Pour l'autre cas, nous trouverons le coefficient de conjugaison Y_ε dans la figure 4-24 :

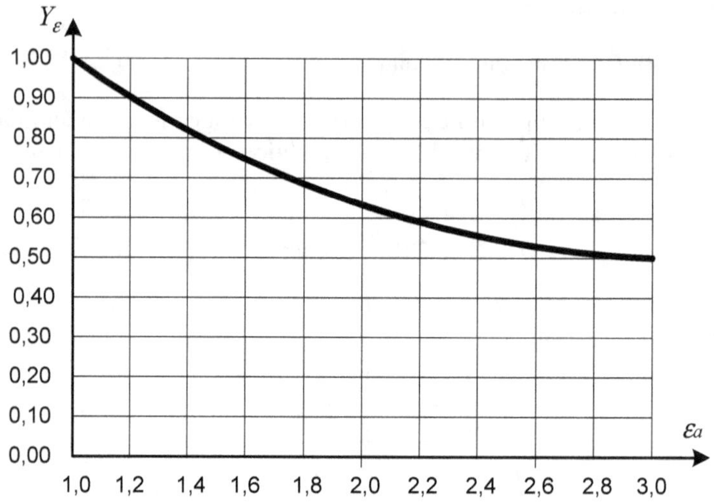

Figure 4-24   Coefficient de conjugaison Y_ε

si l'engrenage est en flexion

2/ Le coefficient pour le pignon Y_{F1} et le coefficient pour la roue Y_{F2} sont différents.

$$Y_{F1} \neq Y_{F2}$$

Quand les matériaux du pignon et des roues sont différents, les contraintes admissibles en flexion $[\sigma_{c1}]$ et $[\sigma_{c2}]$ sont différentes aussi.

Nous choisirons donc la valeur plus grande entre $\dfrac{Y_{F1}}{[\sigma_{f1}]}$ et $\dfrac{Y_{F2}}{[\sigma_{f2}]}$.

À partir du module de denture **m**, nous pouvons déterminer les dimensions de l'engrenage avec les formules indiquées dans le tableau 4-11.

TABLEAU 4-16   Résistance des matériaux à la fatigue, de l'engrenage cylindrique, à denture droite

Sujet	Résistance des matériaux de la fatigue au contact sur la surface de denture	Résistance des matériaux de la fatigue en flexion au pied de denture
1. Condition de résistance des matériaux	La contrainte à la fatigue au contact doit être égale ou inférieure à la contrainte admissible de la fatigue de contact. $$\sigma_{f-c} \leq \left[\sigma_{f-c}\right]$$	La contrainte à la fatigue en flexion doit être égale ou inférieure à la contrainte admissible de la fatigue en flexion. $$\sigma_{f-f} \leq \left[\sigma_{f-f}\right]$$
2. Contrainte de calcul	**Contrainte à la fatigue de contact :** $$\sigma_{f-c} = Z_H Z_E Z_{\alpha\beta} \sqrt{\frac{F_t}{b d_1} \cdot \frac{R \pm 1}{R} K_u K_d K_r} \quad en\ N/mm^2$$ avec : $Z_H, Z_E, Z\alpha_\beta$ voir ce chapitre, 1-4 $K_u,\ K_d,\ K_r$ voir ce chapitre, 1-6 b largeur de l'engrenage *en mm* R rapport des vitesses d_1 diamètre primitif du pignon F_t composant de tangentielle de la force de transmission	**Contrainte à la fatigue en flexion :** $$\sigma_{f-f} = \frac{F_t}{bm} K_u K_d K_r Y_{Fm} Y_{\alpha\beta}$$ avec : K_u, K_d, Kc voir ce chapitre, 2-3 C_β, C_C voir ce chapitre, 1-4 b largeur de l'engrenage m_n module apparent de la denture F_t composant de tangentielle de la force de transmission
3. Contrainte admissible	**Contrainte admissible à la fatigue de contact :** $$\left[\sigma_{f-c}\right] = \frac{\sigma_{mas} Z_N Z_{Lu} Z_w Z_k}{K_s}$$ avec : σ_{max} contrainte maximale au contact par l'essai (voir ce chapitre, 1-7) Z_N, Z_{Lu}, Z_w, Z_k voir ce chapitre, 1-4 K_s Coefficient de sécurité	**Contrainte admissible à la fatigue en flexion :** $$\left[\sigma_{f-f}\right] = \frac{\sigma_{mas} Y_N Y_r Y_s Y_X}{K_s}$$ avec : σ_{max} contrainte maximale en flexion par l'essai (voir ce chapitre, 1-7) Y_N, Y_r, Y_s, Y_x voir ce chapitre, 1-5 K_s Coefficient de sécurité

Résistance à la fatigue au contact	Résistance à la fatigue en flexion
- Entraxe admissible a : Si le pignon se trouve à l'intérieur, l'entraxe doit être : $$a \geq (R-1) \cdot \sqrt[3]{\frac{2K_c M_c}{\phi_a} \cdot \left(\frac{Z_E Z_H Z_\varepsilon}{[\sigma_{f-c}]}\right)}$$ Si le pignon se trouve à l'extérieur, l'entraxe doit être : $$a \geq (R+1) \cdot \sqrt[3]{\frac{2K_c M_c}{\phi_a} \cdot \left(\frac{Z_E Z_H Z_\varepsilon}{[\sigma_{f-c}]}\right)}$$ **- Diamètre admissible de pignons :** Si le pignon se trouve à l'intérieur, le diamètre de pignon doit être : $$d_1 \geq \sqrt[3]{\frac{2K_c M_c}{\phi_{d-cir}} \cdot \frac{R-1}{R} \left(\frac{Z_E Z_H Z_\varepsilon}{[\sigma_{f-c}]}\right)^2}$$ Si le pignon se trouve à l'extérieur, le diamètre de pignon doit être : $$d_1 \geq \sqrt[3]{\frac{2K_c M_c}{\phi_{d-cir}} \cdot \frac{R+1}{R} \left(\frac{Z_E Z_H Z_\varepsilon}{[\sigma_{f-c}]}\right)^2}$$	**- Module de l'engrenage :** $$m \geq \sqrt[3]{\frac{2 \cdot K_c \cdot M_c}{\phi_m z_1^2} \cdot \frac{Y_F Y_\varepsilon}{[\sigma_{f-f}]}}$$ avec : K_c coefficient de charge (voir ce chapitre, 1-6) M_c moment de transmission du pignon z_1 nombre de dents du pignon ϕ_{d-cir}, ϕ_a, ϕ_m coefficient de la largeur (voir ce chapitre, 1-4) $[\sigma_{f-c}]$ contrainte admissible à la fatigue au contact $[\sigma_{f-f}]$ contrainte admissible à la fatigue en flexion Y_ε coefficient de conjugaison si l'engrenage est en flexion Y_F coefficient de forme de denture, en fonction du nombre de dents z (voir ce chapitre, 1-5) Z_H coefficient de zone de conjugaison Z_E coefficient de module d'élasticité longitudinale Z_ε coefficient de conjugaison au contact K_c coefficient de charge

Remarque :

1/ Contrôler la résistance des matériaux des engrenages cylindriques

Dans un premier temps, nous utilisons les formules de charge statique pour déterminer les dimensions de l'engrenage. Ensuite, nous modifions les dimensions conformément aux standards.

Pour les engrenages importants ou les engrenages supportant une charge importante, nous devons contrôler la résistance à la fatigue.

2/ Utiliser les formules de charge statique

Cas 1 : Les engrenages transmettent la puissance dans une boîte de vitesses

- Si la surface de denture d'un des deux roues est dure, l'autre est considérée molle. Sa dureté de surface sera égale ou inférieure à 350 HB ($HB \leq 350$). Nous avons besoin d'utiliser la formule de résistance des matériaux au contact pour déterminer les dimensions de l'engrenage (voir Y. Xiong, *Formulaires de résistance des matériaux*).

- Si les surfaces des dentures des deux roues sont trop dures, elles présenteront les mêmes duretés. Leurs duretés sont $HB > 350$. Pour déterminer les dimensions des engrenages, nous devons utiliser les deux formules : la formule de résistance des matériaux au contact et la formule de résistance des matériaux en flexion. Nous choisirons ensuite la plus grande dimension.

Cas 2 : Les engrenages transmettent la puissance à l'extérieur de la boîte de vitesses

Nous utilisons la formule de résistance des matériaux en flexion pour déterminer le module **m** de l'engrenage. Pour réaliser la perte de dimension par le frottement au module **m**, nous devons ajouter 10 à 20 %.

$$m' = \text{de} \ \ 1{,}1 \, m \ \ \text{à} \ \ 1{,}2m$$

Exemple 4-2 : Les deux roues cylindriques en acier sont en prise. Les vitesses sont basses. Le pignon se trouve à l'intérieur. Puissance de la transmission *P=3,67kW*

(1) Déterminer les dimensions proches :

- Choisir le nombre de dents du pignon : z_1*=25*

- Calculer le nombre de dents de la roue :

$$z_2 = R \cdot z_1 = 3{,}7 \times 25 = 92{,}5$$

Choix d'un nombre de dents standard : z_2 *= 93*

- Moment de force de transmission :

$$M_c = 9{,}55 \times 10^6 \, \frac{P}{n_1} = 9{,}55 \times 10^6 \times \frac{3{,}67}{1440} = 24339{,}2 N \cdot mm$$

- Rapport de vitesse : $R = \dfrac{z_2}{z_1} \approx 3{,}7$

- Coefficient de module d'élasticité longitudinale se trouvant au tableau 4-1 :

$$Z_E = 189{,}8 \quad \sqrt{MPa}$$

- Nous choisirons le coefficient de charge $K_c = 1,3$
- Coefficient de largeur de l'engrenage : $\phi_d = 1,0$
- Coefficient de zone de conjugaison (voir ce chapitre, 1-4) $Z_H = 2,5$
- Facteur de conjugaison :

$$\varepsilon_a = \left[1,88 - 3,2\left(\frac{1}{z_1} + \frac{1}{z_2}\right)\right]\cos\beta = \left[1,88 - 3,2\left(\frac{1}{25} + \frac{1}{93}\right)\right] \times 1,0 = 1,72$$

- Coefficient de conjugaison :

$$Z_\varepsilon = 0,875$$

(2) Contrainte admissible :

- Nombre de cycles à la fatigue au contact du pignon :

$$N_1 = 60n_1aL = 60n_1a\frac{b}{\cos\beta} = 3,34 \times 10^8$$

- Nombre de cycles à la fatigue au contact de la roue :

$$N_2 = \frac{N_1}{R} = \frac{3,34 \times 10^8}{3,7}$$

- Coefficient de durée de vie du pignon (voir ce chapitre, 1-4) : $Z_{N1} = 1,06$
- Coefficient de durée de vie de la roue (voir ce chapitre, 1-4) :

$$Z_{N2} = 1,15$$

- Contrainte maximale par essai (voir figure 4-16) :

$$\sigma_{\max-1} = 595 MPa$$

$$\sigma_{\max-2} = 400 MPa$$

- Coefficient de sécurité $K_s = 1,0$

La contrainte admissible pour le pignon est :

$$[\sigma_{c1}] = \frac{\sigma_{\max1}Z_{N1}}{K_s} = \frac{1,06 \times 595}{1,0} = 631 MPa$$

La contrainte admissible pour la roue est :

$$\left[\sigma_{c2}\right] = \frac{\sigma_{max2} Z_{N2}}{K_s} = \frac{1,15 \times 400}{1,0} = 460 MPa$$

La contrainte admissible est donc :

$$\left[\sigma_c\right] = \left[\sigma_{c2}\right] = 460 MPa$$

(3) Déterminer le diamètre du pignon

$$d_1 = \sqrt[3]{\frac{2K_c M_c}{\phi_{d-cir}} \cdot \frac{R-1}{R}\left(\frac{Z_E Z_H Z_\varepsilon}{[\sigma_{f-c}]}\right)^2}$$

$$= \sqrt[3]{\frac{2 \times 1,3 \times 121084,4}{1,0} \times \frac{3,7+1}{3,7} \times \left(\frac{189,8 \times 2,5 \times 0,875}{460}\right)^2} = 68,8 mm$$

III   ENGRENAGES CYLINDRIQUES À DENTURE HÉLICOÏDALE

La roue cylindrique à denture hélicoïdale est une roue cylindrique dont les lignes de flancs sont des hélices.

Nous utilisons l'engrenage cylindrique à denture hélicoïdale, parce que l'engrènement est « souple » et plus silencieux. Mais le rendement est moins bon que pour un engrenage droit. Les paliers devront supporter des efforts axiaux mais nous pouvons y remédier en montant deux roues à hélice inversées sur le même axe, seulement si les deux dentures sont sur la même cylindrique. Nous l'appelons engrenages à denture en chevrons.

3-1   Caractéristique des engrenages cylindriques à denture hélicoïdale

3-1-1   Modules de la denture de l'engrenage cylindrique à denture hélicoïdale (voir norme NF E 23-001)

3-1-1-1 Pas réel p_t

Longueur de l'arc compris entre les lignes de flanc de deux flancs homologues consécutifs, mesurée le long d'une hélice du cylindre primitif orthogonal aux hélices primitives.

3-1-1-2 Pas apparent p_n

Le pas apparent est la longueur de l'arc de cercle primitif compris entre deux profils homologues consécutifs.

$$P_n = \frac{\pi \cdot d_p}{z}$$

d_p est le diamètre de cylindrique primitif. z est le nombre de dents.

3-1-1-3 Module réel m_n

Le module réel m_n est un quotient du pas réel exprimé en millimètres par le nombre π. Il est égal au module des engrenages cylindriques à denture droite (voir ce chapitre, 2-2-2)

$$m_n = \frac{P_n}{\pi} = \frac{d_p}{z}$$

3-1-1-4 Module apparent m_t

Le module apparent m_t est un quotient du pas apparent exprimé en millimètres par le nombre π. Nous notons simplement m dans ce chapitre.

$$m_t = \frac{P_t}{\pi}$$

3-1-2 Angle d'hélice β

L'angle d'hélice est un angle aigu de la tangente à une hélice avec la génératrice du cylindre portant l'hélice.

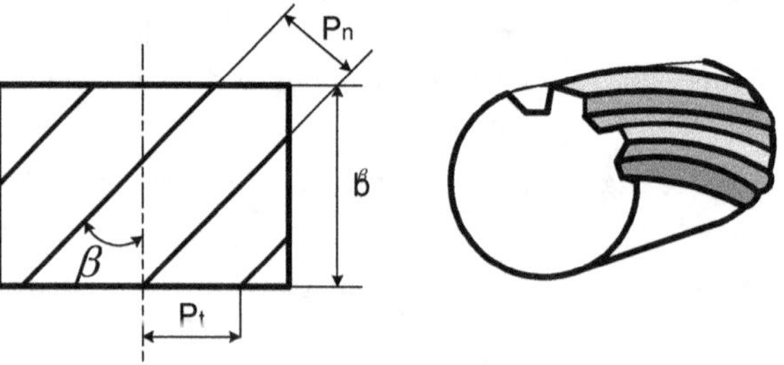

Figure 4-25   Angle d'hélice de l'engrenage cylindrique à denture hélicoïdale

Si l'angle d'hélice est trop grand, il y aura une force axiale importante. Mais si l'angle est petit, nous perdons l'avantage de l'engrenage à denture hélicoïdale.

Donc en général, nous choisirons l'angle d'hélice $\beta = 8° \rightarrow 12°$.

3-1-3 Paramètres de l'engrenage cylindriques à denture hélicoïdale

TABLEAU 4-17 Paramètres de l'engrenage cylindriques à denture hélicoïdale

Paramètres de denture	Formules
Relation entre le pas réel p_t et le pas apparent p_n	$p_t = p_n / \cos\beta$
Relation entre le module réel m_t et le module apparent m_n	$m_t = m_n / \cos\beta$
Saillie	$h_a = m_n$
Creux	$h_f = 1,25\, m_n$
Diamètre primitif	$d_a = m_t \cdot z$
Angle d'hélice	$20° \leq \beta \leq 30°$
Hauteur de dent	$h = 2,25 m_n$
Largeur de denture (pour la continuité)	$b > p_n / \sin\beta = P_t / \cot\beta$

Attention :

a / En général l'indice **a** signifie de tête ; l'indice **t** signifie de pied.

b/ ***z*** est le nombre de dents. Pour un fonctionnement sans modification de denture, nous choisirons le nombre de dents minimal.

$$z_{\min} \geq 18 \ \text{à} \ 20 \ \text{dents}$$

3-1-4 Rapport des vitesses *R*

A et ***B*** sont deux engrenages cylindriques à denture hélicoïdale. Supposons que l'engrenage ***A*** soit conjugué avec l'engrenage ***B***. Le rapport des vitesses de rotation ω_A et ω_B est le même que pour les engrenages à denture droite (voir ce chapitre, 1-3). Il est égal au rapport inverse des diamètres primitifs d_A et d_B ou au rapport inverse du nombre de dents z_A et z_B.

$$R_{AB} = \frac{\omega_A}{\omega_B} = \frac{d_B}{d_A} = \frac{z_B}{z_A}$$

3-2 Type des engrenages à denture hélicoïdale

- **Engrenages parallèles à denture hélicoïdale**

- **Engrenages gauches à denture hélicoïdale**

Les caractéristiques de l'engrenage gauche à denture hélicoïdale sont :

– Les hélices sont de même sens et pour un entraînement à 90°.

– La somme de leurs angles est égale à 90°.

– Le rendement de ces engrenages est très faible, de 40 % à 70 %.

– Nous utilisons les même formules pour la denture hélicoïdale.

3-3 Condition de résistance des matériaux

3-3-1 Charge de transmission

TABLEAU 4-18 Charge de transmission

Charge	Engrenage cylindre à denture hélicoïdale
Force circonférence sur le cercle primitif *en N*	$$F_p = \frac{2000 M_c}{d}$$ avec : M_c moment de transmission par l'engrenage d diamètre du cercle primitif
Force radiale *en N*	$$F_r = F_p \frac{\tan \alpha}{\tan \beta}$$ avec : F_p force circonférentielle sur le cercle primitif a angle de pression β angle d'hélice
Moment de rotation *en N.m*	$$M_n = \frac{1000 P}{\omega} = \frac{9549 P}{n}$$ avec : P puissance de transmission n vitesse de transmission ω vitesse angulaire de transmission

3-3-2   Charge supportée par la denture

Supposons que l'angle α est l'angle de pression. La force F normale au profil peut être décomposée en trois parties :

- une force tangentielle : $F_t = F \cdot \cos\alpha \cdot \cos\beta$;
- une force radiale : $F_r = F \cdot \sin\alpha$;
- une force axiale : $F_a = F \cdot \cos\alpha \cdot \sin\beta$.

3-3-3   Résistance des matériaux de l'engrenage cylindrique à denture hélicoïdale

3-3-3-1 Condition de résistance des matériaux au contact

Quand les deux roues cylindriques à dentures hélicoïdales sont en prise, elles supportent des charges au choc. La contrainte au contact des roues cylindriques doit être supérieure ou au moins égale à la contrainte au contact admissible ; d'où la condition :

$$\sigma_c \geq [\sigma_c] \qquad en\ mm$$

avec :

$[\sigma_c]$ contrainte admissible au contact

$$[\sigma_c] = \frac{\sigma_{c\,max}}{K_s}$$

σ_{cmax} contrainte maximale au contact par essai. Elle dépend du matériau de la roue et du traitement thermique de la surface de la roue.

Ks coefficient de sécurité au contact de deux roues $K_s \geq 1{,}1$

En général, cette condition peut se traduire sous les deux formes suivantes.

1/ Entraxe admissible a entre deux engrenage en prise

– Condition de résistance des matériaux au contact

Quand les deux roues cylindriques à dentures hélicoïdales sont en prise, elles supportent des charges au contact. L'entraxe des roues cylindriques doit être supérieur ou au moins égale à l'entraxe admissible ; d'où la condition :

$$a \geq [a] \qquad en\ mm$$

– **Entraxe admissible a**

Si le pignon se trouve à l'intérieur de la roue :

$$\alpha = 476(R-1)\cdot\sqrt[3]{\frac{K_c\cdot M_c}{\phi_a[\sigma_c]^2 R}}$$

Si le pignon se trouve à l'extérieur de la roue :

$$\alpha = 476(R+1)\cdot\sqrt[3]{\frac{K_c\cdot M_c}{\phi_a[\sigma_c]^2 R}}$$

avec :

$\phi_a = \dfrac{b}{a}$ coefficient de largeur de la denture en fonction de l'entraxe

En général $\phi_a = 0,1 \rightarrow 1,2$.

Pour la boîte de vitesses $\phi_a = 0,3 \rightarrow 0,6$

Les valeurs standard sont : 0,2 ; 0,25 ; 0,3 ; 0,4 ; 0,5 ; 0,6 ; 0,8 : 1,0 ; 1,2.

a entraxe en mm

b largeur de la denture en mm

R rapport des vitesses (voir ce chapitre, 1-3 et tableau 4-12)

M_c couple de transmission par les roues en $N.mm$

K_c coefficient de charge (voir ce chapitre,1-6)

$[\sigma_c]$ contrainte admissible au contact

$$[\sigma_c] = \frac{\sigma_{c\,max}}{K_s} \quad \text{en } N/mm^2$$

σ_{cmax} contrainte maximale au contact par essai. Il dépend du matériaux de la roue et du traitement thermique sur la surface de la roue en N/mm^2

Ks coefficient de sécurité. Au contact de la roue $K_s \geq 1,1$

Les résultas de l'entraxe α et le diamètre de cercle primitif d_1 sont pour les engrenages en acier. Pour les engrenages en fonte nous devons ajouter un coefficient : le diamètre de cercle primitif d_1 sera $d'_1 = 0,83d_1$ l'entraxe α sera $\alpha' = 0,9\alpha$.

Remarque :

Pour des matériaux différents les contraintes au contact peuvent déterminer :

– Pour le cas général :

$$\sigma_c = 3,46 \cdot Z_E \sqrt{\frac{K_c \cdot M_c \cdot (R \pm 1)}{b \cdot d^3 \cdot R}}$$

avec :

$Z_E = \sqrt{E}$ coefficient de module d'élasticité longitudinale   *en* $\sqrt{MPa}$

R rapport des vitesses (voir ce chapitre 1-3 et tableau 4-14)

d diamètre primitif de la roue en *mm*

b largeur de denture de la roue en *mm*

K_c coefficient de charge (voir ce chapitre, 1-6)

M_c couple de transmission par les engrenages

– Pour les engrenages en acier :

$$\sigma_c = 657,3 \sqrt{\frac{K_c \cdot M_c \cdot (R \pm 1)}{b \cdot d^3 \cdot R}}$$

avec :

R rapport des vitesses (voir ce chapitre 1-3 et tableau 4-14)

d diamètre primitif de la roue en *mm*

b largeur utile de l'engrenage en *mm*

K_c coefficient de charge (voir ce chapitre, 1-5)

M_c couple de transmission par les engrenages

2/ Diamètre admissible du pignon d_1

– Condition de résistance des matériaux au contact :

Quand les deux roues cylindriques à dentures hélicoïdales sont en prise, elles supportent des charges à la fatigue au choc. Le diamètre du pignon doit être supérieur ou au moins égal au diamètre admissible ; d'où la condition :

$$d_1 \geq [d_1] \qquad en\ mm$$

– **Diamètre admissible du pignon** d_1 :

Si le pignon engrène avec une roue à denture intérieure le diamètre de cercle primitif de pignon est :

$$d_1 = 756 \cdot \sqrt[3]{\frac{K_c \cdot M_c}{\phi_{d-cir} \cdot [\sigma_c]^2} \cdot \frac{R-1}{R}} \qquad \text{en } mm$$

Si le pignon se trouve à l'extérieur le diamètre de cercle primitif de pignon est :

$$d_1 = 756 \cdot \sqrt[3]{\frac{K_c \cdot M_c}{\phi_{d-cir} \cdot [\sigma_c]^2} \cdot \frac{R+1}{R}} \qquad \text{en } mm$$

avec :

$\phi_{d-cir} = \dfrac{b}{d_1}$ Coefficient de la largeur de l'engrenage (voir ce chapitre, 1-4).

En général $\phi_{d-cir} = \dfrac{b}{d_1} = 0,5 \cdot (R \pm 1) \cdot \phi_a$.

Nous avons $\phi_{d-cir} = 0,2 \rightarrow 2,4$.

d_1 diamètre primitif du pignon en mm

M_c couple de transmission par les engrenages en $N.mm$

R rapport des vitesses (voir ce chapitre, 1-3 et tableau 4-14)

K_c coefficient de charge (voir ce chapitre, 1-6)

$[\sigma_c]$ contrainte admissible au contact en N/mm^2

Les contraintes au contact pour des matériaux différents peuvent déterminer :

• **Pour le cas général :**

$$d_1 = \sqrt[3]{\frac{(3,46 \cdot Z_E)^2 \cdot K_c \cdot M_c \cdot (R \pm 1)}{\phi_{d-cir} \cdot [\sigma_c]^2 \cdot R}}$$

avec :

Z_E coefficient de module d'élasticité longitudinale en $\sqrt{MPa}$

R rapport des vitesses (voir ce chapitre 1-3 et tableau 4-14)

K_c coefficient de charge (voir ce chapitre, 1-6)

M_c couple de transmission par les engrenages en $N.mm$

ϕ_{d-cir} coefficient de la largeur de l'engrenage cylindrique (voir ce chapitre,1-4)

$[\sigma_c]$ contrainte admissible de fatigue au contact

$$[\sigma_c] = \frac{\sigma_{c\,max}}{K_s} \qquad \text{en } N/mm^2$$

σ_{cmax} contrainte maximale en dommage au contact par essai. Il dépens de matériel de l'engrenage et du traitement thermique sur la surface de l'engrenage (voir ce chapitre, 1-7)

Ks coefficient de sécurité. Au contact de l'engrenage $K_s \geq 1,1$

P.C.

- **Pour l'engrenage en acier :**

$$d_1 = \sqrt[3]{\frac{657,3^2 \cdot K_c \cdot M_c \cdot (R \pm 1)}{\phi_{d-cir} \cdot [\sigma_c]^2 \cdot R}} \quad \text{en } mm$$

avec :

R rapport des vitesses (voir ce chapitre 1-3 et tableau 4-14)

K_c coefficient de charge (voir ce chapitre, 1-6)

M_c Moment de transmission par les engrenages *en N .mm*

ϕ_{d-cir} coefficient de la largeur de l'engrenage cylindrique (voir ce chapitre, 1-4)

$[\sigma_c]$ contrainte admissible de fatigue au contact en N/mm^2

Ensuite avec les formulaires du tableau 4-17 (page 199) nous déterminons les autres paramètres de l'engrenage cylindrique à denture hélicoïdale.

3-3-3-2 Contrôler la résistance des matériaux en flexion des engrenages à denture hélicoïdale

– Condition de résistance des matériaux en flexion :

Quand les deux roues cylindriques à dentures hélicoïdales sont en prise, elles supportent des charges en flexion. Le module des engrenages doit être supérieur ou au moins égal au module admissible ; d'où la condition :

$$m \geq [m] \; en \; mm$$

–Module de denture :

Le module de denture doit être sous la condition ci-après :

$$m = 12,4 \cdot \sqrt[3]{\frac{K_c \cdot M_c}{\phi_m z_1} \frac{Y_F}{[\sigma_f]}}$$

avec :

K_c coefficient de charge (voir ce chapitre, 1-6)

Y_F coefficient de forme de denture en flexion, étant fonction du nombre de dents (voir ce chapitre, 1-5)

$\phi_m = \dfrac{b}{m}$ coefficient de la largeur de l'engrenage en fonction de module de denture. En général $\phi_m = 8 \rightarrow 25$.

Nous pouvons calculer avec la formule :

$$\phi_m = 0,5 \cdot (R \pm 1) \cdot \phi_a z_1 = \phi_{d-cir} z_1 \ .$$

M_c Moment de transmission par les engrenages *en N .mm*

z_1 nombre de dents du pignon

$[\sigma_f]$ contrainte admissible en flexion

$$[\sigma_f] = \frac{\sigma_{f\,max}}{K_s} \ \text{ en } N/mm^2$$

σ_{cmax} contrainte maximale en rupture en flexion par essai. Il dépens de matériel de l'engrenage et des tolérance fabrication au pied de la denture (voir ce chapitre, 1-7) en N/mm^2

K_s coefficient de sécurité. Au contact de l'engrenage $K_s \geq 1,4$

TABLEAU 4-19 Résistance des matériaux des engrenages à denture hélicoïdale

Résistance au contact des engrenages à denture hélicoïdale	Résistance en flexion des engrenages à denture hélicoïdale
- Entraxe admissible a : Si le pignon se trouve à l'intérieur, l'entraxe doit être : $$\alpha \geq 476 \cdot (R-1) \cdot \sqrt[3]{\frac{K_c \cdot M_c}{\phi_a [\sigma_c]^2 R}}$$ Si le pignon se trouve à l'extérieur, l'entraxe doit être : $$\alpha \geq 476 \cdot (R+1) \cdot \sqrt[3]{\frac{K_c \cdot M_c}{\phi_a [\sigma_c]^2 R}}$$ – Diamètre admissible de pignons : Si le pignon se trouve à l'intérieur le diamètre de pignon doit être : $$d_1 \geq 756 \cdot \sqrt[3]{\frac{K_c \cdot M_c}{\phi_{d-cir} \cdot [\sigma_c]^2} \cdot \frac{R-1}{R}}$$ Si le pignon se trouve à l'extérieur, le diamètre de pignon doit être : $$d_1 \geq 756 \cdot \sqrt[3]{\frac{K_c \cdot n_1}{\phi_{d-cir} \cdot [\sigma_c]^2} \cdot \frac{R+1}{R}}$$	- Module apparent de l'engrenage cylindrique à denture hélicoïdale : $$m = 12,4 \cdot \sqrt[3]{\frac{K_c \cdot M_c}{\phi_m z_1} \frac{Y_F}{[\sigma_f]}}$$ avec : $\phi_a, \phi_{d-cir}, \phi_m$ coefficient de largeur b : $$\phi_a = \frac{b}{a}$$ $$\phi_{d-cir} = \frac{b}{d_1}$$ $$\phi_m = \frac{b}{m_n}$$ m_n module apparent a entraxe R rapport des vitesses M_c Moment de transmission par les engrenages *en N .mm* K_c coefficient de charge (voir ce chapitre, 1-6) Y_F coefficient de forme de l'engrenage $[\sigma_c]$ contrainte admissible au contact $[\sigma_f]$ contrainte admissible en flexion

Remarque :

Les résultats de l'entraxe α et le diamètre de cercle primitif d_1 sont pour les engrenages en acier. Pour les engrenages en fonte nous devons ajouter un coefficient : le diamètre de cercle primitif d_1 sera $d'_1 = 0,83 d_1$ l'entraxe α sera $\alpha' = 0,9\alpha$.

3-3-4   Résistance des matériaux à la fatigue au contact
sur la surface de la denture de l'engrenage à denture hélicoïdale

Les principes de calcul de résistance des matériaux sont les mêmes que les engrenages à denture droite. Les différences sont les suivantes.

- Le rayon de courbure est le rayon sur la section normale.

- La longueur de conjugaison est plus longue.

- L'engrenage à denture hélicoïdale peut supporter une charge importante.

Nous utilisons le coefficient de l'angle hélicoïdal Z_β pour réaliser ces différences.

3-3-4-1   Contrôler la contrainte à la fatigue au contact sur la surface de denture

1/ Condition de résistance des matériaux à la fatigue au contact sur la surface de denture de l'engrenage hélicoïdal

Les contraintes à la fatigue au contact doivent être égales et inférieures de la contrainte admissible à la fatigue au contact.

$$\sigma_{f-c} \leq \left[\sigma_{f-c} \right]$$

2/ Contraintes à la fatigue au contact sur la surface de denture de l'engrenage hélicoïdale

- Si le pignon se trouve à l'intérieur, la contrainte à la fatigue au contact est

$$\sigma_{f-c} = \left(Z_E Z_H Z_\varepsilon Z_\beta \right) \sqrt{ \frac{F_t}{bd_1} \cdot \frac{R-1}{R} \cdot \left(K_u K_d K_\beta \right) } \qquad en\ MPa$$

- Si le pignon se trouve à l'extérieur, le diamètre de pignon à la contrainte à la fatigue au contact est

$$\sigma_{f-c} = \left(Z_E Z_H Z_\varepsilon Z_\beta \right) \sqrt{ \frac{F_t}{bd_1} \cdot \frac{R+1}{R} \cdot \left(K_u K_d K_r \right) }\ en\ MPa$$

avec :

d_1	diamètre de pignon	*en mm*
b	largeur de denture	*en mm*
R	rapport des vitesses (voir ce chapitre 1-3 et tableau 4-14)	

Z_H coefficient de zone de conjugaison (voir ce chapitre, 1-4)

Z_E coefficient de module d'élasticité longitudinale(voir ce chapitre, 1-4)

Z_ε coefficient de conjugaison au contact(voir ce chapitre, 1-4)

Z_β coefficient de l'angle d'hélice(voir ce chapitre, 1-4)

K_u coefficient de l'utilisation (voir ce chapitre, 1-6)

K_d coefficient de charge dynamique (voir ce chapitre, 1-6)

K_r coefficient de répartition de charge (voir ce chapitre, 1-6)

3-3-4-2 Contrôler le diamètre primitif ou l'entraxe des engrenages hélicoïdaux

La condition de résistance des matériaux à la fatigue au contact peut se traduire sous les deux formes ci-après. Si la contrainte admissible à la fatigue au contact est connue, nous pouvons utiliser ces formules pour déterminer les dimensions des engrenages hélicoïdaux.

1/ Diamètre primitif du pignon cylindrique à denture hélicoïdale

Le diamètre du pignon cylindrique à denture hélicoïdale doit être supérieur ou moins égal au diamètre primitif admissible ; d'où la condition :

$$d_1 \geq \left[d_1 \right] \ en\ mm$$

– Si le pignon se trouve à l'intérieur, le diamètre de pignon est :

$$d_1 = \sqrt[3]{\frac{2K_c M_c}{\phi_{d-cir}} \cdot \frac{R-1}{R} \left(\frac{Z_E Z_H Z_\varepsilon Z_\beta}{[\sigma_{f-c}]} \right)^2} \ en\ mm$$

– Si le pignon se trouve à l'extérieur, le diamètre de pignon est :

$$d_1 = \sqrt[3]{\frac{2K_c M_c}{\phi_{d-cir}} \cdot \frac{R+1}{R} \left(\frac{Z_E Z_H Z_\varepsilon Z_\beta}{[\sigma_{f-c}]} \right)^2} \ en\ mm$$

avec :

M_c moment de transmission de l'engrenage cylindrique   *en N.mm*

d_1 diamètre du pignon   *en mm*

R rapport des vitesses (voir ce chapitre 1-3 et tableau 4-14)

Z_H coefficient de zone de conjugaison (voir ce chapitre ; 1-4)

Z_E coefficient de module d'élasticité longitudinale
(voir ce chapitre, 1-4)   *en* $\sqrt{MPa}$

Z_ε coefficient de conjugaison au contact (voir ce chapitre, 1-4)

Z_β coefficient de l'angle hélicoïdal (voir ce chapitre, 1-4)

$$Z_\beta = \sqrt{\cos\beta}$$

K_c coefficient de charge(voir ce chapitre, 1-6)

$\phi_{d-cir} = \dfrac{b}{d_1}$ coefficient de la largeur de l'engrenage (voir ce chapitre, 1-4)

2/ Entraxe des roues cylindriques à denture hélicoïdale

– Condition de résistance des matériaux à la fatigue au choc

Quand les deux roues cylindriques à dentures hélicoïdales sont en prise, elles supportent des charges à la fatigue au choc. L'entraxe des roues doit être supérieur ou au moins égal à l'entraxe admissible ; d'où la condition :

$$a \ge [a] \ \text{en mm}$$

– Entraxe des roues cylindriques à denture hélicoïdale

Si le pignon se trouve à l'intérieur, l'entraxe des roues cylindriques est :

$$a \ge (R-1) \cdot \sqrt[3]{\frac{2K_c M_c}{\phi_a} \cdot \left(\frac{Z_E Z_H Z_\varepsilon Z_\beta}{[\sigma_{f-c}]}\right)} \ \text{en mm}$$

Si le pignon se trouve à l'extérieur, l'entraxe des engrenages cylindriques est :

$$a = (R+1) \cdot \sqrt[3]{\frac{2K_c M_c}{\phi_a} \cdot \left(\frac{Z_E Z_H Z_\varepsilon Z_\beta}{[\sigma_{f-c}]}\right)} \ \text{en mm}$$

avec :

M_c moment de transmission de l'engrenage cylindrique *en N.mm*

R rapport des vitesses

Z_H coefficient de zone de conjugaison (voir ce chapitre, 1-4)

Z_E coefficient de module d'élasticité longitudinale (voir ce chapitre, 1-4)

$$en\ \sqrt{MPa}$$

Z_β coefficient de l'angle hélicoïdal (voir ce chapitre, 1-4)

$$Z_\beta = \sqrt{\cos\beta}$$

Z_ε coefficient de conjugaison au contact (voir ce chapitre, 1-4)

K_c coefficient de charge (voir ce chapitre, 1-6)

$\phi_a = \dfrac{b}{a}$ coefficient de la largeur de l'engrenage (voir ce chapitre, 1-4-10)

b largeur de denture

a entraxe *en mm*

Les résultats de l'entraxe a et du diamètre de cercle primitif d_1 sont pour les engrenages en acier. Pour les engrenages en fonte, nous devons ajouter un coefficient : le diamètre de cercle primitif d_1 sera $d'_1 = 0,83 d_1$, l'entraxe a sera $a' = 0,9a$.

3-3-5   Résistance des matériaux à la fatigue en flexion au pied de denture hélicoïdale

3-3-5-1 Contrôler la contrainte à la fatigue en flexion au pied de denture hélicoïdale

1/ Condition de résistance des matériaux à la fatigue en flexion au pied de denture

Les contraintes à la fatigue en flexion doivent être égales ou inférieures à la contrainte admissible à la fatigue en flexion.

$$\sigma_{f-f} \leq \left[\sigma_{f-f}\right]$$

2/ Contraintes à la fatigue en flexion au pied de denture hélicoïdale

$$\sigma_{f-f} = \frac{K_c \cdot M_c}{bd_1^3 m_n^3} Y_{Fm} Y_{\alpha\beta} \qquad en\ MPa$$

avec :

K_c coefficient de charge (voir ce chapitre, 1-6)

M_c couple de transmission par les engrenages

Y_{Fm} coefficient de forme de denture en fonction du nombre de dents z (voir ce chapitre, 1-5)

$$Y_{Fm} = Y_F \cdot Y_m$$

$Y_{\alpha\beta}$ coefficient de conjugaison et d'hélice (voir ce chapitre, 1-5)

$$Y_{\alpha\beta} = Y_\alpha \cdot Y_\beta$$

$[\sigma_{f\cdot f}]$ contrainte admissible en fatigue aux contacts

m_n module apparent

d_1 diamètre primitif de pignon *en mm*

b largeur de denture *en mm*

3/ Contrainte admissible à la fatigue en flexion au pied de denture hélicoïdale

$$\left[\sigma_{f-f}\right] = \frac{\sigma_{max}}{K_s} Y_N Y_r Y_s Y_x$$

avec :

σ_{max} contrainte maximale à la fatigue en flexion en N/mm^2

Y_N coefficient de durée de vie en flexion (voir ce chapitre, 1-5)

Y_r coefficient de sensibilité d'arrondi au pied de denture (voir ce chapitre, 1-5)

Y_s coefficient de l'état de surface au pied de la denture (voir ce chapitre, 1-5)

Y_x coefficient de dimension de denture (voir ce chapitre, 1-5)

K_s coefficient de sécurité (voir ce chapitre, 1-4)

3-3-5-2 Contrôler le module apparent m_n de denture hélicoïdale

– Condition de résistance des matériaux de denture hélicoïdale

Quand les deux roues à dentures hélicoïdales sont en prise, elles supportent des charges à la fatigue au choc. Le module apparent des engrenages doit être supérieur ou au moins égal au module apparent admissible ; d'où la condition :

$$m_n \geq \left[m_n \right]$$

– Module apparent de denture hélicoïdale

$$m_n = \sqrt[3]{\frac{2 K_c M_c}{\phi_m z_1^2 \left[\sigma_{f-f} \right]} Y_{Fm} Y_{\alpha\beta}} \quad en\ mm$$

avec :

K_c — coefficient de charge (voir ce chapitre, 1-6)

M_c — couple de transmission par les engrenages en $N.mm$

ϕ_m — coefficient de la largeur de l'engrenage cylindrique (voir ce chapitre, 1-4-10)

Y_{Fm} — coefficient de forme de denture, en fonction du nombre de dents z (voir ce chapitre, 1-5)

$$Y_{Fm} = Y_F \cdot Y_m$$

$Y_{\alpha\beta}$ — coefficient de conjugaison et d'hélice (voir ce chapitre, 1-5)

$$Y_{\alpha\beta} = Y_\alpha \cdot Y_\beta$$

m_n — module apparent

z_1 — nombre de dents du pignon

$[\sigma_{f-f}]$ — contrainte admissible de fatigue en flexion

Nous pouvons déterminer le module apparent de l'engrenage à partir de la contrainte admissible pour dimensionner l'engrenage.

Ensuite, avec les formulaires dans le tableau 4-17, nous déterminons les autres paramètres de l'engrenage cylindriques à denture hélicoïdale.

TABLEAU 4-20   Résistance des matériaux des engrenages à denture hélicoïdale

Sujet	Résistance des matériaux à la fatigue au contact sur la surface de denture	Résistance des matériaux à la fatigue en flexion au pied de denture
1. Condition de résistance des matériaux	La contrainte de la fatigue au contact doit être égale ou inférieure à la contrainte admissible de la fatigue de contact. $$\sigma_{f-c} \leq \left[\sigma_{f-c}\right]$$	La contrainte de la fatigue en flexion doit être égale ou inférieure à la contrainte admissible de la fatigue en flexion. $$\sigma_{f-f} \leq \left[\sigma_{f-f}\right]$$
2. Contrainte par le calcul	**Contrainte de la fatigue de contact :** $$\sigma_{f-c} = \left(Z_E Z_H Z_\varepsilon Z_\beta\right)\sqrt{\frac{F_t}{bd_1}\cdot\frac{R-1}{R}\cdot\left(K_u K_d K_\beta\right)} \quad en\ N/mm^2$$ avec : $Z_H, Z_E, Z_\beta Z_\varepsilon$ voir ce chapitre, 1-4 K_u, K_d, K_r voir ce chapitre, 1-6 b largeur de l'engrenage *en mm* R rapport des vitesses d_1 diamètre primitif de pignon F_t composant circonférentiel de la force de transmission	**Contrainte de la fatigue en flexion :** $$\sigma_{f-f} = \frac{F_t}{bm_n}K_u K_d K_r Y_{Fm} Y_{\alpha\beta}$$ avec : K_u, K_d, K_r voir ce chapitre, 1-6 $Y_{Fm}, Y\alpha_\beta$ voir ce chapitre, 1-4 b largeur de l'engrenage m_n module apparent de l'engrenage F_t composant circonférentiel de la force de transmission
3. Contrainte admissible	**Contrainte admissible de la fatigue de contact :** $$\left[\sigma_{f-c}\right] = \frac{\sigma_{mas} Z_N Z_{Lu} Z_w Z_k}{K_s}$$ avec : σ_{max} contrainte maximale au contact par l'essai (voir ce chapitre, 1-7) Z_N, Z_{lu}, Z_w, Z_k (voir ce chapitre, 1-4) K_s Coefficient de sécurité	**Contrainte admissible de la fatigue en flexion :** $$\left[\sigma_{f-f}\right] = \frac{\sigma_{mas} Y_N Y_r Y_s Y_X}{K_s}$$ avec : σ_{max} contrainte maximale en flexion par l'essai (voir ce chapitre,1-7) Y_N, Y_r, Y_s, Y_x (voir ce chapitre, 1-5) K_s Coefficient de sécurité

- Entraxe admissible a entre deux engrenages à denture hélicoïdale

Si le pignon se trouve à l'intérieur, l'entraxe doit être :

$$a \geq (R-1) \cdot \sqrt[3]{\frac{2K_c M_c}{\phi_a} \cdot \left(\frac{Z_E Z_H Z_\varepsilon Z_\beta}{[\sigma_{f-c}]} \right)} \ en\ mm$$

Si le pignon se trouve à l'extérieur, l'entraxe doit être :

$$a \geq (R+1) \cdot \sqrt[3]{\frac{2K_c M_c}{\phi_a} \cdot \left(\frac{Z_E Z_H Z_\varepsilon Z_\beta}{[\sigma_{f-c}]} \right)} \ en\ mm$$

- Diamètre admissible de pignons :

Si le pignon se trouve à l'intérieur, le diamètre de pignon doit être :

$$d_1 = \sqrt[3]{\frac{2K_c M_c}{\phi_{d-cir}} \cdot \frac{R-1}{R} \left(\frac{Z_E Z_H Z_\varepsilon Z_\beta}{[\sigma_{f-c}]} \right)^2} \ en\ mm$$

Si le pignon se trouve à l'extérieur, le diamètre de pignon doit être :

$$d_1 \geq \sqrt[3]{\frac{2K_c M_c}{\phi_{d-cir}} \cdot \frac{R+1}{R} \left(\frac{Z_E Z_H Z_\varepsilon Z_\beta}{[\sigma_{f-c}]} \right)^2} \ en\ mm$$

- Module de l'engrenage à denture hélicoïdale

$$m_n = \cdot \sqrt[3]{\frac{2K_c M_c}{\phi_m z_1^{\,2} [\sigma_{f-f}]}} Y_{Fm} Y_{\alpha\beta}$$

avec :

K_c coefficient de charge (voir ce chapitre, 1-6)

M_c moment de transmission par les engrenages *en N.mm*

z_1 nombre de dents de petit engrenage

ϕ_{d-cir} , ϕ_a , ϕ_m coefficient de la largeur (voir ce chapitre, 1-4)

$[\sigma_{f-c}]$ contrainte admissible à la fatigue au contact

$[\sigma_{f-f}]$ contrainte admissible à la fatigue en flexion

$Y\alpha_\beta$ coefficient de conjugaison si l'engrenage est en flexion

Y_{Fm} coefficient de forme de denture en fonction du nombre de dents z (voir ce chapitre, 1-5)

Z_H coefficient de zone de conjugaison (voir ce chapitre, 1-4)

Z_E coefficient de module d'élasticité longitudinale

Z_ε coefficient de conjugaison au contact (voir ce chapitre, 1-4)

Z_β coefficient de l'angle hélicoïdal $Z_\beta = \sqrt{\cos\beta}$ (voir ce chapitre, 1-4)

Les résultats de l'entraxe α et le diamètre de cercle primitif d_1 sont pour les engrenages en acier. Pour les engrenages en fonte nous devons ajouter un coefficient, le diamètre de cercle primitif d_1 sera $d'_1 = 0,83 d_1$ et l'entraxe α sera $\alpha' = 0,9\alpha$.

Exemple 4-3 : Les deux roues cylindriques à denture hélicoïdale sont en prise. Elles transmettent la puissance en grande vitesse. La puissance de transmission est $P_1 = 44,55 kw$. La vitesse de pignon est $n_1 = 1480 tr/\min$. Le rapport de vitesse est $R = 4$.

Comme les engrenages tournent à grande vitesse, nous devons choisir des engrenages avec des surfaces dures. Si la surface est dure, il y a davantage de points de dommage. Nous devons donc contrôler les flexions à la fatigue au pied de denture.

(1) Moment de transmission :

$$M_c = 9,55 \times 10^6 \times \frac{P}{n_1} = 9,55 \times 10^6 \times \frac{44,55}{1480} = 287468 N \cdot mm$$

(2) Choisir le nombre de dents de pignon : $z_1 = 18$

Déterminer le nombre de dents de l'engrenage : $z_2 = R \cdot z_1 = 4 \times 18 = 72$

(3) Déterminer les coefficients :

(3-1) Choisir $\phi_{d-cir} = 0,6$ (voir tableau 4-3)

(3-2) Choisir l'angle hélicoïdal : $\beta = 12°$ et calculer le facteur de conjugaison ε_a (voir ce chapitre, 1-4-2-3) :

$$\varepsilon_a = \left[1,88 - 3,2 \left(\frac{1}{z_1} + \frac{1}{z_2} \right) \right] \cos \beta = \left[1,88 - 3,2 \left(\frac{1}{18} + \frac{1}{72} \right) \right] \cos 12° = 1,62$$

Calculer le facteur de conjugaison ε_β :

$$\varepsilon_\beta \approx 0,318 \phi_{d-cir} z_1 \tan \beta = 0,318 \times 0,6 \times 18 \times \tan 12° = 0,73$$

(3-3) Calculer les coefficients de conjugaison en flexion Y_a, Y_β (voir ce chapitre, 1-4-10) :

$$Y_\alpha = 0,25 + \frac{0,75}{\varepsilon_a} = 0,25 + \frac{0,75}{1,62} = 0,71$$

$$Y_\beta = 1 - \varepsilon_\beta \frac{\beta}{120°} = 1 - 0,73 \times \frac{12°}{120} = 0,93$$

(3-4) Choisir le coefficient de charge : $K_c = 1,3$; nous déterminons K_c plus tard.

(3-5) Choisir le coefficient de forme de denture et le coefficient de modification Y_{Fm} :

– Calculer les nombres apparents de dents des engrenages :

$$z_{n1} = \frac{z_1}{\cos^3 \beta} = \frac{18}{\cos^3 12°} = 19,23$$

$$z_{n2} = \frac{z_2}{\cos^3 \beta} = \frac{72}{\cos^3 12°} = 76,93$$

– À partir des nombres apparents des dents, nous choisirons les coefficients de forme de denture Y_F (voir figure 4-8) :

$$Y_{F1} = 2,81 \qquad Y_{F2} = 2,23$$

– Coefficients de modification Y_m (voir figure 4-9) :

$$Y_{s1} = 1,55 \qquad Y_{s2} = 1,77$$

(4) Contrainte admissible à la fatigue en flexion :

(4-1) Contrainte maximale par essai (voir ce chapitre, 1-7) :

$$\sigma_{\max} = 300 MPa$$

(4-2) Coefficient de sécurité (voir tableau 4-5) $K_s = 1,25$

(4-3) Coefficient de durée de vie (voir figure 4-12) :

– Nous utilisons 2*8 heures par jour. Chaque année, nous travaillons 250 jours. Nous souhaitons que la durée de vie soit de 10 ans. Les cycles de durée de vie de pignon sont :

$$N_1 = 60 n_1 a_n L = 60 \times 1480 \times 1 \times 2 \times 8 \times 250 \times 10 = 3,553 \times 10^9$$

– Les cycles de durée de vie de l'engrenage sont :

$$N_2 = \frac{N_1}{R} = \frac{3{,}552 \times 10^9}{4} = 8{,}88 \times 10^8$$

– Les coefficients de durée de vie sont (voir figure 4-12) :

$$Y_{N1} = 1{,}0 \qquad\qquad Y_{N2} = 1{,}0$$

(4-4)   Contrainte admissible à la fatigue en flexion :

$$\left[\sigma_{f1}\right] = \frac{Y_{N1}\sigma_{max}}{K_s} = \frac{1{,}0 \times 360}{1{,}25} = 288\,MPa$$

$$\left[\sigma_{f2}\right] = \frac{Y_{N2}\sigma_{max}}{K_s} = \frac{1{,}0 \times 360}{1{,}25} = 288\,MPa$$

Choisir le résultat le plus grand :

$$\frac{Y_{f1}Y_{s1}}{\left[\sigma_{f1}\right]} = \frac{2{,}81 \times 1{,}55}{288} = 0{,}01512$$

$$\frac{Y_{f2}Y_{s2}}{\left[\sigma_{f2}\right]} = \frac{2{,}23 \times 1{,}77}{288} = 0{,}01371$$

(5) Module apparent admissible :

$$m_n = \sqrt[3]{\frac{2K_c M_c Y_{\alpha\beta}\cos^2\beta}{\phi'_{d-cir}z_1^2} \cdot \frac{Y_f Y_s}{\left[\sigma_f\right]}}$$

$$= \sqrt[3]{\frac{2 \times 1{,}3 \times 287468 \times 0{,}71 \times 0{,}93 \times \cos^2 12^\circ}{0{,}6 \times 18^2} \times 0{,}01512} = 3{,}3\,mm$$

Modifier le module apparent de l'engrenage pour se conformer au standard :

$$m_n = 4 \quad mm$$

(6) Autres dimensions de l'engrenage :

Entraxe : $a = \dfrac{m_n(z_1 + z_2)}{2\cos\beta} = \dfrac{4\times(18+72)}{2\cos\beta} = 184,02 \quad mm \approx 185 \quad mm$

Modification de l'angle d'hélice :

$$\beta = \cos^{-1}\frac{m_n z_1}{\cos\beta} = \cos^{-1}\frac{4\times(18+72)}{2\times185} = 13°21'4''$$

– Diamètres primitifs des roues :

$$d_1 = \frac{m_n z_1}{\cos\beta} = \frac{4\times18}{\cos13°21'4''} = 74,0 \quad mm$$

$$d_2 = \frac{m_n z_2}{\cos\beta} = \frac{4\times72}{\cos13°21'4''} = 296,0 \quad mm$$

– Largeurs des roues :

$$b = \phi_{d-cir}d_1 = 0,6\times74 = 44,4 \approx 45 \quad mm$$

Nous choisirons $b_1 = b = 45 \quad mm \qquad b_2 = 50 \quad mm$

(7) Contrôler la résistance des matériaux à la fatigue au contact :

(7-1) Coefficient de charge K_c :

– Coefficient de l'utilisation K_u : (voir ce chapitre 1-6-3 et figure 4-6)

$$K_u = 1,0$$

– Coefficient dynamique K_d (voir ce chapitre 1-6-6 et figure 4-13)

Vitesse du pignon :

$$v = \frac{\pi \cdot d_1 \cdot n_1}{60 \cdot 1000} = \frac{\pi \cdot m_n \cdot z_1 \cdot n_1}{60 \times 1000 \times \cos\beta} = \frac{\pi \times 3,30 \times 18 \times 1480}{60 \times 1000 \times \cos 20°} = 4,73 \ m/s$$

La qualité de l'engrenage est très bonne, nous déterminons $K_d = 1,12$ avec la courbe de la figure 4-13.

– Coefficient de répartition $K_{r-\beta} = 1,08$; $K_{r-\alpha} = 1,2$ (voir ce chapitre, 1-6-5)

– Coefficient de charge K_c :

$$K_c = K_u K_d K_r = 1,0 \times 1,12 \times 1,08 \times 1,2 = 1,45$$

(7-2) Rapport de vitesse :

$$R = \frac{z_2}{z_1} = \frac{72}{18} = 4$$

(7-3) Coefficient à la fatigue au contact :

– Coefficient de l'élasticité (voir tableau 4-1) $Z_E = 189,8\sqrt{MPa}$

– Coefficient de zone de conjugaison (voir ce chapitre 1-4-6 et figure 4-5) $Z_H = 2,45$

– Coefficient de conjugaison (voir ce chapitre 1-4-2 et figure 4-3) $Z_\varepsilon = 0,81$

– Coefficient de l'angle d'hélice : $Z_\beta = \sqrt{\cos\beta} = 0,988$

(7-4) Contrainte admissible à la fatigue au contact

$$\left[\sigma_{f-c}\right] = \frac{Z_N \sigma_{max}}{K_s} = \frac{1,0 \times 1200}{1,0} = 1200$$

(7-5) Contrainte à la fatigue au contact :

$$\sigma_{f-c} = Z_E Z_H Z_\varepsilon Z_\beta \sqrt{\frac{2K_c M_c}{b d_1^2} \cdot \frac{R+1}{R}}$$

$$= 189,8 \times 2,45 \times 0,81 \times 0,988 \times \sqrt{\frac{2 \times 1,45 \times 297468}{45 \times 72^2} \times \frac{4+1}{4}} = 765,3 MPa$$

(7-6) La résistance des matériaux à la fatigue au contact des roues est acceptée.

$$\sigma_{f-c} \leq \left[\sigma_{f-c} \right]$$

IV   ENGRENAGE À DENTURE EN CHEVRONS

La force supportée par une roue à denture hélicoïdale comprend trois composantes : une force tangentielle, une force radiale et une force axiale. Nous appelons poussée axiale le composant axial parallèle à l'axe qui tend à faire glisser l'engrenage le long de l'axe.

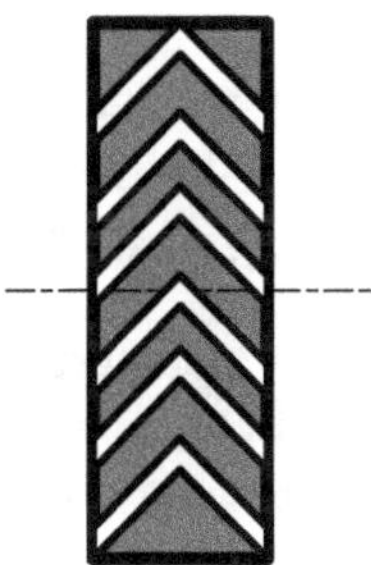

Figure 4-26 Roue à denture en chevrons

Pour éviter la composante axiale de la force de transmission, nous utilisons l'engrenage à denture en chevrons, présentant deux dentures associées inclinées en sens inverse.

Les chevrons permettent de transmettre un effort tangentiel important. Ils conviennent aux grandes vitesses de rotation, aux engrenages de précision.

Leur rendement peut attendre 99 % de la puissance motrice.

4-1   Force supportée par l'engrenage à denture en chevrons

Les forces de transmission par une roue comprennent uniquement deux composantes :

- Une force tangentielle : $F_t = F \cdot \cos\alpha \cdot \cos\beta$
- Une force radiale : $F_r = F \cdot \sin\alpha$

TABLEAU 4-21   Force supportée par la denture de l'engrenage à denture en chevrons

Force supportée par le pignon	Formules de calcul
Force circonférentielle sur le cercle de base	$F_{t-d} = \dfrac{2000 M_c}{d_b}$
Force circonférentielle sur le cercle primitif	$F_t = \dfrac{2000 M_c}{d}$
Force radiale	$F_r = F_t \dfrac{\tan \alpha}{\cos \beta}$
Force axiale	$F_x = 0$
Couple transmis par le pignon	$M_c = \dfrac{1000 P}{\omega} = \dfrac{9549 P}{n}$

4-2   Contrôler la résistance des matériaux de l'engrenage à denture en chevrons

4-2-1 Contrôler la résistance des matériaux au contact

Quand les deux roues cylindriques à denture en chevrons sont en prise, elles supportent des charges au choc. La contrainte au contact des roues cylindriques doit être supérieure ou au moins égale à la contrainte au contact admissible ; d'où la condition :

$$\sigma_c \geq [\sigma_c] \qquad \text{en } N/mm^2$$

avec :

$[\sigma_c]$ contrainte admissible au contact

$$[\sigma_c] = \frac{\sigma_{c\,max}}{K_s}$$

σ_{cmax} contrainte maximale en dommage au contact par essai (voir ce chapitre, 1-7)

K_s coefficient de sécurité au contact de l'engrenage $K_s \geq 1,1$

En général, cette condition peut se traduire sous les deux formes suivantes.

1/ Entraxe admissible *a*

— **Condition de résistance des matériaux au contact**

Quand les deux roues cylindriques à denture en chevrons sont en prise, elles supportent des charges au contact. L'entraxe des roues cylindriques doit être supérieur ou au moins égal à l'entraxe admissible ; d'où la condition :

$$a \geq [a] \; en \; mm$$

— **Entraxe admissible *a***

Si le pignon se trouve à l'intérieur, l'entraxe admissible *a* est :

$$\alpha \geq 447 \cdot (R-1) \cdot \sqrt[3]{\frac{K_c \cdot M_c}{\phi_a [\sigma_c]^2 R}}$$

Si le pignon se trouve à l'extérieur, l'entraxe admissible *a* est :

$$\alpha \geq 447 \cdot (R+1) \cdot \sqrt[3]{\frac{K_c \cdot M_c}{\phi_a [\sigma_c]^2 R}}$$

avec :

$\phi_a = \dfrac{b}{a}$ coefficient de largeur de l'engrenage en fonction de l'entraxe.

En général, $\phi_a = 0,1 \rightarrow 1,2$

Pour la boîte de vitesses $\phi_a = 0,3 \rightarrow 0,6$

Les valeurs standard sont : 0,2 ; 0,25 ; 0,3 ; 0,4 ; 0,5 ; 0,6 ; 0,8 : 1,0 ; 1,2

a   entraxe

b   largeur de l'engrenage

M_c moment de transmission par les engrenages *en N.mm*

R   rapport des vitesses (voir ce chapitre 1-3 et tableau 4-14)

K_c coefficient de charge (voir ce chapitre, 1-6)

$[\sigma_c]$ contrainte admissible au contact

2/ Diamètre primitif admissible de pignon d_1

– **Condition de résistance des matériaux au contact**

Quand les deux roues cylindriques à denture en chevrons sont en prise, elles supportent des charges à la fatigue au choc. Le diamètre du pignon doit être supérieur ou au moins égal au diamètre admissible ; d'où la condition :

$$d_1 \geq \left[d_1 \right] \ en \ mm$$

– **Diamètre admissible de pignon d_1**

Si le pignon se trouve à l'intérieur, le diamètre primitif du pignon est :

$$d_1 \geq 709 \cdot \sqrt[3]{\frac{K_c \cdot M_c}{\phi_{d-cir} \cdot \left[\sigma_c \right]^2} \cdot \frac{R-1}{R}} \qquad en \ mm$$

Si le pignon se trouve à l'extérieur, le diamètre primitif du pignon est :

$$d_1 \geq 709 \cdot \sqrt[3]{\frac{K_c \cdot M_c}{\phi_{d-cir} \cdot \left[\sigma_c \right]^2} \cdot \frac{R+1}{R}} \qquad en \ mm$$

avec :

$\phi_{d-cir} = \dfrac{b}{d_1}$ coefficient de la largeur de l'engrenage (voir ce chapitre, 1-4).

En général $\phi_{d-cir} = \dfrac{b}{d_1} = 0,5 \cdot \left(R \pm 1 \right) \cdot \phi_a$.

Nous avons $\phi_{d-cir} = 0,2 \rightarrow 2,4$.

b largeur de l'engrenage en mm

d_1 diamètre primitif du pignon en mm

M_c moment de transmission par les roues *en N.mm*

R rapport des vitesses

K_c coefficient de charge (voir ce chapitre, 1-6)

$\left[\sigma_c \right]$ contrainte admissible au contact en N/mm^2

4-2-2   **Contrôler la résistance des matériaux
         en flexion de l'engrenage à denture en chevrons**

– **Condition de résistance en flexion au pied des engrenages à denture en
chevrons**

La contrainte en flexion de dentures doit être égale ou inférieure à la
contrainte admissible :

$$\sigma_f \leq \left[\sigma_f\right]$$

Cette condition peut se traduire par la forme pratique ci-après.

– **Condition de module apparent de l'engrenage cylindrique à denture en
chevrons**

Le module apparent de la denture doit être supérieur ou au moins égal au
module admissible ; d'où la condition :

$$m_n \geq \left[m_n\right]$$

Le module apparent de la denture doit être sous la condition ci-après :

$$m_n \geq 11{,}5 \cdot \sqrt[3]{\frac{K_c \cdot M_c}{\phi_m z_1} \frac{Y_F}{[\sigma_f]}}$$

avec :

K_c	coefficient de charge (voir ce chapitre, 1-6)
Y_F	coefficient de forme de denture, en fonction du nombre de dents (voir ce chapitre, 1-5)
$\phi_m = \dfrac{b}{m_n}$	coefficient de la largeur de l'engrenage en fonction du module de denture. En général $\phi_m = 8 \to 25$. Nous pouvons calculer avec la formule : $\phi_m = 0{,}5 \cdot (R \pm 1) \cdot \phi_a z_1 = \phi_{cir} z_1$.
M_c	moment de transmission par les engrenages *en N.mm*
z_1	nombre de dents du pignon
$\left[\sigma_f\right]$	contrainte admissible en flexion
m_n	module apparent

TABLEAU 4-22 Résistance des matériaux des engrenages cylindrique
à denture en chevrons

Résistance au contact	Résistance en flexion
- Entraxe admissible a : Si le pignon se trouve à l'intérieur, l'entraxe admissible a est : $$\alpha \geq 447 \cdot (R-1) \cdot \sqrt[3]{\dfrac{K_c \cdot M_c}{\phi_a \left[\sigma_c\right]^2 R}}$$ Si le pignon se trouve à l'extérieur, l'entraxe admissible a est : $$\alpha \geq 447 \cdot (R+1) \cdot \sqrt[3]{\dfrac{K_c \cdot M_c}{\phi_a \left[\sigma_c\right]^2 R}}$$ **- Diamètre admissible du pignons d_1 :** Si le pignon se trouve l'intérieur, le diamètre primitif du pignon est : $$d_1 \geq 709 \cdot \sqrt[3]{\dfrac{K_c \cdot M_c}{\phi_{d-cir} \cdot \left[\sigma_c\right]^2} \cdot \dfrac{R-1}{R}}$$ Si le pignon se trouve l'extérieur, le diamètre primitif du pignon est : $$d_1 \geq 709 \cdot \sqrt[3]{\dfrac{K_c \cdot M_c}{\phi_{d-cir} \cdot \left[\sigma_c\right]^2} \cdot \dfrac{R+1}{R}}$$	**- Module de l'engrenage cylindrique à denture hélicoïdale :** $$m_n \geq 11{,}5 \cdot \sqrt[3]{\dfrac{K_c \cdot M_c}{\phi_m \cdot z_1} \cdot \dfrac{Y_F}{\left[\sigma_f\right]}}$$ avec : $\phi_a, \phi_{d-cir}, \phi_m$ coefficient de largeur b : $$\phi_a = \dfrac{b}{a} \qquad \phi_{d-cir} = \dfrac{b}{d_1} \qquad \phi_m = \dfrac{b}{m_n}$$ a entraxe m_n module apparent R rapport des vitesses K_c coefficient (voir ce chapitre, 1-6) Y_F coefficient de forme de l'engrenage (voir ce chapitre, 1-5) M_c moment de transmission par les engrenages *en N.mm* $\left[\sigma_c\right]$ contrainte admissible au contact $\left[\sigma_f\right]$ contrainte admissible en flexion

Remarque :

Les résultats de l'entraxe α et du diamètre de cercle primitif d_1 sont pour les engrenages en acier. Pour les engrenages en fonte, nous devons ajouter un coefficient : le diamètre de cercle primitif d_1 sera $d'_1 = 0{,}83 d_1$, l'entraxe α sera $\alpha' = 0{,}9\alpha$.

4-3 Résistance des matériaux à la fatigue de l'engrenage à denture en chevrons

4-3-1 Résistance des matériaux à la fatigue au contact sur la surface de denture

Les principes de calcul de résistance des matériaux sont les même que pour les engrenages à denture droite et les engrenages à denture hélicoïdale. Les seules différences sont les suivantes :

- L'engrenage à denture en chevrons peut supporter une charge axiale importante.

- Le rayon de courbure est le rayon sur la section normale.

- La longueur de conjugaison est plus longue.

Nous utilisons le coefficient de l'angle hélicoïdal Z_β pour présenter ces différences.

1/ Condition de résistance des matériaux à la fatigue au contact sur la surface de denture de l'engrenage à denture en chevrons

Les contraintes à la fatigue au contact doivent être égales ou inférieures à la contrainte admissible à la fatigue au contact.

$$\sigma_{f-c} \leq \left[\sigma_{f-c} \right]$$

2/ Contraintes à la fatigue au contact sur la surface de denture de l'engrenage à denture en chevrons

- Si le pignon se trouve à l'intérieur, la contrainte à la fatigue au contact est :

$$\sigma_{f-c} = \left(Z_E Z_H Z_\varepsilon Z_\beta \right) \sqrt{ \frac{F_t}{b d_1} \cdot \frac{R-1}{R} \cdot \left(K_u K_d K_\beta \right) } \qquad en\ MPa$$

- Si le pignon se trouve à l'extérieur, la contrainte à la fatigue au contact est :

$$\sigma_{f-c} = \left(Z_E Z_H Z_\varepsilon Z_\beta \right) \sqrt{ \frac{F_t}{b d_1} \cdot \frac{R+1}{R} \cdot \left(K_u K_d K_r \right) } \qquad en\ MPa$$

avec :

d_1 diamètre de pignon *en mm*

b largeur de denture *en mm*

R rapport des vitesses (voir ce chapitre 1-3 et tableau 4-14)

Z_H coefficient de zone de conjugaison (voir ce chapitre, 1-4)

Z_E coefficient de module d'élasticité longitudinale (voir ce chapitre, 1-4)

Z_ε coefficient de conjugaison au contact (voir ce chapitre, 1-4)

Z_β coefficient de l'angle d'hélice (voir ce chapitre, 1-4)

K_u coefficient de l'utilisation (voir ce chapitre, 1-6)

K_d coefficient de charge dynamique (voir ce chapitre, 1-6)

K_r coefficient de répartition de charge (voir ce chapitre, 1-6)

3/ Contrainte admissible de la fatigue de contact

$$\left[\sigma_{f-c}\right] = \frac{\sigma_{cmas} Z_N Z_{Lu} Z_w Z_k}{K_s}$$

avec :

σ_{cmax} contrainte maximale au contact par l'essai (voir ce chapitre, 1-7)

Z_N, Z_{lu}, Z_w et Z_k (voir ce chapitre, 1-4)

K_s coefficient de sécurité

**4-3-2   Résistance des matériaux à la fatigue en flexion
au pied de denture en chevrons**

1/ Condition de résistance des matériaux à la fatigue en flexion au pied de denture

Les contraintes à la fatigue en flexion doivent être égales ou inférieures à la contrainte admissible à la fatigue en flexion.

$$\sigma_{f-f} \leq \left[\sigma_{f-f}\right]$$

2/ Contraintes à la fatigue en flexion au pied de denture en chevrons

$$\sigma_{f-f} = \frac{K_c \cdot M_c \cdot}{bd_1^3 m_n^3} Y_{Fm} Y_{\alpha\beta} \qquad en\ MPa$$

avec :

K_c — coefficient de charge (voir ce chapitre, 1-6)

M_c — moment de transmission par les engrenages

Y_{Fm} — coefficient de forme de denture, en fonction du nombre de dents z (voir ce chapitre, 1-5)

$$Y_{Fm} = Y_F \cdot Y_m$$

$Y\alpha_\beta$ — coefficient de conjugaison et d'hélice (voir ce chapitre, 1-5)

$$Y_{\alpha\beta} = Y_\alpha \cdot Y_\beta$$

$[\sigma_{f\text{-}f}]$ — contrainte admissible en fatigue aux contacts

m_n — module apparent

d_1 — diamètre primitif du pignon

b — largeur de la denture

3/ Contrainte admissible à la fatigue en flexion au pied de denture en chevrons

$$\left[\sigma_{f-f} \right] = \frac{\sigma_{\max}}{K_s} Y_N Y_r Y_s Y_x$$

avec :

σ_{max} — contrainte maximale à la fatigue en flexion (voir ce chapitre, 1-7)

Y_N — coefficient de durée de vie en flexion (voir ce chapitre, 1-5)

Y_r — coefficient de sensibilité d'arrondi au pied de denture (voir ce chapitre, 1-5)

Y_s — coefficient de l'état de surface au pied de la denture (voir ce chapitre, 1-5)

Y_x — coefficient de dimension de denture (voir ce chapitre, 1-5)

K_s — coefficient de sécurité (voir ce chapitre, 1-4)

TABLEAU 4-23 Résistance des matériaux des engrenages à denture en chevrons

Sujet	Résistance des matériaux à la fatigue au contact sur la surface de denture	Résistance des matériaux à la fatigue en flexion au pied de denture
1. Condition de résistance des matériaux	La contrainte de la fatigue au contact doit être égale ou inférieure à la contrainte admissible à la fatigue de contact. $$\sigma_{f-c} \leq \left[\sigma_{f-c}\right]$$	La contrainte de la fatigue en flexion doit être égale ou inférieure à la contrainte admissible de la fatigue en flexion. $$\sigma_{f-f} \leq \left[\sigma_{f-f}\right]$$
2. Contrainte par le calcul	**Contrainte de la fatigue de contact :** $$\sigma_{f-c} = \left(Z_E Z_H Z_\varepsilon Z_\beta\right)\sqrt{\frac{F_t}{bd_1}\cdot\frac{R-1}{R}\cdot\left(K_u K_d K_\beta\right)}\quad en\ N/mm^2$$ avec : $Z_H,\ Z_E,\ Z_\beta\ Z_\varepsilon$ (voir ce chapitre, 1-4) $K_u,\ K_d,\ K_r$ (voir ce chapitre, 1-6) b largeur de l'engrenage *en mm* R rapport des vitesses d_1 diamètre primitif de pignon F_t composant circonférentiel de la force de transmission	**Contrainte de la fatigue en flexion :** $$\sigma_{f-f} = \frac{F_t}{bm}K_u K_d K_r Y_{Fm} Y_{\alpha\beta}$$ avec : $K_u,\ K_d,\ K_r$ (voir ce chapitre, 1-6) $Y_{Fm},\ Y\alpha_\beta$ (voir ce chapitre, 1-4) b largeur de l'engrenage m_n module apparent de l'engrenage F_t composant circonférentiel de la force de transmission
3. Contrainte admissible	**Contrainte admissible de la fatigue de contact :** $$\left[\sigma_{f-c}\right] = \frac{\sigma_{cmas}Z_N Z_{Lu} Z_w Z_k}{K_s}$$ avec : σ_{cmax} contrainte maximale au contact par l'essai (voir ce chapitre, 1-7) $Z_N,\ Z_{lu},\ Z_w,\ Z_k$ (voir ce chapitre, 1-4) K_s Coefficient de sécurité	**Contrainte admissible de la fatigue en flexion :** $$\left[\sigma_{f-f}\right] = \frac{\sigma_{mas}Y_N Y_r Y_s Y_X}{K_s}$$ avec : σ_{cmax} contrainte maximale en flexion par l'essai (voir ce chapitre, 1-7) $Y_N,\ Y_r,\ Y_s,\ Y_x$ (voir ce chapitre, 1-5) K_s Coefficient de sécurité

4-4   Effort tangentiel et pression superficielle : (voir PICAR.D « le cours de mécanique »)

– Condition de résistance des matériaux :

L'effort tangentiel au primitif de référence pour le roue i doit être égale ou inférieure à l'effort tangentiel admissible :

$$F_{t(i)} \leq F_{t\ \text{adm}(i)}$$

4-4-1   Méthode normale :

4-4-1-1 Vérification à la rupture :

Pour les engrenages parallèles à denture extérieure l'effort tangentiel admissible au primitif de référence est :

$$F_{t\ \text{adm}(i)} = \frac{\sigma_{b\ \lim(i)} \cdot b \cdot m_0 \cdot K_V \cdot K_{bt(i)} \cdot K_m \cdot K_A}{Y_\varepsilon \cdot Y_{f(t)} \cdot Y_\beta}$$

avec :

$F_{t\,lim(i)}$ effort tangentiel admissible, à la rupture, au primitif de fonctionnement pour la roue

$\sigma_{b\,lim(i)}$ contrainte limite statique de base à la rupture pour la roue

b largeur de denture en contact

m_0 module réel de taillage

K_V facteur de vitesse

K_{bl} facteur de durée pour roue

K_m facteur de portée

K_A facteur de service

Y_ε facteur de conduite

$Y_{f(i)}$ facteur de forme ISO pour roue i

Y_β facteur d'inclinaison

4-4-1-2 Vérification à la pression superficielle :

Pour les engrenages parallèles à denture extérieure l'effort tangentiel admissible au primitif de référence est :

$$F'_{t\ \text{adm}(i)} = \sigma^2_{H\lim(i)} \cdot b \cdot d'_1 \cdot \left(\frac{C_r \cdot K_V \cdot K_{HI(i)} \cdot K_m \cdot K_A}{Z_E^2 \cdot Z_\beta^2 \cdot Z_C^2 \cdot \gamma} \right)$$

avec :

$F'_{t\,lim(i)}$ effort tangentiel admissible, à la pression superficielle, au primitif de fonctionnement pour la roue i

$\sigma_{H\,lim(i)}$ valeur limite de base de la pression superficielle pour la roue i

b largeur de denture en contact

d'_1 diamètre primitif de fonctionnement du pignon

C_r facteur de rapport

K_V facteur de vitesse

$K_{HI(i)}$ facteur de durée pour la roue i

K_m facteur de portée

Z_E facteur de matériaux

Z_β facteur de longueur de contact

Z_c facteur géométrique

γ facteur modérateur de la capacité de charge

4-4-2   Méthode AFNOR:

Nous pouvons contrôler les efforts tangentiels que les engrenages supportent. La norme NF E 23-015 nous présente une formule pour déterminer l'effort tangentiel admissible.

4-4-2-1 Condition d'utilisation :

1/ Les engrenages sont des engrenages cylindriques à denture extérieure.

2/ La vitesse linéaire au primitif de fonctionnement doit être inférieure à 50 m/s

4-4-2-2 Vérification à la rupture :

L'effort tangentiel admissible au primitif de référence est :

$$F_{t\,adm(i)} = \frac{\sigma_{F\,lim(i)} \cdot b \cdot m_n \cdot Y_{ST} \cdot Y_{NT(i)} \cdot Y_{\delta\,rel\,T} \cdot Y_{R\cdot rel\cdot T} \cdot Y_x}{Y_{F\,\alpha(t)} \cdot Y_{S\,\alpha(t)} \cdot Y_\varepsilon \cdot Y_\beta \cdot K_A \cdot K_R \cdot K_V \cdot K_{F\beta} \cdot K_{F\alpha}}$$

avec :

$\sigma_{F\,lim(i)}$ est la contrainte limite de flexion répétée, qui peut être supportée au moins $3{*}10^{6}$ cycles, avec une probabilité de détérioration de 1%, pour la roue *i.*

Les valeurs proposées par la norme résultant d'essais réalisés sur des engrenages dont les caractéristiques sont les suivantes :

- engrenages cylindriques à denture extérieure droite ;

- module réel de 3 à 5 mm ;

- la vitesse linéaire au primitif de fonctionnement de 10 m/s ;

- facteur de concentration de contrainte $Y_{ST} = 2$

- grande précision de denture : 10 à 50 mm ;

- rugosité de l'arrondi de 10μm

b largeur de denture

m_n module réel

Y_{ST} facteur de concentration de contrainte au cours des essais

$Y_{ST} = 2$

$Y_{NT(i)}$ facteur de durée, qui dépend du nombre de cycles, pour la roue *i* :

$Y_{NT(i)} = 1$ pour $3{*}10^{6}$ cycles

$Y_{\delta\,re\,lT}$ facteur de sensibilité relative à l'entaille. Il permet de corriger, dans le cas de sollicitations répétées, l'influence du facteur de concentration de contrainte $Y_{Sa(i)}$

$Y_{R\,re\,lT}$ facteur de rugosité relatif : $Y_{RrelT} = 1$ pour une rugosité de l'arrondi de 10μm

Y_x facteur de dimension tenant compte des difficultés d'élaboration du matériau et des traitements thermiques :

      $Y_x = 1$ pour un module réel de 5

$Y_{Fa(i)}$ facteur de forme, pour la roue *i*

$Y_{Sa(i)}$ facteur de concentration de contrainte pour la roue *i*

Y_ε facteur de conduite

Y_β facteur de d'inclinaison

K_A facteur d'application (surcharges dynamiques provenant de sources extérieures à l'engrenage)

K_R facteur de fiabilité

$K_R = 1$ pour 1% une probabilité de détérioration

K_V facteur dynamique(surcharges dynamiques engendrées par les vibration relatives du pignon et de la roue)

$K_{H\beta}$ facteur de distribution de la charge longitudinale

$K_{F\alpha}$ facteur de distribution de la charge transversal

4-4-2-3 Pression superficielle :

L'effort tangentiel admissible au primitif de référence est :

$$F_{t\,\text{adm(i)}} = \sigma_{H\,\lim(i)}^2 \cdot b \cdot d_1 \cdot \left(\frac{u}{u+1} \right) \cdot \left(\frac{1}{K_A \cdot K_R \cdot K_V \cdot K_{H\beta} \cdot K_{H\alpha}} \right) \cdot \left(\frac{Z_{N\,i} \cdot Z_L \cdot Z_R \cdot Z_V \cdot Z_w}{Z_H \cdot Z_E \cdot Z_\varepsilon \cdot Z_\beta} \right)^2$$

avec :

$\sigma_{F\,lim(i)}$ limite de la pression de HERTZ répétée, qui peut être supportée pendant au moins $5{*}10^7$ cycles, avec une probabilité de détérioration de 1%, pour la roue i.

Les valeurs proposées par la norme résultant d'essais réalisés sur des engrenages dont les caractéristique sont les suivantes :

- engrenages cylindriques à denture extérieure droite ;

- module réel de 3 à 5 mm ;

- la vitesse linéaire au primitif de fonctionnement de 10 m/s ;

- lubrification avec une huile de viscosité cinématique v de 100 mm^2/s à 50°C

- grande précision de denture

- largeur de denture : 10 à 50 mm ;

- rugosité des flancs des dents de 3 μm

b largeur de denture

d_1 diamètre primitif du pignon

u le rapport d'engrenage $u = z_2 / z_1$

K_A — facteur d'application (surcharges dynamiques provenant de sources extérieures à l'engrenage)

K_R — facteur de fiabilité

$K_R = 1$ pour 1% une probabilité de détérioration

K_V — facteur dynamique(surcharges dynamiques engendrées par les vibrations relatives du pignon et de la roue)

$K_{H\alpha}$ — facteur de distribution de la charge transversal

$$K_{H\alpha} = K_{F\alpha}$$

$K_{H\beta}$ — facteur de distribution de la charge longitudinale

$$K_{H\beta} = K_{F\beta}$$

$Z_{N(i)}$ — facteur de durée, qui dépend du nombre de cycles, pour la roue i :

$Z_{N(i)} = 1$ pour $5*10^7$ cycles

Z_L — facteur de lubrifiant :

$Z_L = 1$ pour une huile de viscosité cinématique v de 100 mm^2/s à 50°C

Z_R — facteur de rugosité :

$Z_R = 1$ pour une rugosité de flancs des dents de 3 μm

Z_V — facteur de vitesse pour tenir compte de l'effet de la vitesse sur la formation du film d'huile :

$Z_V = 1$ — pour une vitesse linéaire au primitif de fonctionnement de 10m/s

Z_w — facteur de rapport de dureté entre le pignon et la roue pour tenir compte de l'écrouissage

Z_H — facteur de géométrique pour tenir compte de l'influence de la courbure des flancs des dents au primitif

Z_E — facteur d'élasticité lié à l'influence des propriétés des matériaux, modules d'élasticité et coefficients de Poisson, sur la pression de HERTZ

Z_ε — facteur de conduite : influence du rapport de conduite et du rapport de recouvrement sur la charge spécifique de l'engrenage

Z_β — facteur de l'inclinaison : influence de l'angle d'hélice sur la valeur de la pression de HERTZ

V   ENGRENAGES CONIQUES

Il s'agit des roues à axes concourants (sauf hypoïdes), constitués de deux roues coniques conjuguées.

5-1   Définitions des paramètres : (voir NF E 23-001)

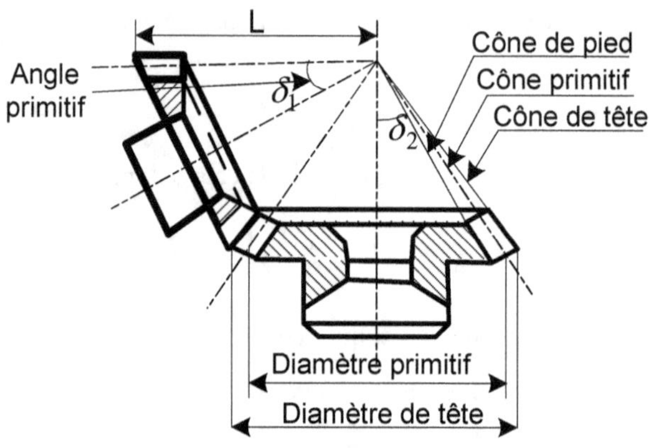

Figure 4-27   Engrenages coniques

5-1-1   Cône de tête

Le cône de tête est la surface de tête d'une roue conique.

5-1-2   Cône de pied

Le cône de pied est la surface de pied d'une roue conique.

5-1-3   Cône complémentaire (externe, au milieu ou interne)

Les génératrices du cône sont perpendiculaires à celles du cône primitif à l'extrémité (externe, au milieu ou interne) de la largeur de la denture.

5-1-4   Largeur de denture b

La largeur b de la partie de la denture de l'engrenage est mesurée suivant une génératrice du cône primitif de référence.

5-1-5 Diamètre primitif *d*

Le diamètre primitif **d** est le diamètre du cercle d'intersection du cône primitif de référence et du cône complémentaire externe.

5-1-6 Creux h_f

Le creux h_f est la distance mesurée entre le cercle de pied et le cercle primitif suivant une génératrice du cône complémentaire externe.

5-1-7 Saillie h_a

Le saille h_a est la distance mesurée entre le cercle de tête et le cercle primitif suivant une génératrice du cône complémentaire externe.

5-1-8 Pas *p*

Le pas est la longueur de l'arc de cercle primitif compris entre les deux profils homologues consécutifs.

5-1-9 Module apparent *m*

Le module apparent *m* de l'engrenage conique au cercle primitif est égal au module de l'engrenage cylindrique correspondant.

– **Calculer le module de l'engrenage conique au cercle primitif**

Nous déterminons le module de denture en utilisant la formule ci-après. Avec le module que nous calculons, nous choisissons le module standard dans le tableau 4-24.

$$m \geq 2,3 \sqrt{\frac{F_t}{K_t \sigma_f}}$$

avec :

K_t coefficient défini pour chaque type de dent $4 \leq K_t \leq 6$

σ_f résistance à la fatigue du matériau, exemple : $\sigma_f = 0,5 \times D_m$

D_m dureté de dent

TABLEAU 4-24 Valeur du module m de l'engrenage conique à denture droite

Valeurs du module m					
Principales			Secondaires		
0,5	2,5	12	0,55	2,75	14
0,6	3	16	0,7	3,5	18
0,8	4	20	0,9	4,5	22
1	5	25	1,125	5,5	28
1,25	6	32	1,375	7	36
1,5	8	40	1,75	9	45
2	10	50	2,25	11	

5-2 Paramètres de l'engrenage conique à denture droite

TABLEAU 4-25 Paramètres de l'engrenage conique à denture droite

Paramètres de denture	Formules
Diamètre primitif	$d = m \cdot z$
Angle primitif	$\sin \delta_1 = d_1 / 2L$
Largeur b	$b = K_t m$
Saillie	$h_a = m$
Creux	$h_f = 1,25\, m$
Hauteur de dent	$h = h_a + h_f = 2,25\, m$
Hauteur de dent	$h = 2,25 m_n$
Diamètre de tête	$d_{a1} = d_1 + 2m \cdot \cos \delta_1$
Diamètre de pied	$d_{f2} = d_2 - 2,5 \cdot m \cdot \cos \delta_2$
Angle de saillie	$\tan \theta_a = m / L$ avec : $L = d_1 / 2 \sin \delta_1$
Angle de tête	$\delta_{a1} = \delta_1 + \theta_a$

avec :

K_t \qquad coefficient défini pour chaque type de dent $4 \leq K_t \leq 6$

5-3 Résistance des matériaux de l'engrenage conique

5-3-1 Force supportée par les dentures de l'engrenage conique à denture droite

La force F est normale au profil et peut être décomposée en trois composants :

– Une composante tangentielle :

$$F_t = F \cos \alpha$$

– Une composante radiale :

$$F_r = F \sin \alpha \cos \delta$$

– Une composante axiale :

$$F_n = F \sin \alpha \sin \delta$$

avec :

α angle de pression

δ angle primitif

F force de transmission

TABLEAU 4-26   Force supportée par les dentures de l'engrenage conique (en N)

Composant de la force supportée par les dentures	Engrenages coniques à denture droite	Engrenages coniques à denture hélicoïdale
Composant tangentiel		$F_t = \dfrac{2000 M_c}{d_1}$
Composant radial	$F_r = F \sin \alpha \cos \delta$	$F_r = \dfrac{F_t}{\cos \beta}(\tan \alpha \cos \delta \mp \sin \beta \sin \delta)$
Composant axial	$F_a = F \sin \alpha \sin \delta$	$F_r = \dfrac{F_t}{\cos \beta}(\tan \alpha \cos \delta \mp \sin \beta \cos \delta)$

avec :

α angle de pression

δ angle primitif

β angle d'hélice

F force de transmission

5-3-2   Résistance des matériaux au contact de l'engrenage conique à denture droite

5-3-2-1 Conditions de résistance des matériaux au contact de l'engrenage conique à denture droite

La contrainte au contact doit être égale ou inférieure à la contrainte admissible au contact.

$$\sigma_{cc} \leq [\sigma_{cc}]$$

5-3-2-2 Contrôler la contrainte au contact de l'engrenage conique à denture droite

Pour le cas général :

$$\sigma_{cc} = 3{,}53 \cdot Z_E Z_H \cdot \sqrt{\frac{K_c \cdot M_c}{(1 - 0{,}5\phi_R)^2 \cdot d_1^2} \cdot \frac{\sqrt{R^2 + 1}}{R}} \quad \text{en N/mm}^2 \text{ ou MPa}$$

Pour l'acier :

$$\sigma_{cc} = 670{,}4 \cdot Z_H \cdot \sqrt{\frac{K_c \cdot M_c}{(1 - 0{,}5\phi_R)^2 \cdot d_1^2} \cdot \frac{\sqrt{R^2 + 1}}{R}} \quad \text{en N/mm}^2 \text{ ou MPa}$$

avec :

K_c	coefficient de charge (voir ce chapitre, 1-6)
M_c	couple de transmission par les engrenages coniques *en N.mm*
$\phi_R = \dfrac{b}{R_c}$	coefficient de la largeur de l'engrenage conique (voir ce chapitre, 1-4)
R_c	rayon du cône de pied de l'engrenage conique
R	rapport des vitesses
$[\sigma_{cc}]$	contrainte admissible au contact de l'engrenage conique
Z_H	coefficient de conjugaison
Z_E	coefficient de module d'élasticité longitudinale *en* $\sqrt{MPa}$

5-3-2-3 Déterminer le diamètre primitif de l'engrenage conique à denture droite à partir des contraintes admissibles au contact

Pour le cas général :

$$d \geq \sqrt[3]{\frac{3,53 \cdot K_c \cdot M_c}{(1-0,5\phi_R)^2 \cdot R} \cdot \frac{Z_E Z_H}{[\sigma_{cc}]}} \ \ en\ mm$$

Pour l'acier :

$$d \geq \sqrt[3]{\frac{670,4 \cdot K_c \cdot M_c}{(1-0,5\phi_R)^2 \cdot R} \cdot \frac{Z_H}{[\sigma_{cc}]}} \ \ en\ mm$$

avec :

K_c coefficient (voir tableau 2-3)

M_c couple de transmission par les engrenages coniques *en N.mm*

$\phi_R = \dfrac{b}{R_c}$ coefficient de la largeur de l'engrenage conique

         (voir ce chapitre, 1-4)

R_c rayon du cône de pied de l'engrenage conique

R rapport des engrenages (voir ce chapitre 1-3 et tableau 4-14)

$[\sigma_{cc}]$ contrainte admissible au contact de l'engrenage conique

Z_E coefficient de module d'élasticité longitudinale *en* $\sqrt{MPa}$

5-3-3 Résistance des matériaux en flexion de denture de l'engrenage conique droit

5-3-3-1 Conditions de résistance des matériaux en flexion de denture

La contrainte en flexion de denture doit être égale ou inférieure à la contrainte admissible en flexion.

$$\sigma_{cf} \leq \left[\sigma_{cf}\right]$$

avec :

$[\sigma_{cf}]$ contrainte admissible en fatigue au contact

5-3-3-2 Contrainte en flexion de l'engrenage conique à denture droite

$$\sigma_{cf} = \frac{2K_c \cdot M_c \cdot Y_F}{b \cdot d_1 \cdot m_a \cdot (1 - 0,5 \cdot \phi_R)^2} \ \ en\ N/mm^2\ ou\ MPa$$

avec :

K_c coefficient de la charge (voir ce chapitre, 1-6)

M_c couple de transmission par les engrenages coniques *en N.mm*

$\phi_R = \dfrac{b}{R_c}$ coefficient de la largeur de l'engrenage conique (voir ce chapitre, 1-4)

R_c rayon du cône de pied de l'engrenage conique

Y_F coefficient de forme de denture, en fonction du nombre de dents

m_a module apparent de cercle primitif

d_1 diamètre primitif du pignon en *mm*

b largeur de la denture en *mm*

5-3-3-3 Déterminer le module de l'engrenage conique
à partir de la condition de résistance des matériaux en flexion

Pour déterminer les dimensions de l'engrenage conique, nous commençons à calculer le module apparent m_a au cercle primitif de l'engrenage conique.

$$m_a \geq 19,2 \cdot \sqrt[3]{\frac{4K_c \cdot M_c \cdot Y_F}{\phi_R (1 - 0,5\phi_R)^2 z_1^2 \sqrt{R^2 + 1} \cdot [\sigma_{cf}]}}$$

Formule approchée :

$$m_a \approx 32 \cdot \sqrt[3]{\frac{K_c \cdot M_c \cdot Y_F}{z_1^2 \sqrt{R^2 + 1} \cdot [\sigma_{cf}]}}$$

avec :

z_1 nombre de dents du pignon

M_c couple de transmission par les engrenages coniques *en N.mm*

$\phi_R = \dfrac{b}{R_c}$ coefficient de la largeur de l'engrenage conique (voir ce chapitre, 1-4)

R_c rayon du cône de pied de l'engrenage conique

Y_F coefficient de forme de denture, en fonction du nombre de dents

$z = z_1/\cos\delta$ (voir ce chapitre, 1-4)

R rapport des vitesses

$[\sigma_{cf}]$ contrainte admissible en flexion de denture de l'engrenage conique en N/mm^2 ou *MPa*

5-4   Résistance des matériaux en flexion de denture de l'engrenage conique à denture hélicoïdale

Pour contrôler la résistance des matériaux de l'engrenage conique à denture hélicoïdale, nous pouvons utiliser les formules du tableau 4-27.

TABLEAU 4-27   Résistance des matériaux de l'engrenage conique

Type de l'engrenage conique	Déterminer le diamètre du cercle primitif du pignon conique à partir de la condition de résistance des matériaux au contact	Déterminer le module de l'engrenage conique au cône de tête à partir de la condition de résistance des matériaux en flexion
Engrenage conique droit $\beta = 0°$	$$d_1 \geq 1172 \cdot \sqrt[3]{\frac{K_c \cdot M_c}{(1-0,5\cdot\phi_R)^2 \phi_R R \cdot [\sigma_{cc}]^2}}$$ **Formule approchée :** $$d_1 \approx 1951 \cdot \sqrt[3]{\frac{K \cdot M_c}{R \cdot [\sigma_{cc}]^2}}$$ K_c — coefficient (voir ce chapitre, 1-6) M_c — couple de transmission par les engrenages coniques en $N.mm$ $\phi_R = \dfrac{b}{R_c}$ — coefficient de la largeur de l'engrenage conique (voir ce chapitre, 1-4) R_c — rayon du cône de pied de l'engrenage conique R — rapport des engrenages $[\sigma_{cc}]$ conique — contrainte admissible au contact de l'engrenage	$$m_a \geq 19,2 \cdot \sqrt[3]{\frac{4K_c \cdot M_c \cdot Y_F}{\phi_R(1-0,5\phi_R)^2 z_1^2 \sqrt{R^2+1} \cdot [\sigma_{cf}]}}$$ **Formule proche :** $$m_a \approx 32 \cdot \sqrt[3]{\frac{K_c \cdot M_c \cdot Y_F}{z_1^2 \sqrt{R^2+1} \cdot [\sigma_{cf}]}}$$ z_1 — nombre de dents du pignon M_c — couple de transmission par les engrenages coniques en $N.mm$ $\phi_R = \dfrac{b}{R_c}$ — coefficient de la largeur de l'engrenage conique (voir ce chapitre, 1-4) R_c — rayon du cône de pied de l'engrenage conique Y_F — coefficient de forme de denture, en fonction du nombre de dents R — rapport des vitesses $[\sigma_{cf}]$ — contrainte admissible en flexion de denture de l'engrenage conique en N/mm^2 ou MPa

Type de l'engrenage conique	Déterminer le diamètre du cercle primitif du pignon conique à partir de la condition de résistance des matériaux au contact	Déterminer le module de l'engrenage conique au cône de tête à partir de la condition de résistance des matériaux en flexion
Engrenage conique à denture hélicoïdale avec un angle d'hélice de $\beta = 8°$ à $15°$	$d_1 \geq 1096 \cdot \sqrt[3]{\dfrac{K_c \cdot M_c}{(1-0,5\cdot\phi_R)^2\,\phi_R R\cdot\left[\sigma_{cc}\right]^2}}$ **Formule approchée :** $d_1 \approx 1825 \cdot \sqrt[3]{\dfrac{K_c \cdot M_c}{R\cdot\left[\sigma_{cc}\right]^2}}$	$m_a \geq 18,7 \cdot \sqrt[3]{\dfrac{4K_c \cdot M_c \cdot Y_F}{\phi_{con}(1-0,5\phi_{con})^2\,z_1^2\sqrt{R^2+1}\cdot\left[\sigma_{cf}\right]}}$ **Formule approchée :** $m_a \approx 31,1 \cdot \sqrt[3]{\dfrac{K_c \cdot M_c \cdot Y_F}{z_1^2\sqrt{R^2+1}\cdot\left[\sigma_{cf}\right]}}$
Engrenage conique à denture hélicoïdale avec un angle d'hélice de $\beta = 15°$ à $35°$	$d_1 \geq 983 \cdot \sqrt[3]{\dfrac{K_c \cdot M_c}{(1-0,5\cdot\phi_R)^2\,\phi_R R\cdot\left[\sigma_{cc}\right]^2}}$ **Formule approchée :** $d_1 \approx 1636 \cdot \sqrt[3]{\dfrac{K_c \cdot M_c}{R\cdot\left[\sigma_{cc}\right]^2}}$	$m_a \geq 15,8 \cdot \sqrt[3]{\dfrac{4K_c \cdot M_c \cdot Y_F}{\phi_{con}(1-0,5\phi_{con})^2\,z_1^2\sqrt{R^2+1}\cdot\left[\sigma_{cf}\right]}}$ **Formule approchée :** $m_a \approx 26,3 \cdot \sqrt[3]{\dfrac{K_c \cdot M_c \cdot Y_F}{z_1^2\sqrt{R^2+1}\cdot\left[\sigma_{cf}\right]}}$

z_1 — nombre de dents du pignon

M_c — couple de transmission par les engrenages coniques en $N.mm$

R_c — rayon du cône de pied de l'engrenage conique

$\phi_R = \dfrac{b}{R_c}$ — coefficient de la largeur de l'engrenage conique (voir ce chapitre, 1-4)

R — rapport des vitesses

Y_F — coefficient de forme de la denture, en fonction du nombre de dents

$[\sigma_{cf}]$ — contrainte admissible en flexion de denture de l'engrenage conique en N/mm^2 ou MPa

$[\sigma_{cc}]$ — contrainte admissible au contact de l'engrenage conique

Remarque :

Le tableau 4-27 est utilisé pour les engrenages en acier. Pour les autres matériaux, le diamètre primitif du pignon d_1'doit être multiplié par un facteur C_{ma}.

$$d_1' = d_1 C_{ma}$$

TABLEAU 4-28 Coefficient C_{ma} pour les autres matériaux que l'acier

Matériaux		Coefficient C_{ma}	Matériaux		Coefficient C_{ma}
Engrenage	Pignon		Engrenage	Pignon	
Acier	Fonte à graphite nodulaire	0,97	Fonte à graphite nodulaire	Fonte à graphite nodulaire	0,94
				Fonte à graphite lamellaire	0,88
	Fonte à graphite lamellaire	0,90	Fonte à graphite lamellaire	Fonte à graphite lamellaire	0,84

5-3-4   Résistance des matériaux à la fatigue au contact de la denture de l'engrenage conique

5-3-4-1 Condition de résistance à la fatigue au contact

La contrainte en fatigue au contact de la surface de denture droite de l'engrenage conique doit être égale ou inférieure à la contrainte admissible en fatigue au contact.

$$\sigma_{f-cc} \leq \left[\sigma_{f-cc}\right] \quad \text{en } N/mm^2 \text{ ou } MPa$$

5-3-4-2 Contrainte admissible $[\sigma_{f-cc}]$ à la fatigue au contact

$$\left[\sigma_{f-cc}\right] = \frac{\sigma_{max}}{K_s} Z_H Z_{lu} Z_w Z_X$$

avec :

σ_{max} contrainte à la rupture par l'essai (voir ce chapitre, 1-7)

Z_H coefficient de fréquence de contact (voir ce chapitre, 1-4-1)

Z_{Lu} coefficient de lubrification

Z_w coefficient de dureté

Z_X coefficient de dimension de l'engrenage conique

5-3-4-3 Contrainte à la fatigue au contact de denture de l'engrenage conique

$$\sigma_{f-cc} = \sqrt{\frac{F_t \cdot K_u K_{c-d} K_{c-s} K_{c-r}}{b_c \cdot d_1} \frac{R+1}{R}} \cdot Z_H Z_E Z_\beta Z_\varepsilon Z_k \text{ en N/mm}^2 \text{ ou MPa}$$

avec :

b largeur de la denture

R rapport des vitesses

F_t force tangentielle supportée par les dents

K_u coefficient de condition de l'utilisation (voir ce chapitre, 1-6)

K_{c-d} coefficient de charge dynamique de l'engrenage conique

$$K_{c-d} = \left(\frac{K_1}{K_u F_t / 0{,}85b} + K_2 \right) \cdot \frac{z_1 V_m}{100} \sqrt{\frac{R^2}{R^2+1}} + 1$$

z_1 nombre de dents du pignon

V_m vitesse de cercle primitif de l'engrenage

K_u coefficient (voir ce chapitre, 1-6)

K_1, K_2 coefficient de fabrication de pignon et de l'engrenage conique (voir tableau 4-29)

K_{c-s} coefficient d'appuis supportant des engrenages coniques (voir tableau 4-30)

TABLEAU 4-29   Coefficient K_1 et K_2

Qualité de fabrication Mauvais -> bon	K_1									K_2
	4	5	6	7	8	9	10	11	12	4 - 12
Engrenage conique à denture droite	3,49	5,83	10,11	16,33	28,76	62,20	113,52	155,50	233,25	0,0193
Engrenage conique à denture hélicoïdale	3,28	5,48	9,50	15,34	27,02	58,43	106,64	146,08	219,12	0,0100

TABLEAU 4-30   Coefficient d'appuis supportant des engrenages coniques $K_{c\text{-}s}$

	Cas d'appuis supportant des engrenages coniques	Coefficient $K_{c\text{-}s}$
Cas 1		1,89
Cas 2		2,25
Cas 3		1,65

$K_{c\text{-}r}$ coefficient de répartition de la charge sur la denture de l'engrenage conique

$$K_{c-r} = K_{c-rb} + K_{c-r\beta}$$

$K_{c\text{-}rb}$ coefficient de répartition de la charge sur la largeur de denture de l'engrenage conique (voir tableau 4-31)

$K_{c\text{-}r\beta}$ coefficient de répartition de la charge sur l'angle d'hélice β de denture de l'engrenage conique (voir tableau 4-31)

TABLEAU 4-31 Coefficient de répartition de la charge $K_{c\text{-}r}$ sur la denture de l'engrenage conique

$K_u K_d K_\beta F_t / b$			$\geq$100N/mm						<100N/mm
Qualité de fabrication Mauvais -> bon			4, 5	6	7	8	9	10, 11, 12	4 ->12
Dents dures	Engrenage conique à denture droite	$K_{c\text{-}rb}$	1	1	1,1	1,2	$\geq$1,2	$\geq$1,2	$\geq$1,2
		$K_{c\text{-}r\beta}$	1	1	1,1	1,2	$\geq$1,2	$\geq$1,2	$\geq$1,2
	Engrenage conique à denture hélicoïdale	$K_{c\text{-}rb}$	1	1,1	1,2	1,4	$\geq$1,4	$\geq$1,4	$\geq$1,4
		$K_{c\text{-}r\beta}$	1	1,1	1,2	1,4	$\geq$1,4	$\geq$1,4	$\geq$1,4
Dents molles	Engrenage conique à denture droite	$K_{c\text{-}rb}$	1	1	1	1,1	1,2	$\geq$1,2	$\geq$1,2
		$K_{c\text{-}r\beta}$	1	1	1	1,1	1,2	$\geq$1,2	$\geq$1,2
	Engrenage conique à denture hélicoïdale	$K_{c\text{-}rb}$	1	1	1,1	1,2	1,4	$\geq$1,4	$\geq$1,4
		$K_{c\text{-}r\beta}$	1	1	1,1	1,2	1,4	$\geq$1,4	$\geq$1,4

Z_H coefficient de zone de conjugaison

$$Z_H = 2\sqrt{\frac{\cos\beta}{\sin 2\alpha}}$$

β angle d'hélice

α angle de pression

$Z_E = \sqrt{E}$ coefficient de module d'élasticité longitudinale *en* $\sqrt{MPa}$

Z_ε coefficient de conjugaison

Pour l'engrenage à denture droite, le coefficient de contact Z_ε est :

$$Z_\varepsilon = \sqrt{\frac{4-\varepsilon_\alpha}{3}}$$

Pour l'engrenage à denture hélicoïdale, le coefficient de contact Z_ε est :

Si $\varepsilon < 1$,

$$Z_\varepsilon = \sqrt{\frac{4-\varepsilon_\alpha}{3}\left(1-\varepsilon_\beta\right)+\frac{\varepsilon_\beta}{\varepsilon_\alpha}}$$

Si $\varepsilon \geq 1$,

$$Z_\varepsilon = \sqrt{\frac{1}{\varepsilon_\alpha}}$$

ε facteur de conjugaison (voir ce chapitre, 1-4-2)

$$\varepsilon = \varepsilon_a + \varepsilon_\beta$$

$\varepsilon\alpha$ facteur de conjugaison de cylindre de tête de l'engrenage (voir ce chapitre, 1-4-2)

$\varepsilon\beta$ facteur de conjugaison suivant la direction largeur de l'engrenage (voir ce chapitre, 1-4-2)

Z_β coefficient de l'angle d'hélice

$$Z_\beta = \sqrt{\cos\beta}$$

Z_K coefficient de l'engrenage conique

      Si la denture de l'engrenage conique n'est pas modifiée, $Z_K=1$.

      Si la denture de l'engrenage conique est modifiée, $Z_K=0,55$.

5-3-5   Résistance des matériaux à la fatigue en flexion sur le pied de la denture de l'engrenage conique

5-3-5-1   Condition de résistance à la fatigue en flexion

La contrainte à la fatigue en flexion de denture droite de l'engrenage conique doit être égale ou inférieure à la contrainte admissible à la fatigue en flexion.

$$\sigma_{f-cf} \leq \left[\sigma_{f-cf}\right] \text{ en } N/mm^2 \text{ ou } MPa$$

5-3-5-2 Contrainte admissible à la fatigue en flexion $[\sigma_{f\text{-}cf}]$

$$\left[\sigma_{f-cf}\right] = \frac{\sigma_{f\max}}{K_s} Y_N Y_r Y_s Y_X$$

avec :

$\sigma_{f\max}$ contrainte de matériau à la rupture en flexion par l'essai (voir ce chapitre, 1-7)

Y_r coefficient de sensibilité d'arrondissement au pied de la denture

Y_s coefficient de l'état de surface au pied de la denture

Y_N coefficient de durée de vie en fatigue de flexion

$$Y_N = de \quad 1 \quad à \quad 3$$

K_s coefficient de sécurité

Y_X coefficient de dimension de l'engrenage conique en fatigue de flexion. Le coefficient dépend du matériaux et du module m de l'engrenage. (voir figure 4-28)

$$Y_X = de \quad 0{,}7 \quad à \quad 1$$

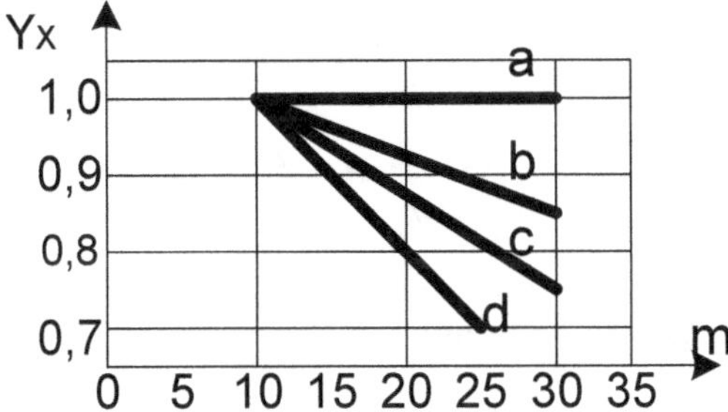

Figure 4-29   Coefficient de dimension de l'engrenage conique Y_X

Cas **a**   Tous les matériaux sous la charge statique

Cas **b**   Acier et fonte nodulaire

Cas **c**   Acier avec traitement de surface

Cas **d**   Fonte grise

5-3-5-3 Contrainte à la fatigue en flexion de la denture de l'engrenage conique

$$\sigma_{f-cf} = \frac{F_t}{0,85}\left(K_u K_{c-d} K_{c-s} K_{c-r}\right)\cdot\left(Y_F Y_\alpha Y_\beta\right)$$

avec :

Y_F coefficient de forme de denture

$Y\alpha_\beta$ coefficient de conjugaison et de l'hélice $Y_{\alpha\beta} = Y_\alpha Y_\beta$ (voir ce chapitre, 1-6)

K_u coefficient de l'utilisation (voir ce chapitre, 1-7)

K_{c-s} coefficient d'appuis supportant des engrenages coniques (voir tableau 4-30)

K_{c-r} coefficient de répartition de la charge sur la denture de l'engrenage conique

$$K_{c-r} = K_{c-rb} + K_{c-r\beta}$$

K_{c-rb} coefficient de répartition de la charge sur la largeur de denture de l'engrenage conique (voir tableau 4-31)

$K_{c-r\beta}$ coefficient de répartition de la charge sur l'angle d'hélice β de denture de l'engrenage conique (voir tableau 4-31)

K_{c-d} coefficient de charge dynamique de l'engrenage conique

$$K_{c-d} = \left(\frac{K_1}{K_u F_t / 0,85b} + K_2\right)\cdot\frac{z_1 V_m}{100}\sqrt{\frac{R^2}{R^2+1}} + 1$$

b largeur de la denture

R rapport des vitesses

z_1 nombre de dents du pignon

F_t force tangentielle supportée par les dents

V_m vitesse de cercle primitif de l'engrenage

K_1, K_2 coefficient de fabrication de pignon et de l'engrenage conique (voir tableau 4-29)

TABLEAU 4-32   Résistance des matériaux à la fatigue de la denture de l'engrenage conique

	Résistance des matériaux à la fatigue au contact de la denture de l'engrenage conique	Résistance des matériaux à la fatigue en flexion de la denture de l'engrenage conique
Condition de résistance des matériaux	La contrainte à la fatigue au contact de la surface de denture droite de l'engrenage conique doit être égale ou inférieure à la contrainte admissible à la fatigue de flexion. $\sigma_{f-cf} \le \left[\sigma_{f-cf}\right]$ en N/mm^2 ou MPa	La contrainte à la fatigue en flexion de denture de l'engrenage conique doit être égale ou inférieure à la contrainte admissible à la fatigue en flexion. $\sigma_{f-cf} \le \left[\sigma_{f-cf}\right]$ en N/mm^2 ou MPa
Contrainte en fatigue en N/mm^2 ou MPa	**Contrainte à la fatigue au contact :** $\sigma_{f-cc} = \sqrt{\dfrac{F_t \cdot K_u K_{c-d} K_{c-s} K_{c-r}}{b_c \cdot d_1}\dfrac{R+1}{R}} \cdot Z_H Z_E Z_\beta Z_\varepsilon Z_k$	**Contrainte à la fatigue en flexion :** $\sigma_{f-cf} = \dfrac{F_t}{0{,}85}\left(K_u K_{c-d} K_{c-s} K_{c-r}\right)\cdot\left(Y_F Y_\alpha Y_\beta\right)$
Contrainte admissible en N/mm^2 ou MPa	$\left[\sigma_{f-cc}\right] = \dfrac{\sigma_{max}}{K_s} Z_H Z_{lu} Z_w Z_X$	$\left[\sigma_{f-cf}\right] = \dfrac{\sigma_{max}}{K_s} Y_N Y_r Y_s Y_X$

Exemple 4-4 : Deux roues coniques d'un tour en prise. La vitesse du pignon n_1=1 000 tr/min et le moment de transmission de pignon M_{c1}= 114 Nm. La vitesse de grand engrenage est n_2 = 320 tr/min. L'angle entre deux axes des roues est 90°. Le pignon est installé sur deux appuis en porte-à-faux. La roue est installée au milieu de deux appuis. Déterminer les dimensions des deux roues coniques en prise.

(1) Calculer la dimension proche des roues :

À partir du tableau 4-27, nous avons :

$$d_1 \approx 1951 \cdot \sqrt[3]{\frac{K_c \cdot M_c}{R \cdot \left[\sigma_{cc}\right]^2}}$$

avec :

Coefficient de charge : $K_c=1,5$

Rapport des vitesses : $R = \dfrac{n_1}{n_2} = \dfrac{1000}{322} = 3,1056$

Contrainte au contact maximale à la denture par essai (voir ce chapitre, 1-7)

$$\sigma_{cc-\max} = 1300 N/mm^2$$

Coefficient de sécurité : $K_s = 1,1$

Contrainte admissible au contact :

$$\left[\sigma_{cc}\right] = \frac{\sigma_{cc-\max}}{K_s} = \frac{1300}{1,1} = 1182 N/mm^2$$

Le diamètre primitif du pignon est donc :

$$d_1 \approx 1951 \cdot \sqrt[3]{\frac{K_c \cdot M_c}{R \cdot \left[\sigma_{cc}\right]^2}}$$

$$\approx 1951 \cdot \sqrt[3]{\frac{1,5 \times 114}{3,1056 \times 1182^2}} = 66,4 \ mm$$

(2) Calculer les dimensions de l'engrenage :

Supposons que le nombre de dents du pignon est $z_1=10$

Nombre de dents de la roue :

$$z_2 = R \cdot z_2 = 3,1056 \times 19 = 59$$

Angle primitif du pignon :

$$\delta_1 = \arctan\frac{z_1}{z_2} = 17,85° = 17°51'01''$$

Angle primitif de la roue :

$$\delta_2 = 72°08'59''$$

Module du cône de tête m_a :

$$m_a = \frac{d_1}{n_1} = \frac{66,4}{19} = 3,49 \ mm$$

Choisir le module standard du cône de tête :

$$m_a = 3,5 \ mm$$

Diamètre primitif du cône de tête du pignon :

$$d_{a1} = z_1 m_a = 19\times3,5 = 66,5 \ mm$$

Diamètre primitif du cône de tête de la roue :

$$d_{a2} = z_2 m_a = 59\times3,5 = 206,5 \ mm$$

Diamètre primitif moyen du pignon :

$$d_{m1} = d_{a1}(1-0,5\phi_a) = 66,5(1-0,5\times0,3) = 56,525 \ mm$$

Diamètre primitif moyen de la roue :

$$d_{m1} = 175,525 \ mm$$

Module moyen :

$$m_m = m_e(1-0,5\phi_R) = 3,5(1-0,5\times0,3) = 2,975 \ mm$$

Longueur du cône primitif du pignon :

$$L = d_{a1}/2\sin\delta_1 = 108,474 \ \ mm$$

Largeur de la denture :

$$b = \phi_R L = 0,3 \times 108,474 = 32,542 \quad mm$$

Largeur standard de la denture : $\hspace{4cm} b = 33 \quad mm$

Saillie du pignon :

$$h_{a1} = (1 + x_1)m_a = (1+0) \times 3,5 = 3,5 \quad mm$$

Saillie de la roue :

$$h_{a2} = (1 + x_2)m_a = (1+0) \times 3,5 = 3,5 \quad mm$$

Creux du pignon :

$$h_{f1} = (1 + c^* - x_1)m_a = (1+0,2-0) \times 3,5 = 4,2 \quad mm$$

Creux de la roue :

$$h_{f2} = (1 + c^* - x_2)m_a = (1+0,2-0) \times 3,5 = 4,2 \quad mm$$

Angle de saillie :

$$\theta_{a1} = \theta_{f2} \; ; \; \theta_{a2} = \theta_{f1}$$

Angle de creux du pignon :

$$\theta_{f1} = \arctan\frac{h_{f1}}{L} = \arctan\frac{4,2}{108,474} = 2,217° = 2°13'02''$$

Angle de creux de la roue:

$$\theta_{f2} = \arctan\frac{h_{f2}}{L} = \arctan\frac{4,2}{108,474} = 2,217° = 2°13'02''$$

Angle de tête du pignon :

$$\delta_{a1} = \delta_1 + \theta_{a1} = 17° \, 51' \, 01'' + 2° \, 13' \, 02'' = 20° \, 04' \, 03''$$

Angle de tête de la roue :

$$\delta_{a2} = \delta_2 + \theta_{a2} = 72° \, 08' \, 59'' + 2° \, 13' \, 02'' = 74° \, 22' \, 01''$$

Angle de pied du pignon :

$$\delta_{f1} = \delta_1 - \theta_{f1} = 17°\ 51'\ 01'' - 2°\ 13'\ 02'' = 15°\ 37'\ 59''$$

Angle de pied de la roue :

$$\delta_{f2} = \delta_2 - \theta_{f2} = 72°\ 08'\ 59'' - 2°\ 13'\ 02'' = 69°\ 55'\ 57''$$

Diamètre de tête de la denture du pignon :

$$d_{ae1} = d_{e1} + 2h_{a1}\cos\delta_1 = 66,5 + 2\times 3,5\times\cos 17°\ 51'\ 02'' = 73,16\ \ mm$$

Diamètre de tête de la denture du pignon :

$$d_{ae2} = d_{e2} + 2h_{a2}\cos\delta_2 = 206,5 + 2\times 3,5\times\cos 72°\ 08'\ 59'' = 208,65\ \ mm$$

(3) Contrôler la résistance des matériaux au contact :

(3-1) Condition de résistance des matériaux au contact :

$$\sigma_{cc} = \sqrt{\frac{F_t K_A K_u K_{r-s} K_r}{0,85 b d_{m1}} \cdot \frac{\sqrt{R^2+1}}{R}} \cdot Z_E Z_H Z_{\varepsilon\ \beta} Z_K$$

$$\sigma_{cc} \le \left[\sigma_{cc}\right]$$

(3-2) Contrainte au contact :

Force tangentielle au cercle primitif :

$$F_t = \frac{2000 M_c}{d_{m1}} = \frac{2000\times 114}{56,525} = 4033,6\ \ N$$

Coefficient d'utilisation : $K_A = 1,25$

Coefficient de charge dynamique :

$$K_d = \left(\frac{K_1}{\dfrac{K_A F_t}{0,85 b}} + K_2\right)\frac{z_1 v_t}{100}\sqrt{\frac{R^2}{R^2+1}} + 1$$

$$= \left(\frac{10,11}{\dfrac{1,25\times 4033,6}{0,85\times 33}} + 0,0193\right)\times\frac{19\times 3}{100}\sqrt{\frac{3,1056^2}{3,1056^2+1}} + 1 = 1,041$$

Coefficient de répartition : (voir tableau 4-31) $K_r = K_{r-\beta}K_{r-a}$

Coefficient de répartition sur l'angle d'hélice β :

$$K_{r-\beta} = 1,5K_{H\,\beta\,be} = 1,5 \times 1,25 = 1,9$$

Coefficient de répartition sur l'angle de pression α :

$$K_{r-\alpha} = 1$$

Coefficient de l'installation K_{r-s} (voir tableau 4-30)

Coefficient de zone de conjugaison :

$$Z_H = 2,5$$

Coefficient d'élasticité longitudinale :

$$Z_E = 189,8 \quad \sqrt{N/mm^2}$$

Nombre apparent de dents du pignon :

$$z_{a1} = \frac{z_1}{\cos\delta_1} = \frac{19}{\cos 17,85°} \approx 20$$

Nombre apparent de dents de l'engrenage :

$$z_{a2} = \frac{z_2}{\cos\delta_2} = \frac{59}{\cos 72,15°} = 192,5$$

Angle de pression de tête du pignon :

$$\alpha_{a1} = \arccos\frac{z_{v1}\cos\alpha}{z_{v1} + 2h_a} = \arccos\frac{20 \times \cos 20°}{20 + 2} = 31,32°$$

Angle de pression de tête de la roue :

$$\alpha_{a2} = \arccos\frac{z_{v2}\cos\alpha}{z_{v2} + 2h_a} = \arccos\frac{192,5 \times \cos 20°}{192,5 + 2} = 21,56°$$

Facteur de conjugaison de tête de la roue conique ε_a :

$$\varepsilon_a = \frac{1}{2\pi}\Big[z_{a1}\big(\tan\alpha_{a1} - \tan\alpha\big) + z_{a2}\big(\tan\alpha_{a2} - \tan\alpha\big)\Big]$$

$$= \frac{1}{2\pi}\Big[20\times\big(\tan 31{,}32° - \tan 20°\big) + 192{,}5\big(\tan 21{,}56° - \tan 20°\big) = 1{,}733\Big]$$

Coefficient d'angle d'hélice :

$$Z_{\alpha\beta} = \sqrt{\frac{4-\varepsilon_{v\alpha}}{3}} = \sqrt{\frac{4-1{,}733}{3}} = 0{,}8693$$

Contrainte au contact :

$$\sigma_{cc} = \sqrt{\frac{F_t K_u K_d K_{r-s} K_r}{0{,}85 b d_{m1}} \cdot \frac{\sqrt{R^2+1}}{R}} \cdot Z_E Z_H Z_{\varepsilon\beta} Z_K$$

$$= \sqrt{\frac{4033{,}6\times 1{,}25\times 1{,}041\times 1{,}9\times 1}{0{,}85\times 33\times 56{,}525} \cdot \frac{3{,}1056^2+1}{3{,}1056}} \times 189{,}8\times 2{,}5\times 0{,}867\times 1$$

$$= 1092{,}7 \quad N/mm^2$$

(3-3) Contrainte admissible :

Contrainte maximale par essai :

$$\sigma_{cc-m} = 1300 \quad N/mm^2$$

Coefficient de durée de vie : $Z_N = 1$

Coefficient de lubrification : $Z_{lu} = 0{,}985$

Coefficient de sécurité : $K_s = 1{,}1$

Coefficient de dimension : $Z_X = 1$

Coefficient de dureté : $Z_w = 1$

Contrainte admissible   (voir ce chapitre, 1-7)

$$[\sigma_{cc}] = \frac{\sigma_{cc-m}}{K_s} \cdot Z_N Z_{lu} Z_x Z_w$$

$$= \frac{1300}{1{,}1}\times 1\times 0{,}985\times 1 = 1164 \quad N/mm^2$$

(3-4) Conformer la résistance des matériaux $\sigma_{c\,c1} < [\sigma_{c\,c}]$

(4) Contrôler la résistance des matériaux en flexion

(4-1) Condition de résistance des matériaux en flexion :

$$\sigma_{cf} = \frac{F_t}{0,85bm_n}\left(K_u K_d K_{r-s} K_r\right)\left(Y_F Y_{\alpha\beta}\right)$$

(4-2) Contrainte en flexion :

Coefficient de forme de la denture : $Y_{F1} = 4,79 \ ....; \ Y_{F2} = 4,6$

Coefficient de conjugaison : $Y_{\alpha\beta} = 0,68$

Contrainte en flexion du pignon :

$$\sigma_{cf1} = \frac{F_t}{0,85bm_n}\left(K_u K_d K_{r-s} K_r\right)\left(Y_F Y_\beta\right)$$

$$= \frac{4033,6\times1,25\times1,041\times1,9\times1}{0,85\times33\times2,975}\times4,97\times0,68 = 389N/mm^2$$

Contrainte en flexion de la roue :

$$\sigma_{cf2} = \sigma_{cf1}\frac{Y_{F2}}{Y_{F1}} = 389\frac{4,6}{4,79} = 374N/mm^2$$

(4-3) Contrainte admissible en flexion :

Contrainte maximale en flexion par essai :

$$\sigma_{cf-e} = 630N/mm^2$$

Coefficient de durée de vie :

$$Y_N = 1$$

Coefficient de forme de la denture : $Y_X = 1$

Coefficient de sécurité :

$$K_s = 1,4$$

Contrainte admissible en flexion :

$$\left[\sigma_{cf}\right] = \frac{630}{1,4}\times1\times1 = 450N/mm^2$$

(4-4) Conformer la résistance des matériaux $\sigma_{cf1} < \left[\sigma_{cf}\right]$; $\sigma_{cf2} < \left[\sigma_{cf}\right]$

Chapitre 5

ENGRENAGE À VIS SANS FIN

L'engrenage à vis sans fin est un système qui comprend une vis sans fin, à un ou plusieurs filets, avec une roue. La vis sans fin est engrenée avec les dents de la roue. L'axe de la roue est généralement perpendiculaire à celui de la vis sans fin.

Voici les avantages de l'engrenage (voir NF E 23-001et réf. 5) :

Les angles d'hélice *(β)* sont égaux.

Le sens des hélices est le même.

Le rendement est faible de 40 à 70 %. Il dépend des matériaux et de la lubrification.

Ce montage permet des réductions de 10 à 100.

Le profil de la vis est généralement trapézoïde.

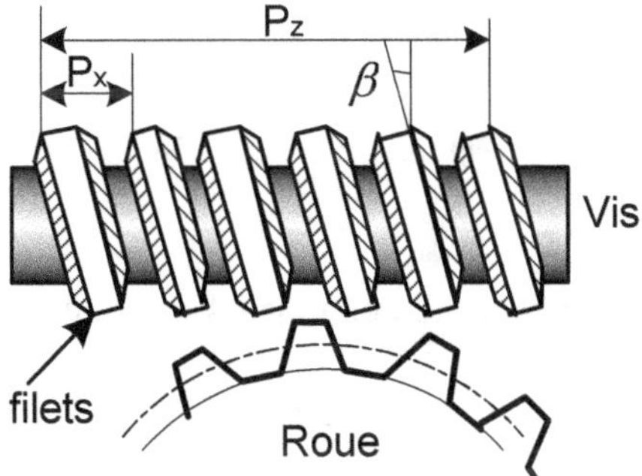

Figure 5-1   Engrenages à vis

I   DÉFINITION (voir NF E 23-001et réf. 5)

1-1   Vis sans fin

Les filets de la vis sont théoriquement engendrés par une surface plane. Cette surface contient l'axe longitudinal d'un noyau cylindrique. Elle tourne autour de telle sorte qu'un des points C demeure constamment sur une hélice tracée sur ce noyau.

Le cylindrique de diamètre d_1 coupe la surface hélicoïdale d'un même filet de la vis sans fin suivant une hélice primitive de pas P.

L'inclinaison de l'hélice primitive i est calculée ainsi :

$$\tan i = \frac{P}{\pi \cdot d_1}$$

avec : $i = \beta$

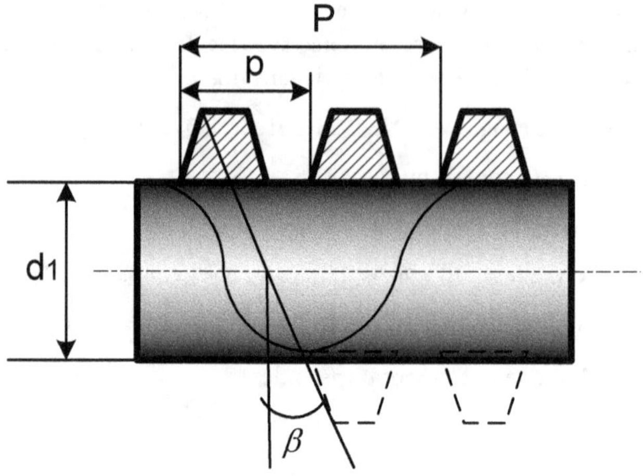

Figure 5-2 Vis sans fin

Pas hélicoïdal p :

C'est la distance axiale entre deux profils homologues consécutifs de la vis.

$$p = \frac{P}{n}$$

Filet :

Une des « dents » de la vis. La vis peut offrir un ou plusieurs filets.

Nombre de filets :

Nous notons n.

Pas axial P :

Il est égal au pas hélicoïdal si le nombre de filet $n = 1$. La longueur de la partie filetée est comprise généralement entre 4 et 8 Pas.

Module axial m_t :

C'est le quotient du pas axial (*en mm*) par π.

Hélice de référence :

C'est l'hélice d'intersection d'un flanc avec le cylindre de référence de la vis (angle d'hélice β).

Angle d'hélice β :

C'est l'angle aigu de la tangentielle à une hélice avec la génératrice du cylindre portant l'hélice.

$$\tan \beta = \frac{n \cdot m}{d_1}$$

1-2   Roue

La roue est calculée comme une roue hélicoïdale.

II   PARAMÈTRES DE L'ENGRENAGE À VIS SANS FIN

2-1   Paramètres de la vis sans fin

TABLEAU 5-1   Paramètres de la vis sans fin

Paramètres de denture	Formules
Module réel	m_n
Module axial	$m_x = m_n / \cos \beta$
Pas axial	$P_x = m_x \pi$
Pas hélicoïdal	$P_z = P_s z_1$
Diamètre primitif	$d_1 = P_z / \pi \cdot \tan \beta$
Diamètre de tête	$d_{a1} = d_1 + 2m_n$
Diamètre de pied	$d_{t1} = d_1 - 2,5m_n$

β angle de l'hélice primitive

2-2   Paramètres de la roue

TABLEAU 5-2   Paramètres de la roue

Paramètres de denture	Formules
Diamètre primitif	$d_2 = m_n z_2$
Diamètre de tête	$d_{a2} = d_2 + 2m_n$
Diamètre de pied	$d_{t2} = d_2 - 2,5m_n$
Largeur	Si $z_1 \leq 3$, $b \leq 0,75 d_{a1}$ Si $z_1 \geq 4$, $b \leq 0,67 d_{a1}$

P.C :   En général, l'indice *a* signifie de tête. L'indice *t* signifie de pied.

           L'indice *1* signifie la vis. L'indice *2* signifie la roue.

III   CINÉMATIQUE

3-1   Rapport de la vitesse

Nous supposons que la vis est assimilable à un pignon ; le nombre de dents du pignon est égal au nombre n. Le nombre de filet par pas de la vis sans fin est égal à n.

z_2 désigne le nombre de dents de la roue. Le rapport des vitesses de rotation n_1 et n_2 est égal au rapport inverse du nombre de dents, comme ci-après :

$$R = \frac{n_2}{n_1} = \frac{n}{z}$$

3-2   Relation entre le rapport des vitesses et le nombre de dents

Si nous souhaitons un rapport des vitesses important, le nombre de filets n peut tomber à 1. Mais le rendement est très faible.

Quand nous souhaitons transmettre une puissance importante, nous pouvons augmenter le nombre des filets, par exemple n = 2, n = 3, etc. Mais nous ne pouvons pas choisir un nombre de filets élevé à cause de problèmes de fabrication.

Pour un bon fonctionnement de la transmission de puissance, le nombre de dents de la roue z_2 doit être égal ou supérieur à 26. Mais si le nombre des dents de la roue est trop grand, la dimension de la roue est très grande et la résistance des matériaux de la vis diminue. En général, $z_2 = $ de 27 à 80.

Nous conseillons les rapports des vitesses R ; les nombres de filets n et nombres de dents de la roue z_2 dans le tableau 5-3.

TABLEAU 5-3   Relation entre le rapport des vitesses et le nombre de dents

Rapport R	5~8	7 ->8	6 ->13	14->24	25->27	28->40	>40
Nombre de filet par pas de la vis sans fin n	6	4	3 -> 4	2 -> 3	2->3	1->2	1
Nombre de dents de la roue z_2	29->36	28->32	27->52	28->72	50->81	28->80	>40

La vitesse de vis v_1 est perpendiculaire à la vitesse de roue v_2. Entre les deux dents de la vis et de la roue, il y a des glissements importants. La différence de la vitesse entre v_1 et v_2 est appelée vitesse de glissement.

La vitesse V_s influence la durée de vie de la roue et de la vis sans fin. Sa valeur peut être calculée en utilisant la formule suivante :

$$V_s = \frac{v_1}{\cos\beta} = \frac{\pi \cdot d_1 \cdot n_1}{60 \times 1000 \cos\beta} \text{ en } m/s$$

avec :

d_1 diamètre primitif de vis sans fin en *mm*

n_1 vitesse de rotation de vis sans fin en *tr/s*

β angle de l'hélice primitive

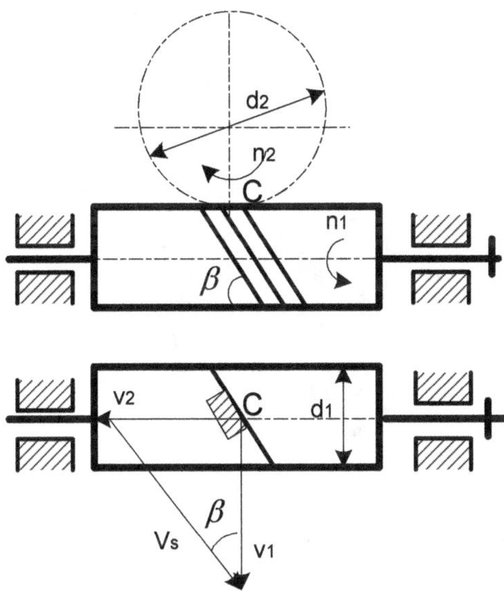

Figure 5-3   Vitesse de glissement entre la vis sans fin et la roue V_s

La vitesse $\mathbf{V_s}$ de glissement pour la lubrification est fonction de la puissance de la transmission P et de la vitesse de rotation n_1 de la vis sans fin. Si la puissance de la transmission et la vitesse de rotation sont connues, nous pouvons utiliser la figure 5-3 pour trouver la valeur de la vitesse de glissement $\mathbf{V_s}$.

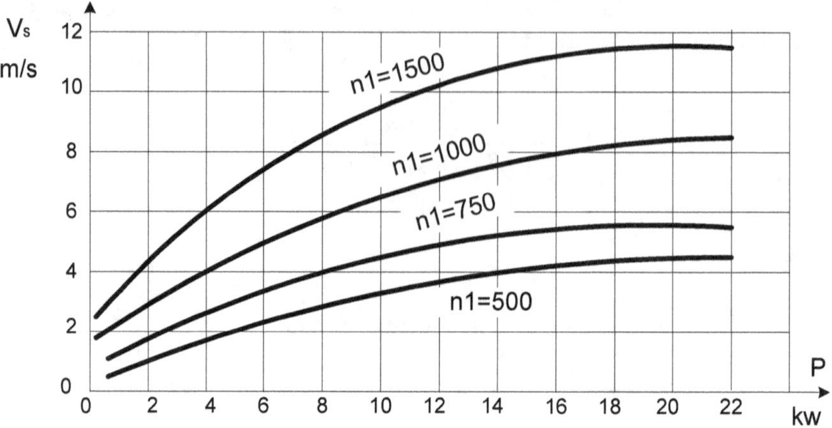

Figure 5-4 Vitesse de lubrification en fonction de la puissance de la transmission

IV   CHARGE

4-1   Charge de transmission supportée par la roue

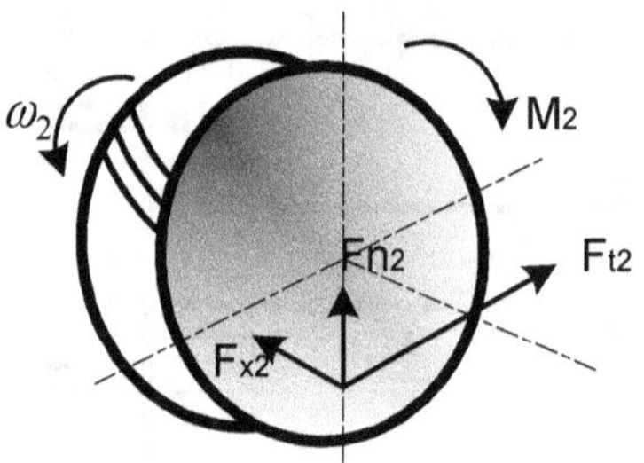

TABLEAU 5-4   Charge de transmission supportée par la roue

Charge	Symbole	Formule en N
Force axiale	F_{x2}	$F_{x2} = -F_{t1} = -\dfrac{2000M_1}{d_1}$
Force radiale	F_{r2}	$F_{t2} = -F_{x1} = -\dfrac{2000M_2}{d_2 + 2x_2 m_n}$ $x_2 = \dfrac{a}{m_n} - \dfrac{d_1 + d_2}{2m_n}$
Force circonférence sur le cercle primitif	F_{t2}	$F_{t2} = -F_{t1} \approx F_{t2} \tan\alpha_n$

Charge	Symbole	Formule *en N*
Force normale	F_n	$F_n \approx -\dfrac{F_{t2}}{\cos\beta\cos\alpha_n} = \dfrac{-2000 M_2}{d_2 \cos\beta\cos\alpha_n}$
Couple de transmission	M_2	$M_2 = K_s R M_1 = 9550\dfrac{P}{n_1} KR \ \ en\ Nm$

avec :

d_1	diamètre primitif de la vis sans fin en *mm*
d_2	diamètre primitif de la roue en *mm*
n_1	vitesse de rotation de la vis sans fin en *tr/min*
n_2	vitesse de rotation de la roue en *tr/min*
M_1	couple de transmission de vis sans fin en *N.m*
M_2	couple de transmission de la roue en *N.m*
R	rapport des vitesses
P	puissance de transmission en *kW*
K_s	coefficient de sécurité
β	inclinaison des hélices primitives
α_n	angle de pression
m_n	module réel

4-2   Charge de transmission supportée par les vis sans fin

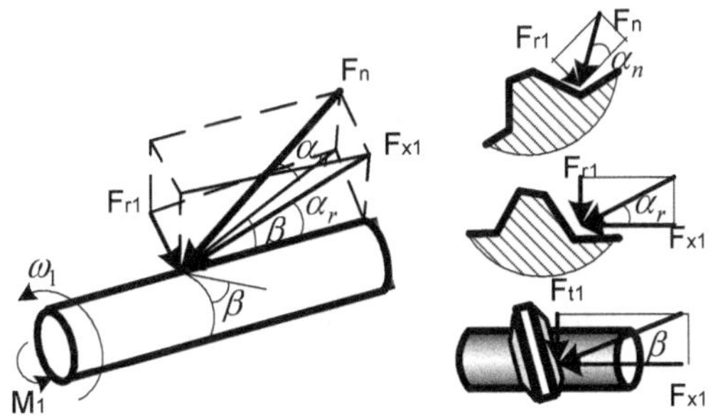

TABLEAU 5-5 Charge de transmission supportée par la vis sans fin

Charge	Symbole	Formule *en N*
Force radiale	F_{r1}	$F_{t1} = \dfrac{2000 M_1}{d_1}$
Force axiale	F_{x1}	$F_{x1} = \dfrac{2000 M_2}{d_2 + 2x_2 m_n}$ $x_2 = \dfrac{a}{m_n} - \dfrac{d_1 + d_2}{2m_n}$
Force circonférentielle sur le cercle primitif	F_{t1}	$F_{t2} = -F_{t1} \approx F_{t2} \tan \alpha_n$
Force normale	F_n	$F_n = -\dfrac{F_{t1}}{\cos\beta \cos\alpha_n} = \dfrac{-2000 M_2}{d_2 \cos\beta \cos\alpha_n}$
Vitesse de glissement	v_g	$v_g = \dfrac{v_1}{\cos\beta} = \dfrac{d_1 n_1}{19090 \cos\beta}$ *en m/s*

Avec :

d_1, d_2	diamètres primitifs de la vis sans fin et de la roue en *mm*
n_1, n_2	vitesses de rotation de la vis sans fin et de la roue en *tr/min*
M_1, M_2	couples de transmission de la vis sans fin et de la roue en *N.m*
R	rapport des vitesses (voir dans ce chapitre, III)
P	puissance de transmission en *kW*
K_s	coefficient de sécurité
β	inclinaison des hélices primitives
α_n	angle de pression
m_n	module réel

V RÉSISTANCE DES MATÉRIAUX

5-1 Coefficients utilisés dans la résistance des matériaux

5-1-1 Coefficient Z pour déterminer la résistance des matériaux des vis sans fin au contact et roue

1/ Coefficient de module d'élasticité longitudinale Z_E au contact

Les différents matériaux ont des contraintes de ruptures différentes au contact. Le coefficient de module d'élasticité longitudinale Z_E au contact représente ce phénomène.

$$Z_E = \sqrt{\dfrac{1}{\pi \cdot \left(\dfrac{1-\nu_1^{\,2}}{E_1} + \dfrac{1-\nu_2^{\,2}}{E_2}\right)}} \qquad en \ \sqrt{N/mm^2}$$

avec :

E_1 et E_2 module d'élasticité longitudinale de la vis sans fin et de la roue

ν_1 et ν_2 coefficients de Poisson de la vis sans fin et de la roue

TABLEAU 5-6   Coefficient de module d'élasticité longitudinale Z_E (en $\sqrt{MPa}$)

Matériel de vis sans fin	Matériel de la roue			
	Bronze d'étain au zinc	Bronze phosphoreux	Fonte à graphite lamellaire	Fonte à graphite sphéroïdal
Acier dur trempé	155	156	162	181,4

2/ Coefficient de glissement Z_{vs}

Le coefficient de glissement représente le glissement de la vis sans fin pendant la transmission du mouvement. Le coefficient dépend de la méthode et de la vitesse de glissement V_s (voir dans ce chapitre, 3-3).

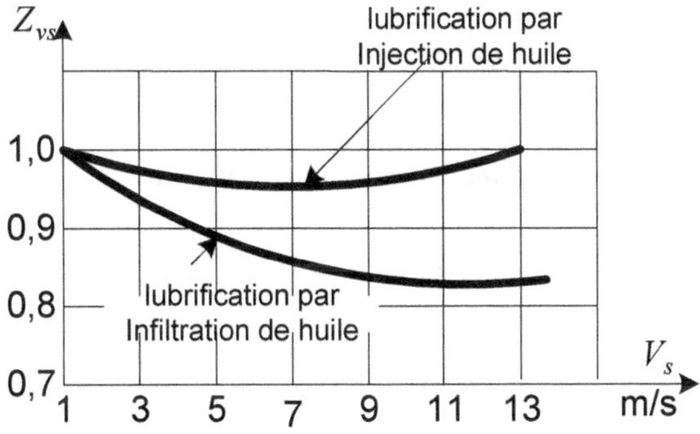

Figure 5-5   Coefficient de glissement Z_{vs}

3/ Coefficient de durée de vie au contact Z_N

Le coefficient de durée de vie au contact dépend du matériau de la vis et de la roue, ainsi que des heures d'utilisation.

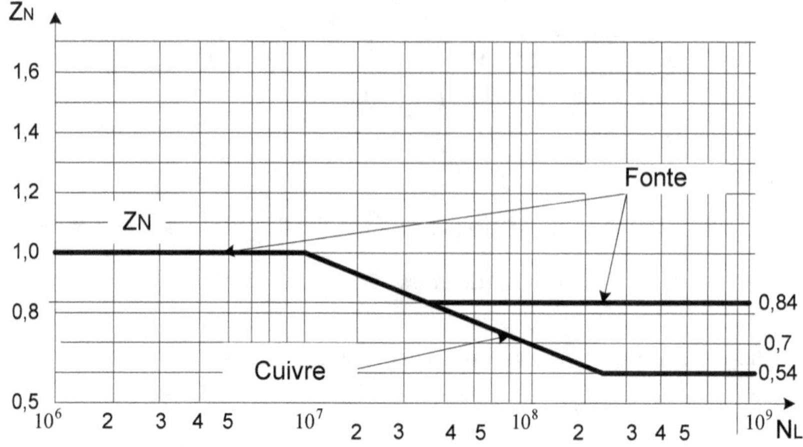

Figure 5-6 Coefficient de durée de vie au contact Z_N

N_L nombre de cycles de durée de vie en flexion

$$N_L = 60 n a_n L_h$$

L_k nombre d'heures de durée de vie souhaitées

N vitesse de rotation en *tr/min*

a_n nombre de contacts sur la même denture quand la roue fait un tour

5-1-2 Coefficient Y pour déterminer la résistance des matériaux en flexion

5-1-2-1 Coefficient de l'inclinaison des hélices primitives Y_β

$$Y_\beta = 1 - \frac{\beta}{120°}$$

5-1-2-2 Coefficient de forme de denture des roues Y_F

Le coefficient de forme de denture en flexion Y_F présente la différence de contrainte en flexion au pied de denture entre les différentes roues. Cette différence vient de la forme des dentures des roues. Si le nombre z de dents est connu, nous pourrons déterminer le coefficient Y_F grâce à la figure 5-7.

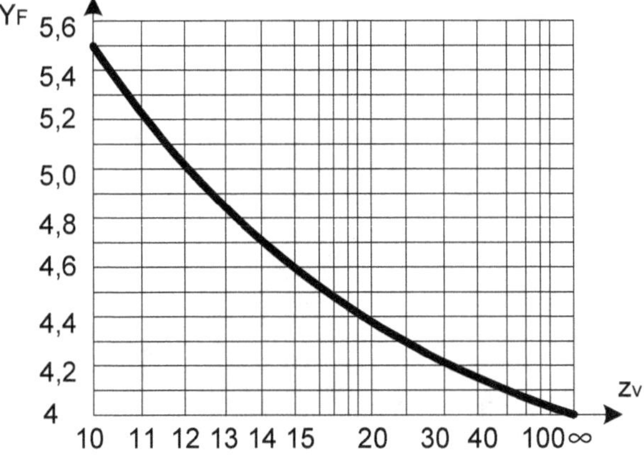

Figure 5-7 Coefficient de forme de denture des roues Y_F

$$z_v = z_2 / \cos^3 i = z_2 / \cos^3 \beta$$

5-1-2-3 Coefficient de durée de vie en flexion Y_N

Le coefficient de durée de vie en flexion se calcule en utilisant la formule ci-après :

$$Y_N = \sqrt[m]{\frac{N_0}{N}}$$

avec :

m_n module réel des roues

N_L nombres de cycles de durée de vie en flexion

$$N_L = 60 n a_n L_h$$

n vitesse des roues en *tr/min*

a_n nombre de contacts sur la même denture quand la roue fait un tour

L_h nombre d'heures de durée de vie des roues

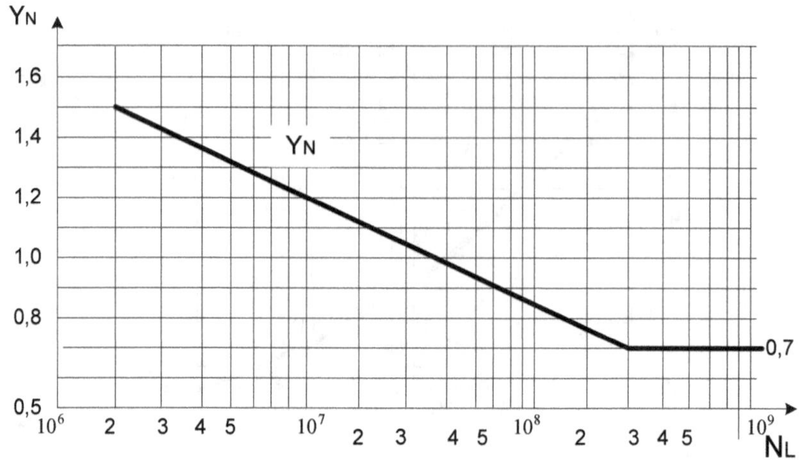

Figure 5-8   Coefficient de durée de vie en flexion Y_N

5-1-1   Coefficient de condition de travail K

5-1-3-1 Coefficient de l'utilisation K

Le coefficient de l'utilisation K_u représente les conditions d'utilisation. K_u représente la charge venue de l'extérieur : motrice, machine, etc.

TABLEAU 5-7   Coefficient de l'utilisation K_u

Motrice	Condition de travail de la machine		
	Calme	Moyen	Violent
Moteur électrique	K_u = de 0,8 à 1,25	K_u = de 0,9 à 1,50	K_u = de 1,0 à 1,75
Moteur à plusieurs cylindres	K_u = de 0,9 à 1,50	K_u = de 1,0à 1,75	K_u = de 1,25 à 2,0
Moteur à un seul cylindre	K_u = de 1,0à 1,76	K_u = de 1,26 à 2,0	K_u = de1,5 à 2,25

5-1-3-2 Coefficient de la charge dynamique K_d

Le coefficient de la charge dynamique K_d représente les conditions de la charge. Comment la charge est-elle appliquée sur la denture ? Le coefficient dépend de la vitesse d'application de la charge, qui se traduit à la vitesse des roues.

Si la vitesse de la roue est $V_2 \leq 3m/s$, nous avons $K_d = de$ 1,0 à 1,1.

Si la vitesse de la roue est $V_2 > 3m/s$, nous avons $K_d = de$ 1,0 à 1,2.

5-1-3-3 Coefficient de répartition K_β

Le coefficient de répartition de vis représente la répartition de la charge sur l'hélice de référence de la vis. Il dépend de la répartition de la charge et de la qualité de la charge.

Si la charge est constante et bien répartie sur le filet de la vis, nous choisirons :

$$K_\beta = 1$$

Si la charge est variable et mal répartie sur le filet de la vis, nous choisirons:

$$K_\beta = de \quad 1{,}1 \quad à \quad 1{,}3$$

5-2 Résistance des matériaux de vis et de roue

5-2-1 Résistance des matériaux de roue

5-2-1-1 Résistance des matériaux au contact de la surface des dents de la roue

1/ Condition de résistance des matériaux au contact de vis cylindriques

La contrainte au contact de la vis sans fin doit être égale ou inférieure à la contrainte admissible au contact.

$$\sigma_{vc} \leq \left[\sigma_{vc}\right] \qquad en\ MPa$$

2/ Contrainte au contact

$$\sigma_{vc} = Z_E \sqrt{\frac{9400 M_c}{d_1 d_2^2} K_u K_d K_\beta}$$

avec :

Z_E coefficient d'élasticité longitudinale en $\sqrt{Mpa}$ (voir tableau 5-6)

K_u coefficient de l'utilisation (voir dans ce chapitre, 5-1-3)

K_d coefficient de la charge dynamique (voir dans ce chapitre, 5-1-3)

K_β coefficient de répartition (voir dans ce chapitre, 5-1-3)

d_1 diamètre primitif de la vis en mm

d_2 diamètre primitif de la roue en mm

M_c moment de force de transmission en $N.mm$

3/ Contrainte admissible au contact

a/ Pour la roue en cuivre jaune et en fonte affinée

TABLEAU 5-8 Contrainte admissible au contact $[\sigma_{vc}]$ (quelques exemples)

Matériaux de roue	Matériaux de vis	Contrainte admissible au contact $[\sigma_{vc}]$				
		Vitesse de glissement Vs en m/s				
		0,5	1	2	3	4
CuAl10Fe3	Acier	250	230	210	180	160
CuZu38Mn2Pb2	Acier	215	200	180	150	135
Fonte à graphite lamellaire	Acier	130	115	90	-	-

b/ Pour la roue en bronze d'étain au zinc

$$[\sigma_{vc}] = \sigma_{c\,max} Z_{vs} Z_N$$

avec :

$\sigma_{c\,max}$ contrainte de rupture au contact par essai au contact en N/mm^2 (voir tableau 5-9)

Z_{vs}, Z_N coefficient de sécurité (voir dans ce chapitre, 5-1-1)

TABLEAU 5-9 Contrainte maximale au contact $\sigma_{c\,max}$ et en flexion σ_{fmax} (quelques exemples)

Matériaux de roue	Vitesse de glissement	Contrainte en traction	Dureté de la vis sans finet contrainte au contact σ_{cmax}		Contrainte de rupture en flexion σ_{fmax}	
			<350HB	HRC>45	Charge sur un côté de roue	Charge sur deux côtés de roue
CuSu10Pl	Cas 1 V_s<10	220	180	200	51	82
	Cas 2 V_s<25	310	200	220	70	40
CuSu5Pb5Zn5	Cas 1 V_s<10	200	110	128	33	24
	Cas 2 V_s<25	250	135	150	40	29

Cas 1   La roue est moulée dans le sable.

Cas 2   La roue est moulée dans un moule métallique.

5-2-1-2 Résistance des matériaux en flexion au pied des dentures de roue

Nous contrôlons la résistance des matériaux en flexion des roues si le matériau des roues n'est pas un matériau élastique. Par exemple, si la roue est en fonte à graphite lamellaire, nous avons besoin de contrôler la résistance des matériaux en flexion.

1/ Condition de résistance des matériaux en flexion

La contrainte en flexion au pied des dentures de la roue doit être égale ou inférieure à la contrainte admissible en flexion.

$$\sigma_{vf} \leq \left[\sigma_{vf}\right] \quad en\ MPa$$

2/ Contrainte en flexion au pied des dentures de la roue

$$\sigma_{vf} = \frac{666 M_c}{d_1 d_2 m_n}\left(K_u K_d K_\beta\right)\cdot\left(Y_F Y_\beta\right)$$

avec :

Z_E	coefficient d'élasticité longitudinale en $\sqrt{Mpa}$ (voir tableau 5-6)
K_β, K_d, K_u	(voir dans ce chapitre, 5-1-3)
Y_F	coefficient de forme de denture de la roue
Y_β	coefficient de l'inclinaison des hélices primitives (voir dans ce chapitre, 5-1-2)
m_n	module réel de la roue
d_1	diamètre de la vis
d_2	diamètre de roue
M_c	moment de force de transmission

3/ Contrainte admissible en flexion

$$\left[\sigma_{vs}\right] = \sigma_{f\max} Y_N$$

avec :

Y_N	coefficient de durée de vie de la roue en flexion (voir dans ce chapitre, 5-1-2)
$\sigma_{f max}$	contrainte de rupture au contact par l'essai en flexion *en* N/mm^2 (voir tableau 5-9)

TABLEAU 5-10   Résistance des matériaux des roues cylindriques à vis sans fin

Sujet	Résistance des matériaux au contact sur la surface de denture	Résistance des matériaux en flexion au pied de denture
1. Condition de résistance des matériaux	La contrainte au contact doit être égale ou inférieure à la contrainte admissible de contact. $$\sigma_{vc} \leq \left[\sigma_{vc}\right]$$	La contrainte en flexion doit être égale ou inférieure à la contrainte admissible en flexion. $$\sigma_{vf} \leq \left[\sigma_{vf}\right]$$
2. Contrainte de calcul	**Contrainte de la fatigue de contact :** $$\sigma_{vc} = Z_E \sqrt{\frac{9400 M_c}{d_1 d_2^2} K_u K_d K_\beta} \quad en\ N/mm^2$$ avec : Z_E voir dans ce chapitre, 5-1-1 K_u, K_d, K_β voir dans ce chapitre, 5-1-3 d_1 diamètre de la vis d_2 diamètre de la roue M_c moment de la force de transmission	**Contrainte de la fatigue en flexion :** $$\sigma_{vf} = \frac{666 M_c}{d_1 d_2 m_n}\left(K_u K_d K_\beta\right)\cdot\left(Y_F Y_\beta\right)$$ avec : K_u, K_d, K_β voir dans ce chapitre, 5-1-3 Y_β, Y_F voir dans ce chapitre, 5-1-2 d_1 diamètre de la vis d_2 diamètre de la roue m_n module réel de la roue M_c moment de la force de transmission
3. Contrainte admissible	**Contrainte admissible au contact :** $$\left[\sigma_{vc}\right] = \sigma_{c\,max} Z_{vs} Z_N$$ avec : σ_{cmax} contrainte maximale au contact par l'essai (voir dans ce chapitre, 1-7) Z_{vs}, Z_N voir dans ce chapitre, 5-1-1	**Contrainte admissible en flexion :** $$\left[\sigma_{vs}\right] = \sigma_{f\,max} Y_N$$ avec : σ_{fmax} contrainte maximale en flexion par l'essai (voir dans ce chapitre, tableau 5-8) Y_N voir dans ce chapitre, 5-1-2

5-2-2   Résistance des matériaux de la vis sans fin

5-2-2-1 Résistance des matériaux au contact à la surface de filet de la vis sans fin

1/ Condition des résistances des matériaux au contact

La contrainte de la vis sans fin doit être égale ou inférieure à la contrainte admissible au contact.

$$\sigma_{vc} \leq \left[\sigma_{vc}\right]$$

2/ Contrainte au contact

$$\sigma_{sc} = Z_E \sqrt{\frac{9 K_c M_c}{d_1 d_2{}^2}} \ \text{ en } N/mm^2$$

avec :

M_c	couple de transmission supporté par la vis sans fin
K_c	coefficient de charge $K_c = 1 \ \ à \ \ 1,3$
z_2	nombre de dents de la vis sans fin
d_1	diamètre primitif de la vis en *mm*
d_2	diamètre primitif de la roue en *mm*
m_n	module de la vis sans fin

5-2-2-2 Résistance des matériaux en flexion de la vis sans fin

1/ Condition de résistance des matériaux en flexion

La flèche en flexion de la vis sans fin doit être égale ou inférieure à la flèche admissible en flexion.

$$y_1 \leq \left[y\right] \ \text{ en } mm$$

2/ Flèche de vis

$$y_1 = \frac{\sqrt{F_{t1}{}^2 + F_{r1}{}^2}}{48 E I} L^3$$

avec :

E module d'élasticité longitudinale de la vis

I moment d'inertie de la section au pied de la vis

$$I = \pi \cdot d_{t1}^{\,4} / 64$$

d_{t1} diamètre de pied de la vis en *mm*

L longueur de la vis entre deux appuis en *mm*

$[y]$ flèche admissible $[y] = (0{,}001 \rightarrow 0{,}0025)d_1$

TABLEAU 5-11   Résistance des matériaux de la vis sans fin (si le matériel de vis est en acier)

	Résistance matériaux	Symbole dans la formule	
Surface de filet de la vis au contact	**Contrainte au contact :** $$\sigma_{sc} = Z_E \sqrt{\dfrac{9K_c M_c}{d_1 d_2^{\,2}}} \text{ en } N/mm^2$$ **Condition des résistances des matériaux en contrainte :** $$\sigma_{vc} \leq [\sigma_{vc}]$$	M_c	couple de transmission supporté par la vis sans fin
		K_c	coefficient de charge $K_c = 1$ à $1{,}3$
		z_2	nombre de dents de la vis sans fin
		d_1	diamètre primitif de la vis *en mm*
		d_2	diamètre primitif de la roue *en mm*
		m_n	module de la vis sans fin
Vis sans fin en flexion	**Déformation en flexion de la vis sans fin :** $$y_1 = \frac{\sqrt{F_{t1}^{\,2} + F_{r1}^{\,2}}}{48EI} L^3$$ **Condition des résistances des matériaux en flexion :** $$y_1 \leq [y]$$	F_{r1}	force radiale supportée par la vis sans fin
		F_{t1}	force circonférentielle sur le cercle primitif de vis sans fin
		E	module d'élasticité longitudinale de vis
		I	moment d'inertie de la section au pied de vis $$I = \pi \cdot d_{t1}^{\,4} / 64$$
		d_{t1}	diamètre de pied de la vis en *mm*
		L	longueur de la vis entre deux appuis en *mm*
		$[y]$	flèche admissible : $$[y] = (0{,}001 \rightarrow 0{,}0025)d_1$$

5-3   Déterminer les dimensions de la vis et de la roue

5-3-1   Déterminer la valeur $\left(m_n^{\;2}d_1\right)_c$ au contact

1/ La condition de résistance des matériaux au contact peut se traduire selon la formule ci-après.

La valeur de $\left(m_n^{\;2}d_1\right)_c$ de la vis en contact doit être supérieure ou au moins égale à la valeur $m_n^{\;2}d_1$ admissible ; d'où la condition :

$$\left(m_n^{\;2}d_1\right)_c \geq \left[m_n^{\;2}d_1\right] \text{ en } mm^3$$

2/ Diamètre primitif de la roue

$$\left(m_n^{\;2}d_1\right)_c = \left(\frac{1500}{[\sigma_c]\cdot z_2}\right)^2 K_c M_c \qquad en\ mm^3$$

avec :

     K_c coefficient de charge en général $K_c = de\ 1\ \ à\ \ 1,4$

     M_c moment de la force de transmission de la roue en $N.mm$

     z_2 nombre de dents de la roue

     m_n module réel de la vis

     $[\sigma_c]$ contrainte admissible au contact

5-3-2   Déterminer la valeur $\left(m_n^{\;2}d_1\right)_f$ en flexion :

1/ La condition de résistance des matériaux en flexion peut se traduire selon la formule ci-après :

La valeur de $\left(m_n^{\;2}d_1\right)_f$ de la vis en flexion doit être supérieure ou au moins égale à la valeur $m_n^{\;2}d_1$ admissible ; d'où la condition :

$$\left(m_n^{\;2}d_1\right)_f \geq \left[m_n^{\;2}d_1\right] \text{ en } mm^3$$

2/ Diamètre primitif de la roue

$$\left(m_n^{\;2}d_1\right)_f \geq \frac{600 K_c M_c Y_F}{z_2\left[\sigma_{r-f}\right]} \text{ en mm}^3$$

avec :

K_c coefficient de charge en général $K_c = de\ 1\ à\ 1,4$

M_c moment de la force de transmission de la roue en $N.mm$

z_2 nombre de dents de la roue

m_n module réel de la vis

$\left[\sigma_f\right]$ contrainte admissible en flexion

Y_F coefficient en flexion de forme de denture de la roue

5-3-3   Déterminer les dimensions de la roue et de la vis sans fin

1/ Calculer les valeurs de $\left(m_n^{\,2}d_1\right)_c$ et $\left(m_n^{\,2}d_1\right)_f$

2/ Choisir la valeur plus petite entre $\left(m_n^{\,2}d_1\right)_c$ et $\left(m_n^{\,2}d_1\right)_f$

3/ Choisir la valeur de $m_n^{\,2}d_1$ la plus proche dans le tableau 5-13

4/ Déterminer le module m_n et le diamètre primitif d_1 de vis grâce au tableau 5-13.

5/ Calculer les autres paramètres de la vis et de la roue avec les formules du tableau 5-1 et du tableau 5-2.

Remarque :

1. En général, les dimensions déterminées par la résistance des matériaux en flexion sont souvent plus grandes que les dimensions déterminées au choc. Dans la pratique, nous contrôlons uniquement la résistance des matériaux au contact.

2. Pour la roue en fonte, nous devons contrôler la résistance des matériaux en flexion et au contact.

3. Pour la vis sans fin en acier et la roue en fonte ou en bronze, la valeur de $m_n^{\,2}d_1$ est :

$$m_n^{\,2}d_1 \geq K_c M_c \left(\frac{480}{z_2[\sigma_c]}\right)^2$$

avec :

K_c coefficient de charge en général $K_c = de\ 1\ à\ 1,4$

M_c moment de la force de transmission de la roue en $N.mm$

z_2 nombre de dents de la roue

$\left[\sigma_c\right]$ contrainte admissible au contact

TABLEAU 5-12   Déterminer les dimensions de la vis et de la roue

	Résistance des matériaux au contact	Résistance des matériaux en flexion
Condition de résistance des matériaux	La valeur de $\left(m_n^{\,2}d_1\right)_c$ de la vis en contact doit être supérieure ou au moins égale à la valeur $m_n^{\,2}d_1$ admissible ; d'où la condition : $$\left(m_n^{\,2}d_1\right)_c \geq \left[m_n^{\,2}d_1\right]\ en\ mm^3$$	La valeur de $\left(m_n^{\,2}d_1\right)_f$ de la vis en flexion doit être supérieure ou au moins égale à la valeur $m_n^{\,2}d_1$ admissible ; d'où la condition : $$\left(m_n^{\,2}d_1\right)_f \geq \left[m_n^{\,2}d_1\right]\ en\ mm^3$$
Valeur de $m_n^{\,2}d_1$	Déterminer les dimensions de la roue à partir de la condition de résistance des matériaux au contact : $$\left(m_n^{\,2}d_1\right)_c = \left(\frac{1500}{[\sigma_c]\cdot z_2}\right)^2 K_c M_c$$ avec : K_c coefficient de charge en général $$K_c = de\ 1\ à\ \ 1{,}4$$ M_c moment de la force de transmission de la roue en $N.mm$ z_2 nombre de dents de la roue m_n module réel de la vis $[\sigma_c]$ contrainte admissible au contact	Déterminer les dimensions de la roue à partir de la condition de résistance des matériaux en flexion : $$\left(m_n^{\,2}d_1\right)_f \geq \frac{600K_c M_c Y_F}{z_2\left[\sigma_{r-f}\right]}$$ avec : K_c coefficient de charge en général $K_c = de\ 1\ à\ \ 1{,}4$ M_c moment de la force de transmission de la roue en $N.mm$ z_2 nombre de dents de la roue m_n module réel de la vis $[\sigma_f]$ contrainte admissible en flexion Y_F coefficient en flexion de forme de denture de la roue

Tableau 5-13 Module et diamètre primitif de la vis ou de la roue **avec valeur de** $m_n^2 d_1$

Module de la vis sans fin m_n	1	1,25		1,6		2				2,5				3,5		
Diamètre primitif de la vis d_1	18	20	22,4	20	28	(18)	22,4	(28)	35,5	(22,4)	28	(35,5)	45	(28)	35,5	(45)
Valeur de $m_n^2 d_1$	18	31,25	35	51,2	71,68	72	89,6	112	142	140	175	221,9	281	277,8	352,2	446,5

Module de la vis sans fin m_n	3,15	4				5				6,3				8		
Diamètre primitif de la vis d_1	56	(31,5)	40	(50)	71	(40)	50	(63)	90	(50)	63	(80)	112	(63)	80	(100)
Valeur de $m_n^2 d_1$	556	504	640	800	1136	1000	1250	1575	2250	1985	2500	3175	4445	4032	5376	6400

Module de la vis sans fin m_n	8	10				12,5				16				20		
Diamètre primitif de la vis d_1	140	(71)	90	(112)	160	(90)	112	(140)	200	(112)	140	(180)	250	(140)	150	(224)
Valeur de $m_n^2 d_1$	8960	7100	9000	11200	16000	14062	17500	21875	31250	28672	35840	46080	64000	56000	64000	896000

VI   RENDEMENT DE TRANSMISSION

Le rendement de système « roue et vis sans fin » comprend trois parties :

$$\eta = \eta_1 \cdot \eta_2 \cdot \eta_3$$

- rendement de conjugaison (ou rendement de frottement) η_1

- rendement de lubrification $\eta_2 =$ de 0,96 à 0,99

- rendement de roulement η_3 :

  - pour le roulement à billes $\eta_3 =$ de 0,990 à 0,995

  - pour l'appui à glissement $\eta_3 =$ de 0,97 à 0,99

Le rendement de frottement η_1 se détermine en utilisant la formule ci-après :

$$\eta = \frac{\tan i}{\tan (i + \varphi)}$$

avec :

φ angle de frottement

i inclinaison de la vis $i = \beta$

β angle de l'hélice de la roue

Dans ces trois parties, le rendement de frottement n'a pas besoin d'être contrôlé. « Il est maximal pour $i = 45° - \dfrac{\varphi}{2}$, c'est-à-dire pour une valeur voisine de 45°, car l'angle de frottement est généralement faible. Pour $f = 0,10 = \tan \varphi$, l'angle φ est inférieur à 6° ; le rendement est voisin de 0,8. » (Voir réf 6).

φ est l'angle de frottement. Il dépend des matériaux de la roue et de la vis sans fin, de la vitesse de glissement entre la roue et la vis sans fin et de la condition de lubrification.

La relation entre l'angle φ et la vitesse de glissement se trouve dans le tableau 5-14.

TABLEAU 5-14   Angle φ en fonction de la vitesse de glissement

Matériaux de surface de la roue		Bronze d'étain		Fonte à graphite lamellaire	
Dureté de la vis sans fin		HRC$\geq$45	Autre dureté	HRC$\geq$45	Autre dureté
Vitesse de glissement	0,01	6°17'	6°51'	10°12'	10°45'
	0,05	5°09'	5°43'	7°58'	9°05'
	0,10	4°34'	5°09'	7°24'	7°58'
	0,25	3°43'	4°17'	5°43'	6°51'
	0,50	2°17'	3°43'	5°09'	5°43'
	1,0	2°00'	3°09'	4°00'	5°09'
	1,5	1°43'	2°52'	3°43'	4°34'
	2,0	1°36'	2°35'	3°09'	4°00'
	2,5	1°22'	2°17'	-	-
Vitesse de glissement	3,0	1°36'	2°00'	-	-
	4	1°22'	1°47'	-	-
	5	1°16'	1°40'	-	-
	8	1°02'	1°29'	-	-
	10	0°55'	1°22'	-	-
	15	0°48'	1°09'	-	-
	24	0°45'		-	-

Exemple 5-1 : Un système « roue et vis sans fin ». La puissance de transmission est $P=10$ kW. La vitesse de rotation de la vis est $n_1=1\ 460\ tr/min$. La vitesse de rotation de la roue est $n_2=73\ tr/min$. Nous souhaitons l'utiliser *5 ans, 300 jours/an* d'utilisation, 8 heures/jour. La continuité de la charge est de 40 % par heure.

(1) Calculer le rapport de vitesses :

$$R = \frac{n_1}{n_2} = \frac{1460}{73} = 20$$

Selon le tableau 5-3, nous choisirons :

$$z_1 = 2$$
$$z_2 = z_1 \cdot R = 2 \times 20 = 40$$

(2) Déterminer la contrainte admissible au contact :

$$[\sigma_c] = \sigma_{c\max} \cdot Z_{vs} \cdot Z_N$$

− Déterminer σ_{cmax} :

Nous utilisons une roue en acier et une vis en CuSn10Pl. La contrainte maximale au contact est (voir tableau 5-9) :

$$\sigma_{c\max} = 220N/mm^2$$

− Déterminer le coefficient de glissement Z_{vs} :

En utilisant la figure 5-4, la vitesse de glissement est :

$$V_s = 8,38m/s$$

Nous choisirons la lubrification par infiltration de lubrifiant. Le coefficient de glissement se trouve dans la figure 5-5 :

$$Z_{vs} = 0,87$$

− Déterminer le coefficient de durée de vie au contact Z_N :

Nombre de contact N_L de chaque denture de la roue :

$$N_L = 60 \cdot n_2 \cdot f \cdot L_h = 60 \times 73 \times 1 \times 300 \times 5 \times 8 \times 0,4 = 2,1 \times 10^7$$

Le coefficient de durée de vie au contact Z_N se trouve dans la figure 5-6 :

$$Z_N = 0,9$$

− Calculer la contrainte admissible au contact:

$$[\sigma_c] = \sigma_{c\max} \cdot Z_{vs} \cdot Z_N$$
$$= 220 \times 0,87 \times 0,9 = 172,3N/mm^2$$

(3) Résistance des matériaux au contact de la roue :

− Le coefficient de charge $K_c = 1,2$

− Supposons que le rendement de transmission de puissance est $\eta = 0,85$, le moment de la force de transmission de puissance de la roue est le suivant :

$$M_c = 9549 \frac{P_1 \eta}{\eta_2} = 9549 \frac{10 \times 0,82}{73} = 1073N.m$$

– Résistance des matériaux au contact de la roue :

$$m_n^2 d_1 = \left(\frac{1500}{[\sigma_c]z_2}\right)^2 K_c M_c$$

$$= \left(\frac{1500}{172,3\times 40}\right)\times 1,2\times 1073 = 6099,2 mm^3$$

– En utilisant le tableau 5-13, nous choisirons :

$$m = 8mm$$
$$d_1 = 100mm$$

(4) Déterminer les dimensions importantes de la roue et de la vis :

– Diamètre primitif de la roue :

$$d_2 = mz_2 = 8\times 40 = 320\ mm$$

– Entraxe $a = \dfrac{1}{2}(d_1 + d_2) = \dfrac{1}{2}(320 + 100) = 210\ mm$

– Angle d'hélice de la vis :

$$\beta = \arctan\frac{z_1 m}{d_1} = \arctan\frac{2\times 8}{100} = 9,09°$$

(5) Calculer la vitesse circonférentielle réelle de la roue et vérifier le rendement de transmission :

– Vitesse circonférentielle de la roue :

$$V_2 = \frac{\pi\cdot d_1\cdot n_1}{60\times 1000} = \frac{\pi\times 320\times 73}{60\times 1000} = 1,22 m/s$$

– Vitesse de glissement entre la roue et la vis sans fin :

$$V_s = \frac{\pi\cdot d_1\cdot n_1}{60\times 1000\times \cos i} = \frac{\pi\times 100\times 1460}{60\times 1000\times \cos 9,09°} = 7,74 m/s$$

– Rendement de transmission :

$$\eta = \eta_1\cdot \eta_2\cdot \eta_3$$

- Le rendement de frottement η_1 se détermine en utilisant la formule ci-après :

$$\eta_1 = \frac{\tan i}{\tan(i+\varphi)} = \frac{\tan 9{,}09°}{\tan(9{,}09°+1°)} = 0{,}899$$

- Le rendement de lubrification est $\eta_2 = 0{,}96$
- Le rendement de roulement η_3 : $\eta_3 = 0{,}99$
- Le rendement total est :

$$\eta = \eta_1 \cdot \eta_2 \cdot \eta_3 = 0{,}899 \times 0{,}96 \times 0{,}99 = 0{,}845$$

(7) Contrôler la résistance des matériaux au contact :

$$\sigma_{vc} = Z_E \sqrt{\frac{9400 M_c}{d_1 d_2^2} K_u K_d K_\beta} \quad et \quad \sigma_{vc} \leq [\sigma_{vc}]$$

− Coefficient d'élasticité (voir tableau 5-6) :

$$Z_E = 155 \quad \sqrt{N/mm^2}$$

− Coefficient de l'utilisation :.. $K_u = 1$
− Coefficient de la charge dynamique : .... $K_d = 1{,}1$
− Coefficient de répartition de la charge : $K_\beta = 1{,}1$
− Moment de force de transmission :

$$M_c = 9549 \frac{10 \times 0{,}854}{73} = 1117 \quad N.m$$

− Contrainte au contact de la roue :

$$\sigma_{vc} = Z_E \sqrt{\frac{9400 M_c}{d_1 d_2^2} K_u K_d K_\beta}$$

$$= 153 \times \sqrt{\frac{9400 \times 1117}{100 \times 320^2} \times 1 \times 1{,}1 \times 1{,}1} = 172{,}6 \quad N/mm^2$$

− Contrainte admissible au contact :

$$[\sigma_{vc}] = \sigma_{c\max} Z_{vs} Z_N$$

- Coefficient de glissement (voir figure 5-5) : $Z_{vs} = 0,88$
- Coefficient de durée de vie au contact : $Z_N = 0,9$
- Maximum de contrainte par essai $\sigma_{c\max} = 220 N / mm^2$
- Contrainte admissible au contact :

$$[\sigma_{vc}] = \sigma_{c\max} Z_{vs} Z_N = 220 \times 0,88 \times 0,9 = 174,24 N / mm^2$$

Donc $\sigma_{vc} \leq [\sigma_{vc}]$, le résultat est conforme à la condition de résistance des matériaux au contact.

(8) Contrôler la résistance des matériaux en flexion :

$$\sigma_{vf} = \frac{666 M_c}{d_1 d_2 m_n} \left(K_u K_d K_\beta \right) \cdot \left(Y_F Y_\beta \right) \quad et \quad \sigma_{vf} \leq [\sigma_{vf}]$$

(8-1) Contrainte en flexion de la roue :

- Coefficient de forme de denture de la roue :

  - Nombre apparent de dents de la roue :

$$z_{v2} = \frac{z_2}{\cos^2 i} = \frac{z_2}{\cos^2 \beta} = \frac{40}{\cos^2 9,09°} = 41,5$$

  - Nous trouvons le coefficient de forme de denture de la roue dans la figure 4-8 (comme l'engrenage hélicoïdal) :

$$Y_F = 4,02$$

- Coefficient de l'angle d'hélice :

$$Y_\beta = 1 - \frac{i}{120°} = 1 - \frac{\beta}{120°} = 1 - \frac{9,09°}{120°} = 0,924$$

- Contrainte en flexion de la roue :

$$\sigma_{vf} = \frac{666 M_c}{d_1 d_2 m_n} \left(K_u K_d K_\beta \right) \cdot \left(Y_F Y_\beta \right)$$

$$= \frac{666 \times 1117}{100 \times 320 \times 8} \times (1 \times 1,1 \times 1,1) \times (4,02 \times 0,924) = 13 \ N / mm^2$$

(8-2) Contrainte admissible en flexion :

$$[\sigma_f] = \sigma_{f\max} Y_N$$

– Coefficient de durée de vie de la roue en flexion Y_N :

 • Nombre de contacts N_L de chaque denture de la roue :

$$N_L = 2{,}1 \times 10^7$$

 • Nous trouvons le coefficient de durée de vie de la roue en flexion dans la figure 5-8 :

$$Y_N = 0{,}72$$

– Contrainte maximale par essai : $\sigma_{f\max} = 70 N/mm^2$

– Contrainte admissible en flexion :

$$\left[\sigma_f\right] = \sigma_{f\max} Y_N = 70 \times 0{,}72 = 50{,}4 \quad N/mm^2$$

– Donc $\sigma_{vf} \leq \left[\sigma_{vf}\right]$, le résultat est conforme à la condition de résistance des matériaux en flexion.

VII LUBRIFICATION ET ÉQUILIBRE THÉRMIQUE

7-1 Lubrification du système « roue et vis sans fin »

La lubrification influe sur le frottement entre la roue et la vis sans fin, le collage entre la denture de la roue et le filet de la vis, la température de travail et le rendement du système « roue et vis sans fin ».

La qualité de la lubrification dépend de l'adhérence du lubrifiant et de la méthode de lubrification (voir tableau ci-après).

TABLEAU 5-15 Lubrification du système « roue et vis sans fin »

Vitesse de glissement v_s	≤ 1	$< 1\text{-}2 \sim 5$	$\leq 2{,}5 \sim 5$	$> 5 \sim 10$	$> 10 \sim 15$	$> 15 \sim 25$	> 25
Condition du travail	Charge importante	Charge importante	Charge moyenne	-	-	-	-
Collage de lubrifiant $V_{40°c}$ /(mm^2/s)	1000	680	320	220	150	100	68
Méthode de lubrification	Lubrification au trempé			Tremper ou injecter	Lubrification par injection forcée		

7-2   équilibre thermique du système de roue et vis sans fin

- L'énergie thermique transmise par frottement est :

$$P_t = 1000 \cdot P \cdot (1 - \eta) \cdot W$$

- L'énergie thermique dissipée par le système de refroidisseur :

$$P_f = kA \cdot (t_1 - t_2) \cdot W$$

- La condition de l'équilibre thermique est : $P_t = P_f$. La condition d'équilibre thermique devient :

$$t_1 = \frac{1000 P (1 - \eta)}{kA} + t_2 \ \text{ et } t_1 \leq [t] \ \text{ en}^\circ C$$

avec :

P puissance de transmission

k coefficient de refroidissement

     S'il y a une ventilation, $k = de$ 14 à 17,5 $W/(m^2.°C)$. S'il n'y a pas de ventilation, $k = de$ 8,5 à 10,5 $W/(m^2.°C)$.

A surface de dissipation d'énergie

η rendement de transmission de puissance

$t1$ température de travail de système « roue et vis sans fin »

$t2$ température autour de la machine

[t]   température admissible pour le lubrifiant, normalement $[t] = de$ 70° à 750°C

Exemple 5-2 : Un système « roue et vis sans fin ». La puissance de transmission est $P=7{,}5$ kW. La vitesse de rotation de la vis est $n_1=960 \ tr/min$. La vitesse de rotation de la roue est $n_2=48 \ tr/min$. La température de la chambre de la machine est $[t] = de$ 70° à 750°C. Contrôler la résistance des matériaux du système et déterminer la surface A de dissipation d'énergie.

(1) Choisir les matériaux de la roue et de la vis sans fin et déterminer la contrainte admissible :

- À partir de la vitesse de la vis et de la puissance de transmission, nous choisirons la vitesse de glissement :

$$V_s{}^* = 6 \ m/s$$

- Choisir le matériel de la roue : ZcuSu5Pb5Zn5 coulée dans le moule sablé

- Choisir le matériel de la vis : acier avec traitement de surface

- Dans le tableau 5-9, nous trouvons :

$$[\sigma_c] = 128 \quad Mpa$$

(2) Calculer le rapport de vitesses :

$$R = \frac{n_1}{n_2} = \frac{960}{48} = 20$$

Utilisons le tableau 5-3 et choisissons :

$$z_1 = 2$$
$$z_2 = z_1 \cdot R = 2 \times 20 = 40$$

(3) En utilisant la condition de résistance des matériaux en flexion, déterminer la valeur $m_n^2 d_1$:

$$m_n^2 d_1 \geq K_c M_c \left(\frac{480}{z_2 [\sigma_c]} \right)^2$$

- Supposons que le rendement du système est $\eta = 0,81$, le moment de la force de transmission de puissance est :

$$M_c = 9550 \times 10^3 \times \frac{P_2}{n_2} = 9550 \times 10^3 \times \frac{P\eta}{n_2}$$
$$= 9550 \times 10^3 \times \frac{7,5 \times 0,81}{48} = 1208672 \ N.mm$$

- Coefficient de charge : $K_c = 1,05$
- Valeur $m_n^2 d_1$:

$$m_n^2 d_1 = K_c M_c \left(\frac{480}{z_2 [\sigma_c]} \right)^2$$
$$= 1,05 \times 1208672 \times \left(\frac{480}{128 \times 40} \right)^2 = 11155 mm^3$$

- Dans le tableau 5-13, nous choisissons :

$$m = 10 \ mm$$
$$d_1 = 112 \ mm$$

- Angle d'hélice

$$\beta = i = \arctan \frac{z_1 m}{d_1} = \arctan \frac{2 \times 10}{112} = 10,124°$$

(4) Vérifier la vitesse de glissement :

$$V_s = \frac{\pi . d_1 . n_1}{60 \times 1000 \times \cos \beta} = \frac{\pi \times 112 \times 960}{60 \times 1000 \times \cos 10,124°} = 5,72 m/s$$

La vitesse de glissement est proche de notre hypothèse $V_s^* = 6 \ m/s$.

(5) Calculer l'équilibre thermique avec les formules :

$$t_1 = \frac{1000 P (1 - \eta)}{k \cdot A} \ t_2 \quad et \quad t_2 \le [t] \ °C$$

- Puissance du système : $P = 7,5 kW$
- S'il y a ventilation, le coefficient de refroidissement est :

$$k = 15 \ W / \left(m^2 \cdot °C \right)$$

- Température admissible de lubrifiant : $[t] = 75°C$
- Température de la chambre de la machine : $t_2 = 20°C$

– Rendement de la transmission : $\eta = \eta_1 \cdot \eta_2 \cdot \eta_3$

- Le rendement de frottement η_1 :

    Avec la vitesse de glissement $V_s = 5,72 \ m/s$, dans le tableau 5-14 nous trouvons l'angle de frottement φ

$$\varphi = \approx 1°14'30''$$

Le rendement de frottement η_1 est :

$$\eta_1 = \frac{\tan i}{\tan (i + \varphi)} = \frac{\tan 10°07'30''}{\tan(10°07'30'' + 1°14'30'')} = 0,88$$

- Le rendement de lubrification est $\eta_2 = 0,94$
- Le rendement de roulement $\boldsymbol{\eta_3}$: $\eta_3 = 1$
- Le rendement total est :

$$\eta = \eta_1 \cdot \eta_2 \cdot \eta_3 = 0,88 \times 0,94 \times 1 = 0,83$$

Le rendement trouvé est proche de notre hypothèse $\eta = 0,81$.

– Surface de dissipation :

$$A = \frac{1000 \cdot P(1-\eta)}{k \cdot \left([t]-t_2\right)} = \frac{1000 \times 7,5 \times (1-0,83)}{15 \times (75-20)} = 1,55\ m^2$$

Chapitre 6

COURROIES ET POULIES

I   DÉFINITION

Deux roues sont liées l'une à l'autre par des courroies en caoutchouc ou réalisées dans d'autres matériaux. L'une des roues est animée d'un mouvement de rotation entraînant l'autre grâce aux forces d'adhérence existantes entre la courroie et les deux roues. Les deux roues s'appellent les poulies.

Un brin de la courroie entre deux poulies est tendu suivant la direction de la rotation de la poulie motrice. L'autre brin de la courroie est mou.

Les poulies et les courroies transmettent le mouvement d'un arbre moteur à un arbre récepteur, éloignés l'un de l'autre.

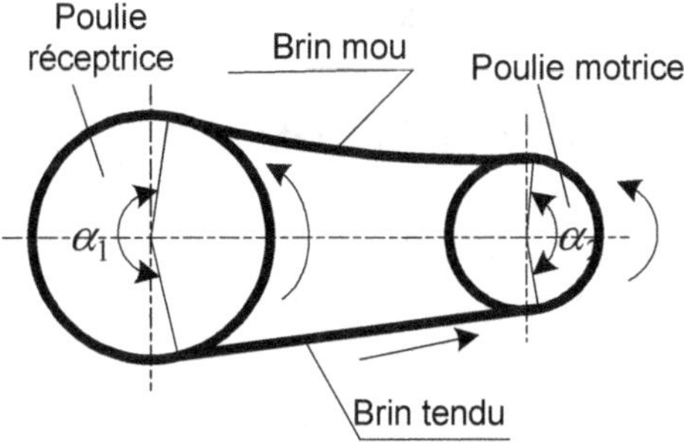

Figure 6-1 Courroies et poulies

II   DISPOSITION DES COURROIES

2-1   Les arbres des poulies sont parallèles

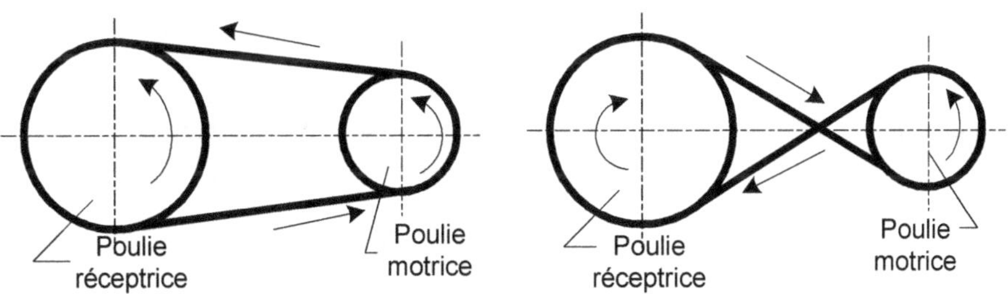

Figure 6-2 Les arbres des poulies sont parallèles

2-2   Les arbres des poulies sont orthogonaux

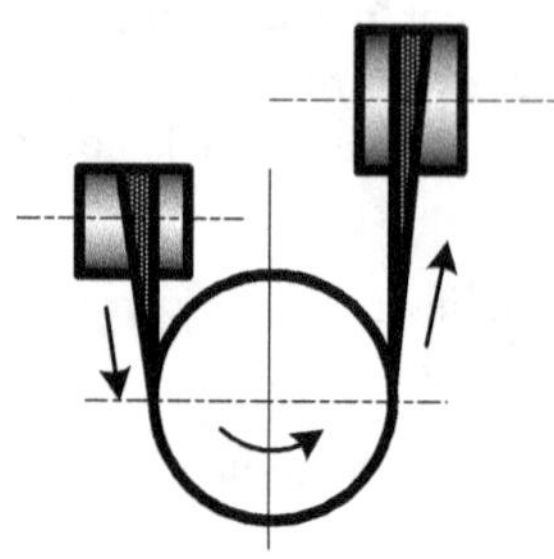

Figure 6-3 Les arbres des poulies sont orthogonaux

III   RAPPORT DES VITESSES ET GLISSEMENT

3-1   Rapport des vitesses

3-1-1   Hypothèse

1. La courroie ne glisse pas sur les poulies, la vitesse circonférentielle d'un point de leur jante est égale à la vitesse linéaire de la courroie.

2. Les deux poulies ont la même vitesse circonférentielle sur leur jante.

3-1-2   Rapport de vitesses

Le rapport R des vitesses angulaires des deux poulies ω_1 et ω_2 est dans le rapport inverse des diamètres des deux poulies D_1 et D_2 :

$$R = \frac{\omega_1}{\omega_2} = \frac{D_2}{D_1}$$

Ce rapport R de vitesse peut être représenté par une autre formule :

$$R = \frac{n_1}{n_2} = \frac{D_2}{D_1}$$

n_1 vitesse de rotation de poulie 1

n_2 vitesse de rotation de poulie 2

D_1 diamètre de poulie 1

D_2 diamètre de poulie 2

3-2   Glissement

Une roue est animée d'un mouvement de rotation et entraîne l'autre roue grâce aux courroies. À cause du glissement, la vitesse de la première roue est plus importante que celle de la deuxième roue (si $D_1 = D_2$) :

$$v_2 < v_1$$

– Facteur de glissement ε_g :

Le rapport de différence de vitesse sur la vitesse de la première roue se nomme le facteur de glissement, noté ε_g :

$$\varepsilon_g = \frac{v_1 - v_2}{v_1} = \frac{d_1 n_1 - d_2 n_2}{d_1 n_1}$$

– **Courroie plate**

En général, le glissement entre la courroie et la poulie est de 2 à 4 % par courroies plates.

– Courroie trapézoïdale et courroie synchrone :

Pour la courroie trapézoïdale et la courroie synchrone, le facteur de glissement est de 0,01 à 0,02. Donc dans le calcul, le facteur de glissement de la courroie trapézoïdale est négligeable. Pour la courroie synchrone, le facteur de glissement est $\varepsilon = 0$.

– **Rapport de vitesses**

Dans le cas de glissement entre les courroies et la roue, le rapport de vitesses est devenu :

$$R = \frac{n_1}{n_2} = \frac{d_2}{d_1(1 - \varepsilon_g)}$$

– **Vitesse de la deuxième roue**

Dans le cas de glissement entre les courroies et la roue, la vitesse de deuxième roue est :

$$n_2 = \frac{n_1\, d_1(1 - \varepsilon_g)}{d_2}$$

IV   TYPE DES COURROIES ET LEURS CARACTÉRISTIQUES

4-1   Courroies plates (rectangulaires) (voir réf. 5)

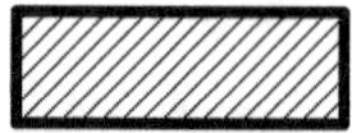

Figure 6-4 Courroies plates (rectangulaires)

4-1-1   Dimension de courroies et de poulies standard

Largeur de courroies et poulies

TABLEAU 6-1 Largeur de courroies et poulies (en mm)

Courroies	16	20	25	32	40	50	63	71	80	90
Poulies	20	25	32	40	50	63	71	80	90	100

Le profil de la jante est une courbe symétrique.

– **Longueur de courroie :**

Longueur de courroie conseillée (*en mm*) : 400 ; 450 ; 500 ; 560 ; 630 ; 710 ; 800 ; 900 ; 1 000 ; 1 120 ;1 250 ; 1 400 ; 1 600 ; 1 800 ; 2 000 ; 2 240 ; 2 500 ; 2 800 ; 3 150 ; 3 550 ; 4 000 ; 4 500 ; 5 000 ; 5 600 ; 6 300 ; 7 100.

– **Courbe symétrique :**

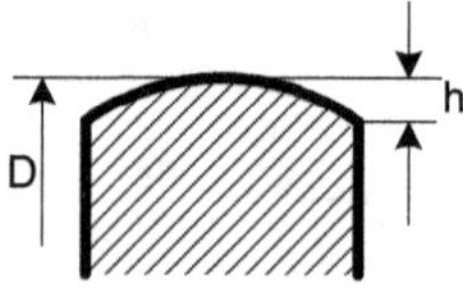

TABLEAU 6-2 Courbe symétrique

Diamètre D en mm	40	50	(63)	80	100	(125)	160	200	(250)	315	400	(500)	630
h en mm	0,3					0,4	0,5	0,6	0,6	1,0			

D   diamètre de la poulie (la petite poulie et la petite poulie)

4-1-2   Dimensions des courroies et poulie

1/ Puissance d'étude P_e

$$P_e = K_t P$$

avec :

P puissance de transmission *en kW*

K_t coefficient du travail

TABLEAU 6-3 Coefficient de l'utilisation K_u des courroies et des poulies

Récepteur	Moteur		
	<3 h/jour	< 8 h/jour	24 h/jour
Faible puissance ex : photocopie	1,2	1,4	1,6
Puissance légère ex : machine d'emballage	1,3	1,5	1,7
Puissance moyenne ex : machine textile	1,6	1,8	2,0
Puissance importante ex : machine de carrière	1,7	1,9	2,1
Puissance très importante	2,0	2,2	2,4

2/ Diamètre primitif de petite poulie d_1

$$d_1 = (\text{de } 1100 \quad \text{à} \quad 1350\ )\ \sqrt[3]{\frac{P_a}{n_1}}$$

ou

$$d_1 = \frac{6000\ v}{\pi\ n_1}$$

avec :

P_e Puissance d'étude

n_1 vitesse de petite poulie en *tr/min*

v vitesse de courroie en *m/min*

3/ Diamètre de grande poulie d_2

$$d_2 = \frac{n_1}{n_2} d_1 (1 - \varepsilon_g)$$

avec :

ε_g facteur de glissement (voir dans ce chapitre, III, 3-2)

n_1 vitesse de petite poulie en *tr/min*

n_2 vitesse de grande poulie en *tr/min*

4/ Entraxe des poulies a :

$$a = (\text{ de }\quad 1,5 \quad\text{à}\quad 2,0 \;)\, (d_1 + d_2)$$

Remarque :

a/   Dans l'utilisation, il faut prévoir un réglage d'entraxe de *1,5 % L* à +*3 % L*, afin de s'adapter aux variations de longueurs pour la tension. *L* est la longueur primitive de la courroie.

b/   Dans le cas d'axes non parallèles, le brin médian tendu de la courroie doit être dans le plan de symétrie de poulie sur laquelle il va tangenter.

5/ Longueur de courroie L

Pour la courroie normale :

$$L = 2a + \frac{\pi}{2}(d_1 + d_2) + \frac{(d_2 - d_1)}{4a}$$

Pour la courroie croisée :

$$L = 2a + \frac{\pi}{2}(d_1 + d_2) + \frac{(d_2 - d_1)^2}{4a}$$

Pour la courroie mi-croisée :

$$L = 2a + \frac{\pi}{2}(d_1 + d_2) + \frac{d_1^2 - d_2^2}{4a}$$

Après le calcul de longueur de la courroie, il faut choisir la longueur standard (voir dans ce chapitre, 4-1-1). Par la suite, nous recalculerons l'entraxe des poulies.

6/ Arc d'enroulement de petite poulie α_1

Pour la courroie normale :

$$\alpha_1 = 180° - \frac{d_2 - d_1}{L_e} \times 57,3°$$

Pour la courroie croisée :

$$\alpha_1 \approx 180° + \frac{d_2 - d_1}{L_e} \times 57,3°$$

Pour la courroie mi-croisée :

$$\alpha_1 \approx 180° + \frac{d_1}{L_e} \times 57,3°$$

4-2 Courroies trapézoïdales (voir réf. 5)

Figure 6-5 Courroies trapézoïdales

4-2-1 Largeur primitive

La surface contenant les lignes primitives comprend la largeur nominale des courroies, prise au niveau de la surface primitive.

4-2-2 Diamètre primitif d'une poulie à gorge

Le diamètre primitif d'une poulie à gorge est le diamètre de la poulie mesurée au niveau où la longueur de la gorge est égale à la largeur primitive de la courroie.

4-2-3 Dimension de courroies trapézoïdales standard

– **Angle des courroies : 40°±2°**

TABLEAU 6-4 Dimension de courroies trapézoïdales standard

Série	Désignation de la section *mm*	Largeurs primitives *mm*	Dimensions de la section *mm*	LONGUEURS *mm*	
				de	à
ÉTROITE	SPZ	8,5	10*8	630	3 550
	SPA	11	13*10	800	4 500
	SPB	14	16*13	1 250	8 000
CLASSIQUE	Y	5,3	6*4	200	500
	Z	8,5	10*6	400	1 400
	A	11	23*8	630	2 500
	B	14	17*11	1 000	7 100
	C	19	22*14	1 800	12 500
	D	27	32*19	3 150	16 000
	E	32	38*25	5 000	16 000

4-2-4 Dimension de poulies trapézoïdales standard

Les poulies peuvent avoir une gorge ou plusieurs gorges. Leur matériau est en fonte et acier.

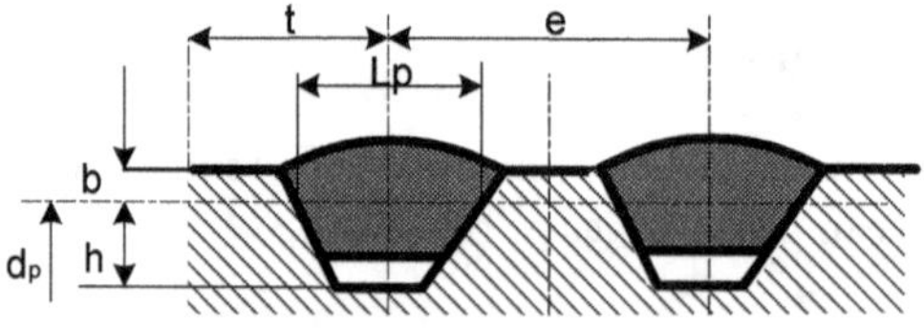

Figure 6-6 Dimension de poulies trapézoïdales standard

TABLEAU 6-5 Dimension de poulies trapézoïdales standard

Section	Diamètre possible	L_p	b	h	e	écart maximal sur e	t	Angle de gorge	
								α	Diamètre d_p
	mm	mm	mm	mm	mm	mm	mm		
SPZ	71 à 800	6,5	2,1	8,5	12	0,215	8	34 (1)	$71 \leq d_p \leq 112$
SPA	100 à 1 000	11	2,8	11	15	0,215	10	34 (1)	$100 \leq d_p \leq 150$
SPB	160 à 1 600	14	3,5	14	19	0,260	12	34 (1)	$160 \leq d_p \leq 190$
Y	25 à 125	5,3	1,3	3,5	8	0,180	6	34 (1,2)	$37,5 \leq d_p \leq 90$
Z	50 à 250	8,5	2,1	6	12	0,215	8	34 (1,2)	$60 \leq d_p \leq 140$
A	71 à 630	11	2,8	7,7	15	0,215	10	34 (1,2)	$80 \leq d_p \leq 190$
B	112 à 1 000	14	3,5	9,8	19	0,260	12	34 (2)	$112 \leq d_p \leq 236$
C	180 à 1 600	19	4,8	13,3	25	0,260	16	34 (2)	$180 \leq d_p \leq 315$
D	315 à 2 000	27	6,8	18,9	36	0,310	23	34 (2)	$315 \leq d_p \leq 450$
E	500 à 2 500	32	8	22,4	43	0,310	27	34 (2)	$500 \leq d_p \leq 530$

P.C :

(1) Pour les valeurs de diamètre primitif d_p, inférieures aux minima indiqués, nous prendrons $\alpha = 30°$.

(2) Pour les valeurs de diamètre primitif d_p, supérieures aux minima indiqués, nous prendrons $\alpha = 38°$.

4-2-5 Méthode de calcul des dimensions de courroies et de poulies

1/ étude de puissance des courroies P_e

Pour étudier la transmission de puissance de la courroie, nous utilisons toujours la puissance supérieure à la puissance nominale pour des raisons de sécurité. Cette valeur de puissance s'appelle la puissance d'étude, notée P_e.

$$P_e = K_t P$$

avec :

P puissance nominale en *kW*

K_t coefficient d'utilisation (voir tableau 6-2)

2/ Rapport de vitesses R : (voir dans ce chapitre, IV)

$$R = \frac{n_1}{n_2} = \frac{d_2}{d_1}$$

Si nous considérons le glissement, le rapport est :

$$R = \frac{n_1}{n_2} = \frac{d_2}{(1-\varepsilon_g)\, d_1}$$

avec :

ε_g facteur de glissement (voir dans ce chapitre, III 3-2) .

n_1 vitesse de petite poulie en *tr/min*

n_2 vitesse de grande poulie en *tr/min*

d_1 diamètre primitif de petite poulie en *mm*

d_2 diamètre primitif de grande poulie en *mm*

3/ Diamètre primitif de petite poulie d_1

Le diamètre primitif de la petite poulie doit être égal ou supérieur au diamètre minimal de poulie indiqué dans le tableau 6-6. Il doit être conforme aux diamètres standard (voir tableau 6-5).

TABLEAU 6-6   Diamètre primitif minimal de poulie $d_{1\text{-}min}$

Type de courroie	Classique							Etroite			
	Y	Z	A	B	C	D	E	SPZ	SPA	SPB	SPC
$d_{1\text{-}min}$	20	50	75	125	200	355	500	63	90	140	224

Nous trouverons le diamètre exact de petite poulie dans les figures 6-5 et 6-6. Il suffit de connaître la vitesse de petite poulie et la puissance d'étude.

4/ Diamètre de grande poulie d_2

$$d_2 = R\, d_1 (1 - \varepsilon_g)$$

avec :

R rapport de vitesses

ε_g facteur de glissement (voir dans ce chapitre, III 3-2)

5/ Vitesse de courroies v

$$v = \frac{\pi\, d_1 n_1}{60 \times 1000} \ \text{ et } \ v_{min} < v < v_{max}$$

avec :

v_{min} vitesse minimale $v_{min} = 5m/s$

v_{max} vitesse maximale $v_{max} =$ de $25m/s$ à $30\ m/s$

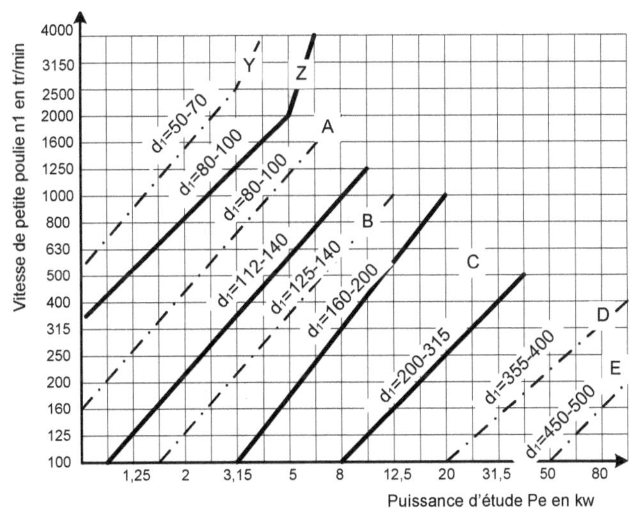

Figure 6-7   Diamètre primitif de petite poulie d_1
(courroie normale)

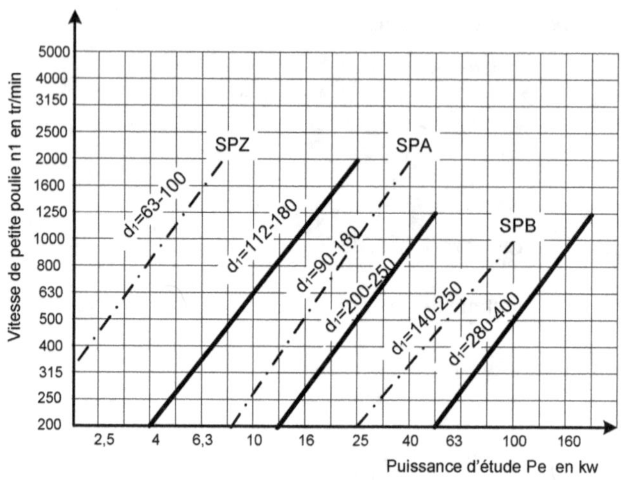

Figure 6-8 Diamètre primitif de petite poulie d_1
(courroie étroite)

6/ Hypothèse de l'entraxe des poulies a_s

Nous pouvons calculer l'entraxe des poulies en utilisant la formule ci-après. Nous pouvons aussi choisir l'entraxe dont nous avons besoin. Cet entraxe obtenu est une hypothèse. Ensuite, nous modifierons l'entraxe supposé en choisissant la longueur de la courroie standard.

$$0,7\ (d_1 + d_2) \le a_s < 2\ (d_1 + d_2)$$

avec :

d_1 — diamètre primitif de petite poulie

d_2 — diamètre primitif de grande poulie

7/ Longueur de courroies L

Dans un premier temps, nous calculons la longueur de la courroie en utilisant la formule ci-après :

$$L_0 = 2a + \frac{\pi}{2}(d_1 + d_2) + \frac{(d_2 - d_1)^2}{4a}$$

Avec le résultat de calcul L_0, nous choisirons la valeur de la longueur la plus proche des courroies standard L se trouvant dans le tableau 6-4.

8/ Distance réelle de l'entraxe de poulie a

$$a \approx a_s + \frac{L - L_0}{2}$$

avec :

a_s entraxe par hypothèse

L_0 longueur de courroie par le calcul

L longueur de courroie standard

P.C

a/ Le plus petite entraxe des poulies pour l'installation est :

$$a_{\min} = a - 0,015L$$

b/ Le plus grand entraxe des poulies pour le réglage est :

$$a_{\max} = a + 0,03L$$

9/ Arc d'enroulement sur la petite poulie α_1

$$\alpha_1 = 180° - \frac{(d_2 - d_1)}{a} \times 57,3 \qquad en°$$

L'arc d'enroulement sur la petite poulie doit être égal ou supérieur à 120°. Si l'arc d'enroulement de petite poulie est inférieur à 120°, nous devons ajouter un tendeur sur le brin mou.

10/ Puissance de transmission d'une seule courroie P_a et augmentation de puissance ΔP_a

TABLEAU 6-7 Puissance nominale P_a pour la courroie Y

Diamètre primitif de petite poulie d_1 en mm	Vitesse en tr/s										
	400	730	800	980	1 200	1 460	1 600	2 000	2 400	2 800	3 200
20	-	-	-	0,02	0,02	0;02	0,03	0,03	0,04	0,04	0,05
25	-	-	0,03	0,03	0,03	0,04	0,05	0,05	0,06	0,07	0,08
28	-	-	0,03	0,04	0,04	0,05	0,05	0,06	0,07	0,08	0,09
31,5	-	0,03	0,04	0,04	0,05	0,06	0,06	0,07	0,09	0,10	0,11
35,5	-	0,04	0,05	0,05	0,06	0,06	0,07	0,08	0,09	0,11	0,12
40	-	0,04	0,05	0,06	0,07	0,08	0,09	0,11	0,12	0,14	0,15
45	0,04	0,05	0,06	0,07	0,08	0,09	0,11	0,12	0,14	0,16	0,17
50	0,05	0,06	0,07	0,08	0,09	0,11	0,12	0,14	0,16	0,18	0,20
augmentation puissance ΔP_a R<2,0	0,00								0,01		
R>2,0	0,00			0,01							0,02

TABLEAU 6-8 Puissance nominale P_a pour la courroie Z

Diamètre primitif de petite poulie d_1 en mm	Vitesse en tr/s										
	400	730	800	980	1 200	1 460	1 600	2 000	2 400	2 800	3 200
50	0,06	0,09	0,10	0,12	0,14	0,16	0,17	0,20	0,22	0,26	0,28
56	0,06	0,11	0,12	0,14	0,17	0,19	0,20	0,25	0,30	0,33	0,35
63	0,08	0,13	0,15	0,18	0,22	0,25	0,27	0,32	0,37	0,41	0,45
71	0,09	0,17	0,20	0,23	0,27	0,31	0,33	0,39	0,46	0,50	0,54
80	0,14	0,20	0,22	0,26	0,30	0,36	0,39	0,44	0,50	0,56	0,61
90	0,14	0,22	0,24	0,28	0,33	0,37	0,40	0,48	0,54	0,60	0,64
augmentation puissance ΔP_a R<2,0	de 0,00 à 0,01						de 0,02 à 0,04				
R>2,0	0,01		0,02		0,03				0,04		0,05

TABLEAU 6-9 Puissance nominale P_a pour la courroie A

Diamètre primitif de petite poulie d_1 en mm	Vitesse en tr/s										
	200	400	730	800	980	1 200	1 460	1 600	2 000	2 400	2 800
75	0,16	0,27	0,42	0,45	0,52	0,60	0,68	0,73	0,84	0,92	1,00
80	0,18	0,31	0,49	0,52	0,61	0,71	0,81	0,87	1,01	1,22	1,29
90	0,22	0,39	0,63	0,68	0,79	0,93	1,07	1,15	1,34	1,50	1,64
100	0,26	0,47	0,77	0,83	0,97	1,14	1,32	1,42	1,66	1,87	2,05
112	0,31	0,56	0,93	1,00	1,18	1,39	1,62	1,74	2,04	2,30	2,51
125	0,37	0,67	1,11	1,19	1,40	1,66	1,93	2,07	2,44	2,74	2,98
140	0,43	0,78	1,31	1,41	1,66	1,96	2,29	2,45	2,87	3,22	3,48
160	0,51	0,94	1,56	1,69	2,00	2,36	2,74	2,94	3,42	3,80	4,06
Augmentation puissance ΔP_a — $R<2,0$	de 0,00 à 0,04			de 0,00 à 0,13			de 0,00 à 0,22			de 0,0 à 0,22	
Augmentation puissance ΔP_a — $R>2,0$	0,03	0,05	0,09	0,10	0,11	0,15	0,17	0,19	0,24	0,29	0,34

R rapport des vitesses $R \neq 0$. Dans les tableaux $R>0$

TABLEAU 6-10 Puissance nominale P_a pour la courroie B

Diamètre primitif de petite poulie d_1 en mm	Vitesse en tr/s										
	200	400	730	800	980	1 200	1 460	1 600	1 800	2 000	2 200
125	0,48	0,84	1,34	1,44	1,67	1,93	2,20	2,33	2,50	2,64	2,76
140	0,59	1,05	1,69	1,82	2,13	2,47	2,83	3,00	3,23	3,42	3,58
160	0,74	1,32	2,16	2,32	2,72	3,17	3,64	3,86	4,15	4,40	4,60
180	0,88	1,59	2,61	2,81	3,30	3,85	4,41	4,68	5,02	5,30	5,52
200	1,02	1,85	3,06	3,30	3,86	4,50	5,15	5,46	5,83	6,13	6,35
224	1,19	2,17	3,59	3,86	4,50	5,26	5,99	6,33	6,73	7,02	7,19
250	1,37	2,50	4,14	4,46	5,22	6,04	6,85	7,20	7,63	7,87	7,97
280	1,58	2,89	4,77	5,13	5,93	6,90	7,78	8,13	8,46	8,60	8,53
Augmentation puissance ΔP_a — $R<2,0$	de 0,00 à 0,02			de 0,00 à 0,34			de 0,00 à 0,51			de 0,0 à 0,62	
Augmentation puissance ΔP_a — $R>2,0$	0,06	0,13	0,22	0,25	0,30	0,38	0,46	0,51	0,57	0,63	0,70

TABLEAU 6-11   Puissance nominale P_a pour la courroie C

Diamètre primitif de petite poulie d_1 en mm		Vitesse en tr/s										
		200	300	400	500	600	730	800	980	1 200	1 460	1 600
200		1,39	1,92	2,41	2,87	3,30	3,80	4,07	4,66	5,29	5,86	6,07
224		1,70	2,37	2,99	3,58	4,12	4,78	5,12	5,89	6,71	7,47	7,75
250		2,03	2,85	3,62	4,33	5,00	5,82	6,23	7,18	8,21	9,06	9,38
280		2,42	3,40	4,32	5,19	6,00	6,99	7,52	8,65	9,81	10,74	11,06
315		2,86	4,04	5,14	6,17	7,14	8,34	8,92	10,23	11,53	12,48	12,72
355		3,36	4,75	6,05	7,27	8,45	9,79	10,46	11,92	13,31	14,12	14,19
400		3,91	5,54	7,06	8,52	9,82	11,52	12,10	13,67	15,04	15,51	15,24
450		4,51	6,40	8,20	9,81	11,29	12,98	13,80	15,39	16,59	16,41	15,57
Augmentation puissance ΔP_a	$R<2,0$	de 0,00 à 0,31			de 0,00 à 0,55			de 0,00 à 0,94			de 0,00 à 1,25	
	$R>2,0$	0,18	0,26	0,35	0,44	0,53	0,62	0,71	0,83	1,06	1,27	1,41

TABLEAU 6-12   Puissance nominale P_a pour la courroie D

Diamètre primitif de petite poulie d_1 en mm		Vitesse en tr/s										
		100	150	200	250	300	400	500	600	730	800	980
355		3,01	4,20	5,31	6,36	7,35	9,24	10,90	12,39	14,04	14,83	16,30
400		3,66	5,14	6,52	7,88	9,13	11,45	13,55	15,42	17,58	18,46	20,25
450		4,37	6,17	7,90	9,50	11,02	13,85	16,40	18,67	21,12	22,25	24,16
500		5,08	7,18	9,21	11,09	12,88	16,20	19,17	21,78	24,52	25,76	27,60
560		5,91	8,43	10,76	12,97	15,07	18,95	22,38	25,32	28,28	29,55	31,00
630		6,88	9,82	12,54	15,13	17,57	22,05	25,94	29,18	32,19	33,38	33,88
710		8,01	11,38	14,55	17,54	20,35	25,45	29,76	33,18	35,97	36,87	35,58
800		9,22	13,11	16,76	20,18	23,39	29,08	33,72	37,13	39,26	39,55	35,26
Augmentation puissance ΔP_a	$R<2,0$	de 0,00 à 0,56			de 0,00 à 1,39			de 0,00 à 1,95			de 0,0 à 2,64	
	$R>2,0$	0,31	0,47	0,63	0,78	0,94	1,25	1,56	1,88	2,19	2,50	2,97

R rapport des vitesses $R \neq 0$. Dans les tableaux $R>0$

TABLEAU 6-13 Puissance nominale P_a pour la courroie E

Diamètre primitif de petite poulie d_1 en mm	Vitesse en tr/s										
	100	150	200	250	300	350	400	500	600	730	800
500	6,21	8,60	10,86	12,97	14,96	16,81	18,55	21,65	24,21	26,62	27,57
560	7,32	10,33	13,09	15,67	18,10	20,38	22,49	26,25	29,30	32,02	33,03
630	8,75	12,32	15,65	18,77	21,69	24,42	26,95	31,36	34,83	37,64	38,52
710	10,31	14,56	18,52	22,23	25,69	28,89	31,83	36,85	40,58	43,07	43,52
800	12,05	17,05	21,70	26,03	30,05	33,73	37,05	42,53	46,26	47,79	47,38
900	13,96	19,76	25,15	30,14	34,71	38,84	42,49	48,20	51,48	51,13	49,21
1 000	15,84	22,44	28,52	34,11	39,17	43,66	47,52	53,12	55,45	52,26	48,19
1 120	18,07	25,58	32,47	38,71	44,26	49,04	52,98	57,94	58,42	50,36	42,77
Augmentation puissance ΔP_a — $R<2,0$	de 0,00 à 1,10			de 0,00 à 1,92			de 0,00 à 3,31			de 0,0 à 4,41	
Augmentation puissance ΔP_a — $R>2,0$	0,62	0,93	1,24	1,56	1,86	2,17	2,48	3,10	3,72	4,34	4,96

TABLEAU 6-14 Puissance nominale P_a pour la courroie SPZ

Diamètre primitif de petite poulie d_1 en mm	Vitesse en tr/s										
	200	400	730	800	980	1 200	1 460	1 600	2 000	2 400	2 800
63	0,20	0,35	0,56	0,60	0,70	0,81	0,93	1,00	1,17	1,32	1,45
71	0,25	0,44	0,72	0,78	0,92	1,08	1,25	1,35	1,59	1,81	2,00
75	0,28	0,49	0,79	0,87	1,02	1,21	1,41	1,52	1,79	2,04	2,27
80	0,31	0,55	0,88	0,99	1,15	1,38	1,60	1,73	2,05	2,34	2,61
90	0,37	0,67	1,12	1,21	1,44	1,70	1,98	2,14	2,55	2,93	3,26
100	0,43	0,79	1,33	1,44	1,70	2,02	2,36	2,55	3,05	3,49	3,90
112	0,51	0,93	1,57	1,70	2,02	2,40	2,80	3,04	3,62	4,16	4,64
125	0,59	1,09	1,84	1,99	2,36	2,80	3,28	3,55	4,24	4,85	5,40
Augmentation puissance ΔP_a — $R<3,4$	de 0,00 à 0,11			de 0,00 à 0,18			de 0,00 à 0,30			de 0,0 à 0,43	
Augmentation puissance ΔP_a — $R>3,4$	0,03	0,06	0,12	0,13	0,15	0,19	0,23	0,26	0,32	0,39	0,45

TABLEAU 6-15   Puissance nominale P_a pour la courroie *SPA*

Diamètre primitif de petite poulie d_1 en mm		Vitesse en tr/s										
		200	400	730	800	980	1 200	1 460	1 600	2 000	2 400	2 800
90		0,43	0,75	1,21	1,30	1,52	1,76	2,02	2,16	2,49	2,77	3,00
100		0,53	0,94	1,54	1,65	1,93	2,27	2,61	2,80	3,27	3,67	3,99
112		0,64	1,16	1,91	2,07	2,44	2,86	3,31	3,57	4,18	4,71	5,15
125		0,77	1,40	2,33	2,52	2,98	3,50	4,06	4,38	5,15	5,80	6,34
140		0,92	1,68	2,81	3,03	3,58	4,23	4,91	5,29	6,22	7,01	7,64
160		1,11	2,04	3,42	3,70	4,38	5,17	6,01	6,47	7,60	8,53	9,24
180		1,30	2,39	4,03	4,36	5,17	6,10	7,07	7,62	8,90	9,93	10,67
200		1,49	2,75	4,63	5,01	5,94	7,00	8,10	8,72	10,13	11,22	11,92
Augmentation puissance ΔP_a	$R<3,4$	de 0,00 à 0,28			de 0,00 à 0,47			de 0,00 à 0,18			de 0,0 à 1,09	
	$R>3,4$	0,08	0,16	0 ,30	0,33	0,40	0,49	0,59	0,66	0,82	0,99	1,15

R rapport des vitesses $R \neq 0$, dans les tableaux **R>0**

TABLEAU 6-16   Puissance nominale P_a pour la courroie *SPB*

Diamètre primitif de petite poulie d_1 en mm		Vitesse en tr/s										
		200	400	730	800	980	1 200	1 460	1 600	1 800	2 000	2 200
140		1,08	1,92	3,13	3,35	3,92	4,55	5,21	5,54	5,95	6,31	6,62
160		1,37	2,47	4,06	4,37	5,13	5,98	6,89	7,33	7,89	8,38	8,80
180		1,65	3,01	4,99	5,37	6,31	7,38	8,50	9,05	9,74	10,34	10,83
200		1,94	3,54	5,83	6,35	7,47	8,74	10,07	10,70	11,50	12,18	12,72
224		2,28	4,18	6,97	7,52	8,83	10,33	11,86	12,59	13,49	14,21	14,76
250		2,64	4,86	8,11	8,75	10,27	11,99	13,72	14,51	15,47	16,19	16,68
280		3,05	5,63	9,41	10,14	11,89	13,82	15,71	16,56	17,52	18,17	18,48
315		3,53	6,53	10,91	11,71	13,70	15,84	17,84	18,70	19,56	20,00	19,97
Augmentation de puissance ΔP_a	$R<3,4$	de 0,00 à 0,58			de 0,00 à 0,97			de 0,00 à 1,45			de 0,0 à 1,78	
	$R>3,4$	0,17	0,34	0,62	0,68	0,82	1,03	1,23	1,37	1,54	1,71	1,88

R rapport des vitesses $R \neq 0$, dans les tableaux **R>0**

11/ Nombre de courroie

$$z = \frac{P_e}{\left(P_a + \Delta P_a\right)K_t K_L}$$

avec :

P_e puissance d'étude (voir dans ce chapitre, 4-2-5 1/)

P_a puissance nominale (voir du tableau 6-7 au tableau 6-16)

ΔP_a augmentation de la puissance admissible (voir du tableau 6-7 au tableau 6-16)

K_a coefficient correcteur pour l'arc d'enroulement de petite poulie (voir tableau 6-17)

K_L coefficient de la longueur de courroie (voir tableau 6-18)

TABLEAU 6-17 Coefficient correcteur K_a pour l'arc d'enroulement de petite poulie

Arc d'enroulement de petite poulie α_1	180°	175°	170°	165°	160°	155°	150°
Coefficient correcteur K_a	1	0,99	0,98	0,96	0,95	0,93	0,92
Arc d'enroulement de petite poulie α_1	145°	140°	135°	130°	125°	120°	-
Coefficient correcteur K_a	0,91	0,89	0,88	0,86	0,84	0,82	-

TABLEAU 6-18 Coefficient de la longueur de courroie K_L

Longueur de courroie L	Coefficient de la longueur de courroie K_L									
	Courroie normale en V							Courroie étroite en V		
	Y	Z	A	B	C	D	E	SPZ	SPA	SPB
200	0,81									
224	0,82									
250	0,84									
280	0,87									
315	0,98									
355	0,92									
400	0,96	0,87								
450	1,00	0,89								
500	1,02	0,91								
560		0,94								
630		0,96	0,81					0,82		
710		0,99	0,82					0,84		
800		1,00	0,85					0,86	0,81	
900		1,03	0,87	0,81				0,88	0,83	
1 000		1,06	0,89	0,84				0,90	0,85	
1 120		1,08	0,91	0,86				0,93	0,87	
1 250		1,11	0,93	0,88				0,94	0,89	0,82
1 400		1,14	0,96	0,90				0,96	0,91	0,84
1 600		1,16	0,99	0,93	0,84			1,00	0,93	0,86
1 800		1,18	1,01	0,95	0,85			1,01	0,95	0,88
2 000			1,03	0,98	0,88			1,02	0,96	0,90
2 240			1,06	1,00	0,91			1,05	0,98	0,92
2 500			1,09	1,03	0,93			1,07	1,00	0,94
2 800			1,11	1,05	0,95	0,83		1,09	1,02	0,96
3 150			1,13	1,07	0,97	0,86		1,11	1,04	0,98
3 550			1,17	1,10	0,98	0,89		1,13	1,06	1,00
4 000			1,19	1,13	1,02	0,91			1,08	1,02
4 500				1,15	1,04	0,93	0,90		1,09	1,04
5 000				1,18	1,07	0,96	0,92			1,06
5 600					1,09	0,98	0,95			1,08

12/ Pré charge appliquée sur la courroie F_0

$$F_0 = 500 \cdot \left(\frac{2,5}{K_a} - 1 \right) \cdot \frac{P_e}{z \cdot v}$$

avec :

v vitesse de courroie

z nombre de courroies

q densité de courroie en *kg/m* (voir tableau 6-19)

P_e puissance d'étude (voir dans ce chapitre, 4-2-5, 1/)

K_a coefficient correcteur pour l'arc d'enroulement de petite poulie (voir tableau 6-17)

TABLEAU 6-19 Densité de courroie *q en kg/m*

	Type de courroies									
	Y	**Z**	**A**	**B**	**C**	**D**	**E**	**SPZ**	**SPA**	**SPB**
Densité de courroie	0,04	0,06	0,10	0,17	0,30	0,60	0,87	0,07	0,12	0,20

13/ Force appliquée sur l'axe F_a

$$F_a = 2 F_{\partial} z \sin \frac{\alpha_1}{2}$$

avec :

F_0 pré charge appliquée sur la courroie en N

z nombre de courroies

α_1 arc d'enroulement de petite poulie en *rad*

Exemple 6-1 : Une pompe à eau avec un système de transmission de puissance de « poulie et la courroie ».

La puissance nominale de moteur $P_a{=}10\ kW$. La vitesse de moteur $n_1{=}1\ 450\ tr/min$. La vitesse de pompe $n_2{=}400\ tr/min$. L'entraxe est $a_0{=}1\ 500\ mm$.

(1) Puissance d'étude :

$$P_d = K_t P_a = 1,3 \times 10 = 13\ kW$$

(2) Rapport de vitesses :

$$R = \frac{n_1}{n_2} = \frac{1450}{400} = 3,625$$

(3) À partir de la puissance de transmission P_a et la vitesse de moteur, nous choisirons le type de courroie **B** et le diamètre de petite poulie $d_1 = 140$ mm dans la figure 6-7 ou 6-8.

(4) Diamètre de grande poulie :

$$d_2 = Rd_1(1-\varepsilon)$$
$$= 3,625 \times 140 \times (1-0,01) = 502,4 \ \text{mm}$$

Choisir le diamètre standard $d_2 = 500$ mm

(5) Vitesse réelle de pompe :

$$n_2 = \frac{(1-\varepsilon) \cdot n_1 \cdot d_1}{d_2}$$
$$= \frac{(1-0,01) \times 1450 \times 140}{500} = 402 \ \text{tr/min}$$

(6) Vitesse de courroie :

$$v = \frac{\pi \cdot d_1 n_1}{60 \times 1000}$$
$$= \frac{\pi \times 140 \times 1450}{60 \times 1000} = 10,63 \ \text{m/s}$$

(7) Longueur de la courroie L_0 :

$$L_{d0} = 1500 \ m$$
$$L_0 = 2L_{d0} + \frac{\pi}{2}(d_1 + d_2) + \frac{(d_2 - d_1)^2}{4L_{d0}}$$
$$= 2 \times 1500 + \frac{\pi}{2}(140 + 500) + \frac{(500-140)^2}{4 \times 1500}$$
$$= 4026,9 \ mm$$

Nous trouvons la longueur de la courroie L_0 par le calcul. Ensuite, nous choisirons la longueur standard $L = 4\,000$ mm.

(8) Distance réelle d'entraxe des poulies a :

$$a = a_0 + \frac{L - L_0}{2}$$

$$= 1500 + \frac{4000 - 4026,9}{2} = 1487\,mm$$

– Pour l'installation, la distance minimale d'entraxe des poulies a_{min} :

$$a_{\min} = a - 0,015L$$

$$= 1487 - 0,015 \times 4000 = 1427\ \ mm$$

– Pour le réglage, la distance maximale d'entraxe des poulies a_{max} :

$$a_{\max} = a + 0,03L$$

$$= 1487 + 0,03 \times 4000 = 1607\ \ mm$$

(9) Arc d'enroulement de petite poulie α_1 :

$$\alpha_1 = 180° - \frac{d_2 - d_1}{L_d} \times 57,5$$

$$= 180° - \frac{500 - 140}{1487} \times 57,3 = 166,13°$$

(10) À partir de $d_1 = 140$ et $n_1 = 1\,450$ tr/min, nous trouvons la puissance nominale dans le tableau 6-10 pour une seule courroie de type B.

$$P_a = 2,82\ \ kw$$

L'augmentation de la puissance est :

$$\Delta P = 0,46\ \ kw$$

(11) Nombre de courroies :

$$z = \frac{P_e}{(P_a + \Delta P)K_t K_L}$$

Nous trouvons $K_t = 0,995$ (voir tableau 6-3) et $K_L = 1,13$ (voir tableau 6-18)

$$z = \frac{13}{(2,82 + 0,46) \times 0,965 \times 1,13} = 3,63$$

Nous déterminons que le nombre de courroies est 14.

(12) Prétention de la courroie :

$$F_0 = 500\left(\frac{2,5}{K_t} - 1\right)\frac{P_e}{z \cdot v} + qv^2$$

$$= 500 \times \left(\frac{2,5}{0,965} - 1\right)\frac{13}{4 \times 10,63} + 0,17 \times 10,63^2$$

$$= 262,4 \quad N$$

4-3 Courroies synchrones (voir réf. 5)

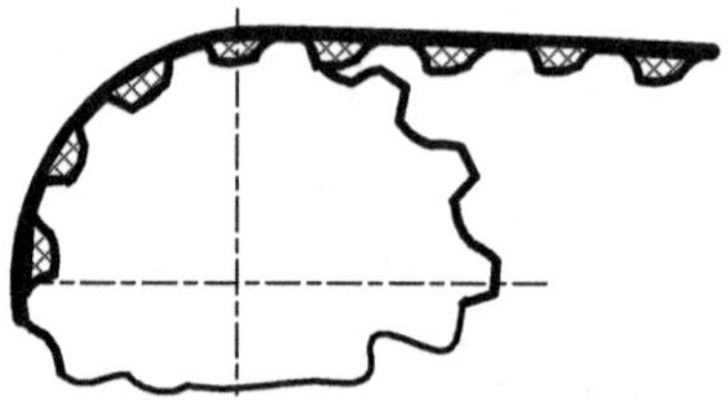

Figure 6-9 Courroies synchrones

4-3-1 Généralité

Les courroies synchrones permettent, comme les chaînes et les engrenages, la transmission de mouvements synchrones, avec silence et sans lubrification.

Les poulies sont également dentées. Elles portent des flasques latéraux maintenant les courroies en place.

La poulie peut être en aluminium, en acier ou en fonte.

4-3-2 Déterminer le pas

Le pas est choisi en fonction de l'utilisation et de la transmission de puissance. La puissance à transmettre **P** doit être corrigée en fonction des types de moteur et de récepteur, des conditions de fonctionnement.

Exemples :

- Pour une presse rotative à imprimer le journal, utilisée 15 h par jour, la puissance corrigée est $P_c = 1,9P$.

- Pour un compresseur à piston de chantier, utilisé 12 h par jour, entraîné par un moteur thermique à 4 cylindres (Vitesse n > 700 tr/min), la puissance corrigée est $P_c = 2,0\,P$.

4-3-3 Courroie normalisée

TABLEAU 6-20 Courroie normalisée synchrone

Symbole de pas	Pas *mm*	Pas *in*	Largueur *mm*	Nombre de dents *N* Longueur = *n**pas	Figure
MXL	2,032	8/100	3,0 - 4,8 - 6,4	45-50-55-60-70-75-80-90-100-110-125-140-155-175-200-225-250	1,14
XL	5,080	1/5	6,4-7,9–9,5	30-35-40-45-50-55-60-65-70-75-80-85-90-95-100-105-110-115-120-125-130	2,3
L	9,525	3/8	12,7–19,1–25,4	33-40-50-56-60-64-68-72-76-80-86-92-98-104-112-120-128-136-144-160	3,6
H	12,700	1/2	19,1–25,4–38,1 –50,8-76,2	48-54-60-72-78-84-90-96-102-108-114-120-126-132-140-150-160-170-180-200-220-250-280-340	4,3
XH	22,225	7/8	50,8- 6,2–101,6	58-64-72-80-88-98-112-128-144-160-176-200	11,2
XXH	31,750	11/4	50,8–72,2–101,6–127,0	56-64-72-80-96-112-128-144	15,7

V   EFFORTS SUPPORTÉS PAR LES POULIES ET LES COURROIES

5-1   Couple de transmission

1/ Le couple de transmission est calculé en utilisant la formule ci-après :

$$M_c = F \cdot K_f \cdot \frac{D}{2}$$

avec :

F	effort de transmission
K_f	facteur de frottement
D	diamètre de la poulie

2/ Le couple de transmission M_c est fonction de l'effort de pression des poulies, du coefficient de frottement des deux surfaces et du diamètre de la poulie.

5-2   Effort supporté par les poulies

5-2-1   Effort de pression des poulies

Pour augmenter la pression au contact poulie et courroie, nous augmentons la tension de la courroie par un tendeur.

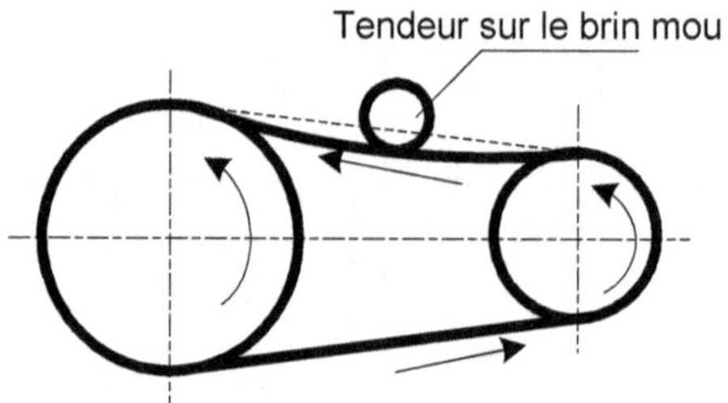

Figure 6-10   Augmenter la tension de la courroie par un tendeur

Mais la tension est limitée par la résistance matérielle en traction de la courroie. En général, la contrainte admissible de la courroie est :

$$[\sigma_C] = \text{de } 2 \; N/mm^2 \; (MPa) \text{ à } 5 \; N/mm^2 (MPa)$$

5-2-2 Coefficient de frottement des deux surfaces de la poulie et de la courroie

Le coefficient de frottement est fonction des matériaux utilisés pour les poulies et la courroie.

Entre les poulies et la courroie, il existe du glissement. Quand la courroie est convenablement tendue au repos, le glissement en marche ne dépasse pas 2 %.

5-3 Effort supporté par les poulies et les courroies

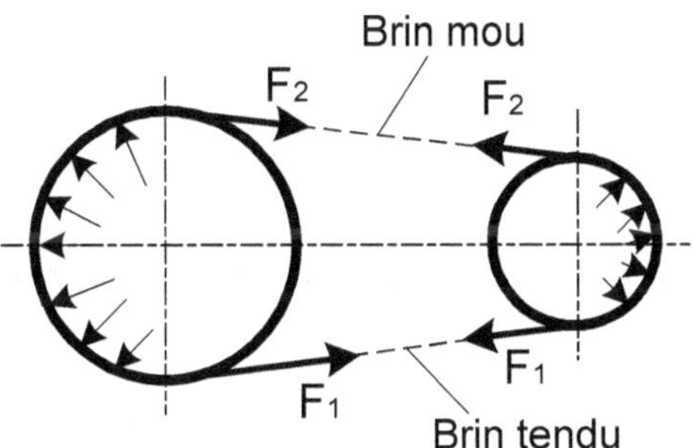

Figure 6-11 Efforts supportés par les courroies

Quand la machine ne travaille pas, les courroies supportent une force statique en traction F_0, appelée force nominale en traction. Quand la poulie motrice entraîne une autre poulie, sur le brin tendu la force augmente de F_0 à F_1, la force sur le brin mou diminue de F_0 jusqu'à F_2.

La relation entre F_1 et F_2 est :

$$F_1 = F_2 e^{K_f \alpha}$$

avec :

$$e \approx 2,718$$

K_f coefficient de frottement

α arc d'enroulement

Nous supposons que la force de transmission en traction est F. Les efforts supportés par les courroies sont :

$$F_1 = F \frac{e^{K_f \alpha}}{e^{K_f \alpha} - 1}$$

$$F_2 = F \frac{1}{e^{K_f \alpha} - 1}$$

$$F = 2F_0 \frac{e^{K_f \alpha} - 1}{e^{K_f \alpha} + 1}$$

Pour augmenter la force de transmission F, nous pouvons augmenter l'arc d'enroulement α. En général, nous choisirons $\alpha \geq 160°$. Nous pouvons aussi augmenter le coefficient de frottement K_f et la force nominale en traction F_0.

VI   CONTRAINTE ET CONDITION DE RÉSISTANCE DES MATÉRIAUX

6-1   Contraintes

6-1-1   Contraintes produites par les tractions des courroies

– Contrainte sur le brin tendu σ_1 :

$$\sigma_1 = \frac{F_1}{A} \ \ en \ N/mm^2 \ (MPa)$$

– Contrainte sur le brin mou σ_2 :

$$\sigma_2 = \frac{F_2}{A} \ \ en \ N/mm^2 \ (MPa)$$

– Contrainte de transmission de puissance σ :

$$\sigma = \sigma_1 - \sigma_2 = \frac{F_1 - F_2}{A}$$

avec :

     A surface de section transversale de courroie en mm^2

     F_1 effort appliqué sur le brin tendu en N

     F_2 effort appliqué sur le brin mou en N

6-1-2   Contraintes produites par les forces centrifuges σ_c

Quand la courroie transmet le mouvement, la courroie supporte une force centrifuge sur l'arc d'enroulement de courroie, et une force en traction sur toute la longueur de courroie. La force centrifuge est :

$$F_c = q \cdot v^2 \qquad en\ N$$

avec :

q	densité de courroies	$en\ kg/m$
v	vitesse de courroies	$en\ m/s$

La contrainte centrifuge est :

$$\sigma_c = \frac{F_c}{A}\ en\ N/mm^2 (MPa)$$

avec :

A — surface de section transversale de courroie en mm^2

6-1-3   Contrainte de courroie en flexion σ_f

La courroie, enroulée sur la poulie, supporte une flexion. La contrainte en flexion se calcule en utilisant la formule :

$$\sigma_f = E_c \varepsilon$$
$$= E_c \frac{y}{\rho} = E_c \frac{2y}{d} \qquad en\ N/mm^2\ (MPa)$$

avec :

ε — déformation unitaire de courroie

E_c — module d'élasticité longitudinale de la courroie en N/mm^2 (MPa)

y — distance plus éloignée de fibre centrale de la section de la courroie en millimètres. $y=h/2$, h est la hauteur de courroie plate. Pour la courroie trapézoïdale, $h = h_a$.

ρ — rayon de courbure $\rho = \dfrac{d}{2}$ en mm

d — diamètre primitif de la courroie en mm

6-1-4 Contrainte maximale de la courroie σ_{max}

Si la petite poulie est la poulie motrice, la contrainte maximale se trouve sur le brin tendu de la courroie à l'entrée de la petite poulie. La contrainte maximale est égale à la somme de la contrainte statique σ_1 en traction, de la contrainte σ_c en traction produite par les forces centrifuges et de la contrainte en flexion σ_f :

$$\sigma_{max} = \sigma_1 + \sigma_c + \sigma_f$$

6-2 Condition de résistance des matériaux de la courroie

Les conditions de résistance des matériaux de la courroie sont :

- la résistance des matériaux en fatigue ;

- la courroie commençant à glisser et ne pouvant plus transmettre la puissance.

6-2-1 Résistance des matériaux en fatigue de la courroie

La contrainte maximale en fatigue ne doit pas être supérieure à la contrainte admissible en fatigue de la courroie.

$$\sigma_{max} \leq [\sigma]$$

avec :

$[\sigma]$ contrainte admissible en fatigue de la courroie

σ_{max} contrainte maximale (voir dans ce chapitre, 6-1-4)

6-2-2 Glissement

Si la puissance de transmission est très élevée, la force de transmission devient importante. La courroie ne peut travailler normalement et glisse sur la poulie.

1/ La force maximale circonférentielle de transmission de puissance est calculée ainsi :

$$F_{max} = F_1 \cdot \left(1 - \frac{1}{e^{k_f \alpha}}\right)$$

$$= \sigma_1 A \cdot \left(1 - \frac{1}{e^{k_f \alpha}}\right)$$

avec :

$e \approx 2,718$

K_f coefficient de frottement

α arc d'enroulement

σ_1 contrainte statique en traction

A surface de section transversale de courroie en mm^2

2/ La relation entre la force maximale circonférentielle, la puissance de transmission et la vitesse de courroie est :

$$P = \frac{F \cdot v}{1000} \qquad en\ kW$$

avec :

    P   puissance de transmission en kW

    F   force circonférentielle de transmission de puissance en N

    v   vitesse de courroie en m/s

3/ La puissance admissible de transmission est :

$$[P] = \left([\sigma] - \sigma_1 - \sigma_c \right) \cdot \left(1 - \frac{1}{e^{k_f \alpha}} \right) \cdot \frac{A \cdot v}{1000}\ en\ kW$$

avec :

    σ_1 contrainte statique en traction en N/mm^2 (MPa)

    σ_c contraintes produites par les forces centrifuges en N/mm^2 (MPa)

    $[\sigma]$ contrainte admissible en fatigue de courroie en N/mm^2 (MPa)

    $e \approx 2{,}718$

    K_f coefficient de frottement

    α arc d'enroulement en rad

    σ_1 contrainte statique en traction en N/mm^2 (MPa)

    A surface de section transversale de courroie en mm^2

    v   vitesse de courroie en m/s

6-2-3 Puissance nominale de courroie trapézoïdale

1. Puissance nominale d'une seule courroie trapézoïdale *[P]*

Dans le tableau 6-21, nous montrons les puissances admissibles des courroies sous les conditions :

l'arc d'enroulement $\alpha = 120°$; R=1 ; supportant une charge constante.

TABLEAU 6-21 Puissance nominale d'une courroie trapézoïdale *[P]*

Type Cour.	d_1	n_1																		
		100	200	400	700	800	950	1 200	1 450	1 600	2 000	2 400	2 800	3 200	3 600	4 000	4 500	5 000	5 500	6 000
Y	20						0,01	0,02	0,02	0,03	0,03	0,04	0,04	0,05	0,06	0,06	0,07	0,08	0,09	0,10
	28					0,03	0,04	0,04	0,05	0,05	0,06	0,07	0,08	0,09	0,10	0,11	0,12	0,13	0,14	0,15
	35,5				0,04	0,05	0,05	0,06	0,06	0,07	0,08	0,09	0,11	0,12	0,13	0,14	0,16	0,18	0,19	0,20
	40				0,04	0,05	0,06	0,07	0,08	0,09	0,11	0,12	0,14	0,15	0,16	0,18	0,19	0,20	0,22	0,24
Z	50		0,04	0,06	0,09	0,10	0,12	0,14	0,16	0,17	0,20	0,22	0,26	0,28	0,30	0,32	0,33	0,34	0,33	0,31
	63		0,05	0,08	0,13	0,15	0,18	0,22	0,25	0,27	0,32	0,37	0,41	0,45	0,47	0,49	0,50	0,50	0,49	0,48
	71		0,06	0,09	0,17	0,20	0,23	0,27	0,30	0,33	0,39	0,46	0,50	0,54	0,58	0,61	0,62	0,62	0,61	0,56
	80		0,10	0,14	0,20	0,22	0,26	0,30	0,35	0,39	0,44	0,50	0,56	0,61	0,64	0,67	0,67	0,66	0,64	0,61
A	75		0,15	0,26	0,40	0,45	0,51	0,60	0,68	0,73	0,84	0,92	1,00	1,04	1,08	1,09	1,07	1,02	0,96	0,80
	90		0,22	0,39	0,61	0,68	0,77	0,93	1,07	1,15	1,34	1,50	1,64	1,73	1,83	1,87	1,88	1,82	1,70	1,50
	100		0,26	0,47	0,74	0,83	0,95	1,14	1,32	1,42	1,68	1,87	2,05	2,19	2,28	2,34	2,33	2,25	2,07	1,80
	125		0,37	0,67	1,07	1,19	1,37	1,66	1,92	2,07	2,44	2,74	2,98	3,16	3,26	3,28	3,17	2,91	2,48	1,37

Type Cour.	d_1	n_1																	
		100	200	400	700	800	950	1 200	1 450	1 600	2 000	2 400	2 800	3 200	3 600	4 000	4 500	5 000	5 500	6 000
B	125		0,48	0,84	1,30	1,44	1,64	1,93	2,19	2,33	2,64	2,85	2,96	2,94	2,80	2,51	1,93	1,09		
	140		0,59	1,05	1,64	1,82	2,80	2,47	2,82	3,00	3,42	3,70	3,85	3,83	3,63	3,24	2,45	1,29		
	160		0,74	1,32	2,09	2,32	2,66	3,17	3,62	3,86	4,40	4,75	4,89	4,48	4,46	3,82	2,59	0,81		
	180		0,88	1,59	2,53	2,81	3,22	3,85	4,39	4,68	5,30	5,67	5,76	5,52	4,92	3,92	2,04			
C	200		1,39	2,41	3,69	4,07	4,58	5,29	5,84	6,07	6,34	6,02	5,01							
	250		2,03	3,62	5,64	6,23	7,04	8,21	9,04	9,28	9,62	8,75	6,56							
	315		2,84	5,14	8,09	8,92	10,05	11,53	12,46	12,72	12,14	9,43	4,16							
	400		3,91	7,06	11,02	12,10	13,48	15,04	15,53	15,24	11,95	4,34								
D	355	3,01	5,31	9,24	13,70	14,83	16,15	17,25	16,77	15,63										
	400	3,66	6,52	11,45	17,07	18,46	20,06	21,20	20,15	18,31										
	450	4,37	7,90	13,85	20,63	22,25	24,01	24,84	22,02	19,59										
	500	5,08	9,21	16,20	23,99	25,76	27,50	26,71	26,54	18,83										
E	500	6,21	10,86	18,55	26,21	27,57	28,32	25,53	16,82											
	560	7,32	13,09	22,49	31,59	33,03	33,40	28,49	5,35											
	630	8,75	15,65	26,95	37,26	38,52	37,92	29,17	8,85											

2/ Augmentation de puissance de courroie trapézoïdale ΔP

Quand le rapport des vitesses est différent de 1, $R \neq 1$ et $R > 1$, la courroie est fléchie autour de la grand poulie et de la petite poulie. Mais la flèche de la courroie sur la grande poulie est plus petite que sur la petite poulie.

Si le rapport de vitesse est $R > 1$, la courroie supporte moins de flexion. La courroie peut transmettre la plus grande puissance.

Cette augmentation de puissance ΔP se calcule ainsi :

$$\Delta P = K_b n_1 \left(1 - \frac{1}{K_R} \right) \text{ en } kW$$

avec :

n_1	vitesse de petite poulie
K_R	coefficient de rapport de vitesse
K_f	coefficient de l'influence de flexion

TABLEAU 6-22 Coefficient de rapport de vitesse K_R

R	1,00~1,01	1,02~1,04	1,05~1,08	1,09~1,12	1,13~1,18
K_R	1,0000	1,0136	1,0276	1,0419	1,0567

R	1,19~1,24	1,25~1,34	1,35~1,51	1,52~1,99	≥2,00
K_R	1,0719	1,0875	1,1036	1,1202	1,1373

TABLEAU 6-23 Coefficient de l'influence de flexion K_f

	Type des courroies	Coefficient de l'influence de flexion K_f
1	Z	$K_f = 0,2925 \times 10^{-3}$
2	A	$K_f = 0,7725 \times 10^{-3}$
3	B	$K_f = 1,9875 \times 10^{-3}$
4	C	$K_f = 5,625 \times 10^{-3}$
5	D	$K_f = 19,95 \times 10^{-3}$
6	E	$K_f = 37,35 \times 10^{-3}$

6-2-3 Dimensionnel du système de la poulie et la courroie

– **Diamètre d_1, d_2 :**

Nous déterminons les diamètres de poulies avec le rapport R des vitesses, la distance L entre les deux centres des poulies et la condition de l'installation.

– **Longueur de courroie :**

Si l'entraxe entre deux centres des poulies est connu, la longueur de courroie est :

$$L = 2a + \frac{\pi}{2}(d_1 + d_2) + \frac{(d_1 - d_2)^2}{4a}$$

– **Entraxe entre les deux centres des poulies**

Si la longueur de courroies est connue, l'entraxe entre les deux centres des poulies est :

$$a \approx \frac{2L - \pi(d_1 + d_2) + \sqrt{[2L - \pi(d_1 + d_2)]^2 - 8\,(d_1 - d_2)^2}}{8} \text{ en } mm$$

– **Arc d'enroulement**

L'arc de petite poulie est calculé en utilisant la formule suivante :

$$\alpha_1 = 180° - \frac{d_1 - d_2}{L} \times 57,3°$$

avec :

L distance entre les deux centres des poulies en mm

d_1, d_2 diamètres de grande poulie et petite poulie en mm

Le diamètre de la poulie influe sur l'arc d'enroulement. Quand les diamètres sont fixés, l'arc d'enroulement est limité par le rigidité de la courroie.

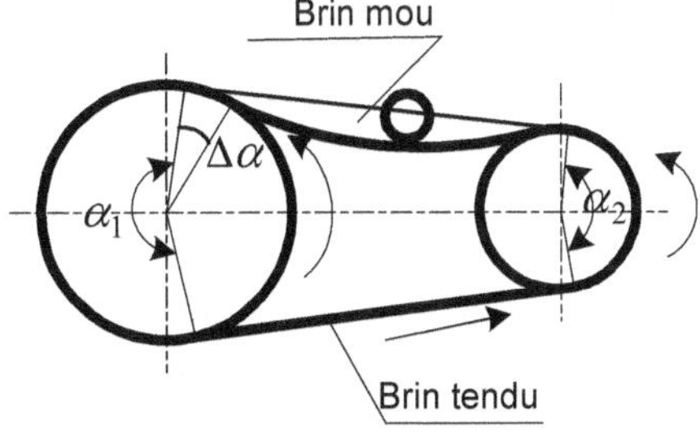

Figure 6-12 Augmenter l'arc d'enroulement par tendeur

VII COMPARONS LES TYPES DE TRANSMISSIONS DE PUISSANCE POUR DES AXES ÉLOIGNÉS

Types de transmission de puissance	Avantage	Inconvénients	Conseil
1/ Courroies plates et poulie	1/ Le montage est simple et le prix est faible. 2/ Transmission des couples et changement des vitesses	1/ Il ne permet de transmettre que des couples faibles. 2/ Le glissement entre la courroie et la poulie est inévitable.	1/ Les vitesses de transmission sont limitées de 15 à 30 m/s 2/ La vitesse en m/s doit être inférieure à 3 fois la longueur en mètres (à 8 fois pour les courroies caoutchouc) 3/ Nous choisissons l'arc d'enroulement $\alpha \geq 160°$
2/ Courroies trapézoïdales et poulies	1/ La meilleure adhérence réduit le glissement. 2/ L'arc d'enroulement peut être plus faible que pour une courroie plate.	Il nécessite : – un bon alignement des poulies ; – un réglage de l'entraxe pour le montage démontage ; – un entraînement entre axes parallèles (pas d'axes concourants ou gauches)	1/ La vitesse *(en m/s)* doit être : $$[v] \leq 25 \times L$$ L longueur de courroie *en m* 2/ La vitesse est limitée $$5\ m/s < v \leq 25\ m/s$$ 3/ L'angle d'enroulement doit être égal ou supérieur à 120° $$\alpha \geq 120°$$
3/ Courroies synchrones et poulies	1/ Elles permettent, comme les engrenages, la transmission de mouvement synchrone, mais sans bruit et sans lubrification. 2/ Elles sont légères. 3/ Elles sont à bas prix.	La vitesse tangentielle est limitée.	

Chapitre 7

CHAÎNES ET ROUES DENTÉES

I GÉNÉRALITÉS

1-1 Fonctionnement des chaînes et des roues dentées

Pour la transmission du mouvement entre deux arbres parallèles situés à grande distance, nous pouvons utiliser la courroie et les poulies. Nous pouvons également employer une chaîne et des roues dentées.

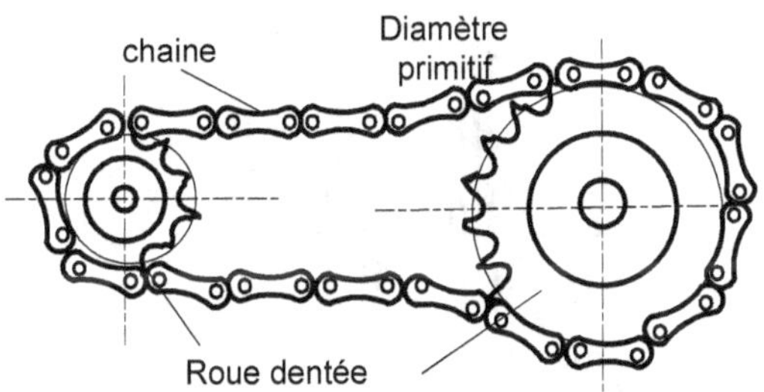

Figure 7-1 Chaînes à rouleaux et roues dentées

Dans le système de chaîne et roues dentées, la transmission de puissance par chaîne consiste à réunir deux roues dentées par une chaîne sans fin dont les maillons s'engagent sur les dents des roues.

La transmission par chaîne et roues dentées est employée pour réunir deux arbres. Elle permet de commander plusieurs roues dentées avec une même roue dentée motrice et convient pour la grande puissance.

En général, nous utilisons les chaînes et les roues dentées si nous souhaitons un rapport de vitesse précis. La puissance de transmission est inférieure de 100 kW. La vitesse de la chaîne est inférieure de 15 m/s.

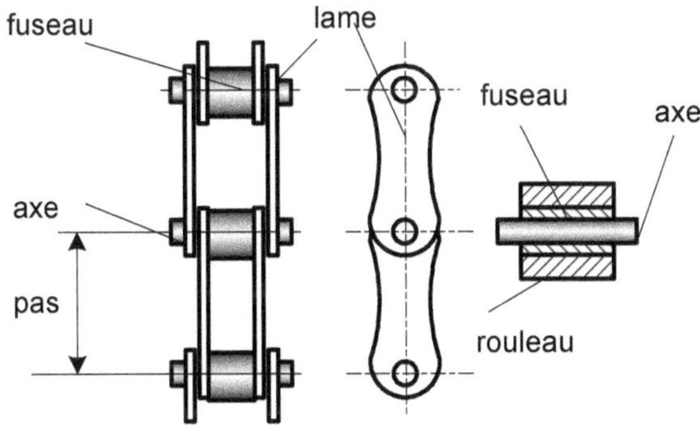

Figure 7-2 Définition de la chaîne à rouleau

La chaîne se comporte comme une courroie réunissant deux roues dentées. Elle est construite avec des lames d'acier articulées, aux extérieurs, sur des fuseaux. Le nombre de lames est variable selon l'effort à transmettre. Nous avons donc des chaînes à pas long et des chaînes à pas court pour une longueur de chaîne déterminée.

La chaîne peut être multiple selon l'effort à transmettre. En général, le nombre de chaînes est $m_n = 1 \sim 3$ (voir figure 7-3). Nous les appelons chaîne simple, chaîne double et chaîne triple.

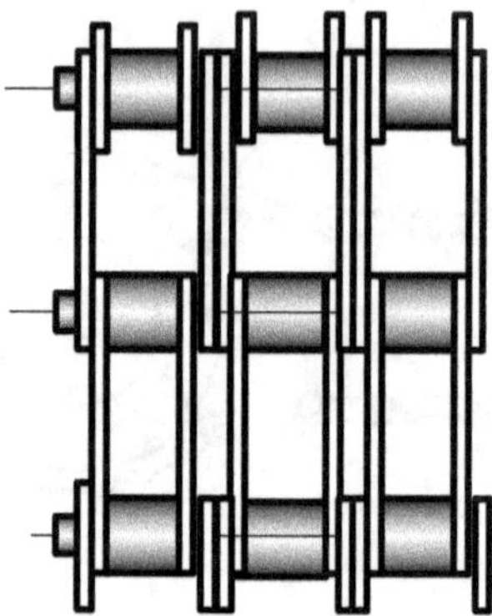

Figure 7-3   Chaîne triple à rouleau

Le fuseau pourra être garni d'un rouleau. Le rouleau permet de réduire la perte par frottement.

1-2   Coefficient pour calculer la résistance des matériaux

1-2-1   Coefficient de nombre de petite roue K_z

Le coefficient de flèche K_z dépend du nombre de dents de la petite roue. Le nombre de dents influence la forme des dents et la contrainte admissible. Si le système de chaîne et roue dentée travaille dans la zone 1, le coefficient de nombre de petite roue K_z est (voir tableau 7-6) :

$$K_z = \left(\frac{z_1}{19}\right)^{1,08}$$

Si le système de chaîne et roue dentée travaille dans la zone 2, le coefficient de nombre de petite roue K'_z est (voir tableau 7-6) :

$$K'_z = \left(\frac{z_1}{19}\right)^{1,5}$$

z_1 nombre de dents de petite roue

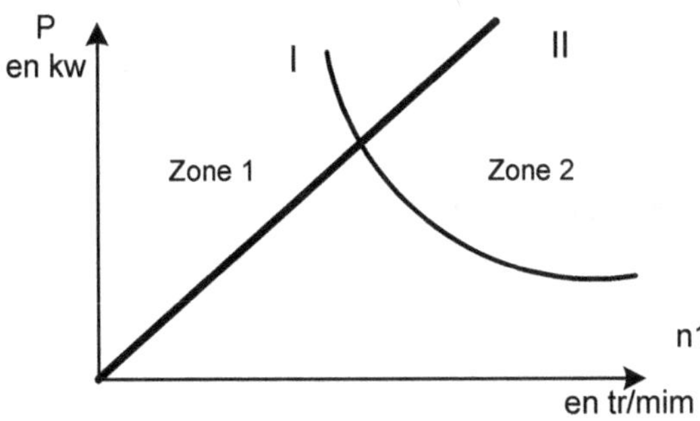

Figure 7-4 Courbe de puissance admissible

Dans la figure 7-4, la courbe I est la courbe de la puissance admissible à la fatigue de lame de la chaîne $P_{L\text{-}f}$.

La courbe II est la courbe de la puissance admissible au choc du rouleau de la chaîne P_r.

Dans la pratique, nous pouvons utiliser la valeur dans le tableau 7-1 ci-après pour déterminer le coefficient K_z.

TABLEAU 7-1 Coefficient de nombre de petite roue K_z

z_1	9	10	11	12	13	14	15	16	17
K_z	0,446	0,500	0,554	0,609	0,664	0,719	0,775	0,831	0,887
K'_z	0,326	0,382	0,441	0,502	0,586	0,633	0,701	0,773	0,846

z_1	18	19	20	21	22	23	24	25	-
K_z	0,943	1,00	1,06	1,11	1,17	1,23	1,29	1,34	-
K'_z	0,922	1,00	1,08	1,16	1,25	1,33	1,42	1,51	-

z_1 nombre de dents de petite roue

1-2-1 Coefficient du nombre de chaîne

TABLEAU 7-2 Coefficient du nombre de chaîne K_m

Nombre de chaîne m_n	Simple $m_n = 1$	Double $m_n = 2$	Triple $m_n = 3$	$m_n = 4$	$m_n = 5$	$m_n = 6$
Coefficient K_m	1	1,7	2,5	3,3	4	4,6

1-2-2   Coefficient de flèche K_f

Le coefficient de flèche K_f représente la caractéristique de résistance des matériaux des chaînes par rapport à la flèche.

En général, la flèche correspond à un angle de flexion de $\theta = (0,01 \sim 0,02)\alpha$ (voir tableau 7-3 et Xiong Youde, *Formulaire de résistance de matériaux*). Nous avons donc :

$$\alpha = \frac{\theta}{(0,01 \sim 0,02)}$$

TABLEAU 7-3   Coefficient de flèche K_f

Angle de flexion α	0°	> 0° - 40°	> 40° - 90°	90°
Coefficient de flèche K_f	6	4	2	1

Nous pouvons déterminer le coefficient de flèche K_f avec la figure 7-6. Dans la figure, nous trouvons aussi la relation :

$$F'_f = K_f \cdot q \cdot a \cdot 10^{-2}$$
$$F''_f = \left(K_f + \sin\alpha\right) \cdot q \cdot a \cdot 10^{-2}$$

avec :

q poids linéique de la chaîne en daN/m

a entraxe en m

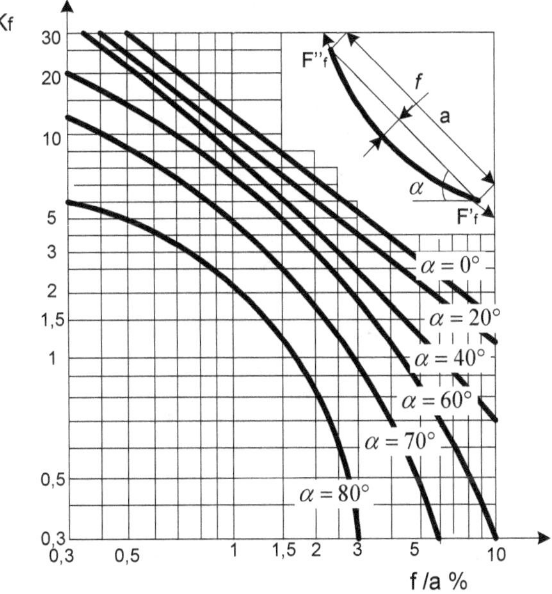

Figure 7-5 Coefficient de flèche K_f

1-2-3   Coefficient de condition de l'utilisation K_u

Le coefficient de l'utilisation K_u dépend des conditions d'utilisation. K_u représente la charge venue de l'extérieur.

TABLEAU 7-4 Coefficient de condition d'utilisation de la chaîne K_u

Condition de travail	Source de l'énergie		
	Moteur électrique	Moteur diesel ≥ 6	Moteur diesel < 6
Charge douce	$K_u = 1,0$	$K_u = 1,1$	$K_u = 1,3$
Charge moyenne	$K_u = 1,4$	$K_u = 1,5$	$K_u = 1,7$
Choc important	$K_u = 1,8$	$K_u = 1,9$	$K_u = 2,1$

II   VITESSE DE ROUES DENTÉES ET DE LA CHAÎNE

2-1   Vitesse des roues dentées

La vitesse des roues dentées et de la chaîne n'est pas constante.

– La vitesse moyenne de la petite roue dentée est égale à :

$$v_1 = \frac{n_1 z_1 p}{60 \times 1000} \ \text{en } m/s$$

– La vitesse moyenne de la grande roue dentée est égale à :

$$v_2 = \frac{n_2 z_2 p}{60 \times 1000} \ \text{en } m/s$$

avec :

p pas de la chaîne

z_1, z_2 nombres de dents des roues dentées motrices et réceptrices

n_1, n_2 vitesse angulaire des roues dentées motrices et réceptrices en *tr/min*

2-2   Rapport de vitesse

– Rapport de vitesse des roues dentées :

$$R = \frac{n_1}{n_2} = \frac{z_1}{z_2}$$

– Rapport de vitesse instantanée :

$$R_i = \frac{\omega_1}{\omega_2} = \frac{d_2 \cos \gamma}{d_1 \cos \beta}$$

avec :

ω_1, ω_2 vitesses angulaires des roues dentées motrices et réceptrices en *rad /s*

d_1, d_2 diamètres primitifs de la petite roue et grande roue

β angle entre la vitesse circonférentielle et la direction horizontale pour la roue dentée motrice

γ angle entre la vitesse circonférentielle et la direction horizontale pour la roue dentée réceptrice

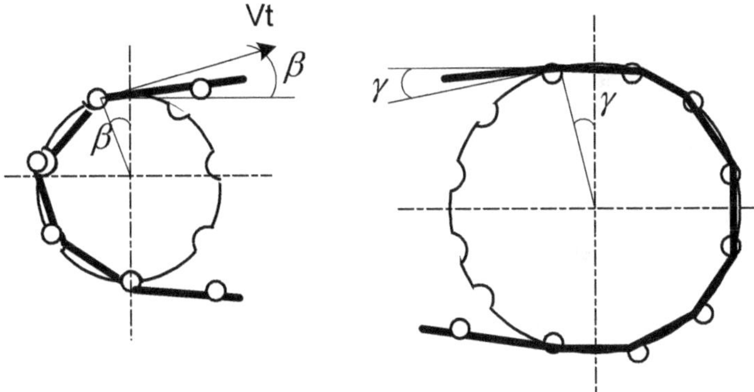

Figure 7-6 Rapport de vitesse

Remarque : Le rapport de vitesse est normalement $R \leq 7$. Nous conseillons $R = 2 - 3,5$.
Si la vitesse de la chaîne $v < 2m/s$, le rapport peut être jusqu'à 10.

2-3   Vitesse de la chaîne v

$$v = \frac{z_1 n_1 p}{60 \times 100} = \frac{z_2 n_2 p}{60 \times 100} \qquad en\ mm/s$$

avec :

p pas de la chaîne

z_1, z_2 nombres de dents des roues dentées motrices et réceptrices

n_1, n_2 vitesses angulaires des dents de roues dentées motrices et réceptrices

      en *tr/min*

TABLEAU 7-5 Nombre de dents de la petite roue z_1 et vitesse de la chaîne

Vitesse de la chaîne	de 0,6 m/s à 3 m/s	de 0,6 m/s à 3 m/s	de 0,6 m/s à 3 m/s
z_1	$\geq 15 - 17$	$\geq 19 - 21$	$\geq 23 - 25$

2-4   Vitesse de glissement entre la roue et la chaîne

Quand la roue dentée a peu de dents, cette vitesse devient grande. Entre la roue et la chaîne, il y a du glissement. La vitesse de glissement provoque des chocs. Les chocs entre les dents sont devenus importants.

À cause de la charge dynamique et des chocs, la roue dentée et la chaîne ne peuvent être utilisées pour transmettre les grandes vitesses.

La vitesse est limitée de 12 à 15 m/s par la norme.

III   DIMENSION DES ROUES DENTÉES ET DE LA CHAÎNE À ROULEAU

3-1   Dimension de la chaîne à rouleau

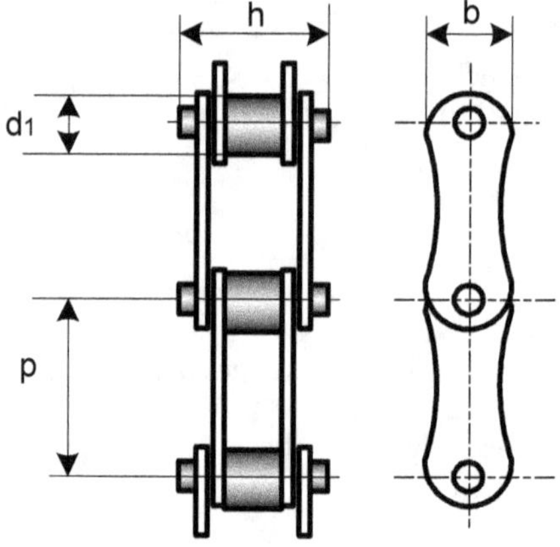

TABLEAU 7-6   Dimension de la chaîne à rouleau (en mm)

Symbole chaîne	Pas de la chaîne p	Diamètre de rouleau maxi d_1	Largeur de rouleau mini b_1	Largeur de lame (chaîne à pas court) h_1	Largeur de lame (chaîne à pas long) h_2	Largeur de chaîne (simple) b_4	Largeur de chaîne (double) b_5	Largeur de chaîne (triple) b_6
Roues dentées et chaînes à pas court (dérivées des séries américaines)								
08 A	12,70	7,95	7,95	12,33	12,07	17,8	32,3	46,7
10 A	15,875	10,16	9,53	15,35	15,09	21,8	39,9	57,9
12 A	19,05	11,91	12,70	18,34	18,08	26,9	49,8	72,6
16 A	25,40	15,88	15,88	24,39	24,13	33,5	62,7	91,9
Roues dentées et chaîne à pas court (dérivées des séries européennes)								
05 B	8,00	5,00	3,00	7,37	7,11	6,6	14,3	19,9
06 B	9,525	6,35	5,72	8,52	8,26	13,5	23,8	34,0
08 B	12,70	8,51	7,75	12,07	11,81	17,0	31,0	44,9
10 B	15,875	10,16	9,65	14,99	14,73	19,6	36,2	52,8
12 B	19,05	12,07	11,68	16,39	16,13	22,7	42,2	61,7
16 B	25,40	15,88	17,02	21,34	21,08	36,1	68,0	99,9
Roues dentées et chaînes à pas long (dérivées des séries américaines)								
208 A	25,40	7,92	7,95	12,33	12,07	17,8	3,9	-
210 A	31,75	10,16	9,53	15,35	15,09	21,8	4,1	-
212 A	38,10	11,91	12,70	18,34	18,08	26,9	4,5	-
216 A	50,80	15,88	15,88	24,39	24,13	35,5	5,4	-
Roues dentées et chaîne à pas long (dérivées des séries européennes)								
208 B	25,40	8,51	7,75	12,07	11,81	17,0	3,9	-
210 B	31,75	10,16	9,65	14,99	14,73	19,6	4,1	-
212 B	38,10	12,07	11,68	16,39	16,13	22,7	4,6	-
216 B	50,80	15,88	17,02	21,34	21,08	36,1	5,4	-

3-2   Dimensions des roues dentées

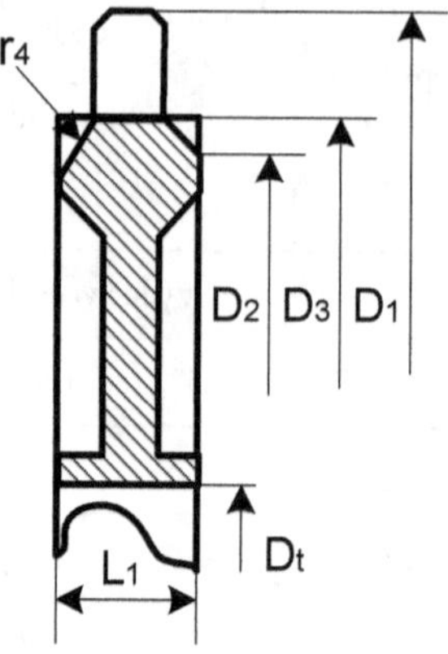

Figure 7-7   Dimension des roues dentées

3-2-1   Diamètre primitif d

$$d = p / \sin\left(\frac{180°}{z}\right)$$

Nous notons d_1 pour la petite roue et d_2 pour le grande roue. Suivant la norme, le diamètre de grande roue doit être de 7 à 9 fois le diamètre de petite roue.

3-2-2   Diamètre extérieur D_{1max}

$$D_{1\,\mathrm{max}} = D + 1{,}25p - d_1$$

$$D_{1\,\mathrm{min}} = D + p\,(1 - \frac{1{,}26}{Z}) - d_1$$

3-2-3   Diamètre à fond de gorge D_2

$$D_2 = p * \cot an\frac{180°}{z} - 1{,}05h_2 - 1 - 2r_4$$

avec :

p pas de la chaîne (voir tableau 5-6)

h_2 voir tableau 5-5

r_4 voir figure 5-12

3-2-4   Diamètre à fond de dents D_3

$$D_3 = D - d_1$$

3-2-5   Nombre de dents z

1/ Nombre de dents de la petite roue z_1

Le nombre de dents de la petite roue doit être égal ou supérieur à 9.

$$z_1 \geq 9$$

Nous pouvons calculer z_1 en utilisant la formule ci-après :

$$z_1 \approx 29 - 2 \cdot R$$

Nous vérifierons le résultat avec le tableau 7-5 ; il doit être conforme à la relation entre le nombre de dents de la petite roue z1 et la vitesse de la chaîne.

2/ Nombre de dents de la grand roue z_2

Le nombre de dents de la grande roue ne doit pas dépasser 150. Le nombre de dents reste normalement égal ou inférieur à 120.

$$z_2 \leq 120$$

Nous calculons en utilisant la formule ci-après :

$$z_2 = z_1 R$$

3/ Nombre de dents conseillé

Avec le résultat du calcul, nous choisirons la condition suivante :

a/ Pour la chaîne à pas court : $z =$ *de* 9 *à* 150 , nous choisirons :
les nombres préférentiels 17-19-21-23-25-38-57-76-95-114

b/ Pour la chaîne à pas long : $z =$ *de* 5 *à* 75 , nous choisirons :
les nombres préférentiels 7-9-10-11-13-19-27-38-57

3-2-6   épaisseur de roues dentées : (consulter votre fournisseur)

Si le pas de la chaîne $p \leq 12{,}7$	pour la chaîne simple	$b_{roue} = 0{,}93 b_1$
	pour la chaîne double ou triple	$b_{roue} = 0{,}91 b_1$
Si le pas de la chaîne $p \geq 12{,}7$	pour la chaîne simple	$b_{roue} = 0{,}95 b_1$
	pour la chaîne double ou triple	$b_{roue} = 0{,}93 b_1$

TABLEAU 7-7   Dimension de roues dentées

	Roues dentées et chaînes à pas court (dérivées des séries américaines)				Roues dentées et chaînes à pas court (dérivées des séries européennes)					
Symbole de chaîne	08A	10A	12A	16A	05B	06B	08B	10B	12B	16B
épaisseur (roue simple)	7,4	9	12,0	15,1	2,8	5,3	7,2	9,1	11,1	16,2
épaisseur (roue double ou triple)	7,2	8,8	11,8	14,8	2,7	5,2	7,0	8,9	10,8	15,8

3-2-7   Diamètre maximal admissible de l'alésage $[D_{t\,max}]$

L'alésage de la roue doit être inférieur au diamètre maximal admissible.

$$[D_{t\,max}] > d_a$$

TABLEAU 7-8   Diamètre admissible de l'alésage $[D_{t\,max}]$

nombre de dents z	Pas p									
	9,525	12,70	15,875	19,05	25,40	31,75	38,10	44,45	50,80	63,50
	D_t									
11	11	18	22	27	38	50	60	71	80	103
13	15	22	30	36	51	64	79	91	105	132
15	20	28	37	46	61	80	95	111	129	163
17	24	34	45	53	74	93	112	132	152	193
19	29	44	51	62	84	108	129	153	177	224
21	33	47	59	72	95	122	148	175	200	254
23	37	51	65	80	109	137	165	196	224	278
25	42	57	73	88	120	152	184	217	249	310

3-3   Déterminer l'entraxe et la longueur de la chaîne

3-3-1   Entraxe supposé des roues a_0

La meilleure distance d'entraxe des roues équivaut à 30 à 50 fois le pas de la chaîne.

$$a_0 = (\text{de } 30 \text{ à } 50)^* p$$

Si le rapport de vitesse $R < 4$, nous avons :

$$a_0 = 0{,}2\ z_1(R+1)p\,.$$

Si le rapport de vitesse $R \geq 4$, nous avons :

$$a_0 = 0{,}33 z_1(R-1)p\,.$$

avec :

R rapport des vitesses

z_1 nombre de dents de la petite roue dentée

p pas de la chaîne

3-3-2   Nombre de maillons de la chaîne m_p

$$m_p = \frac{2a}{p} + \frac{z_1 + z_2}{2} + \left(\frac{z_2 - z_1}{2\pi}\right)^2 \frac{p}{a}$$

avec :

z_1, z_2 nombres de dents sur la petite roue dentée et sur la grand roue dentée

a entraxe des roues

p pas de la chaîne

3-3-3   Longueur de la chaîne L

$$L = \frac{m_p p}{1000} \text{ en } m$$

3-3-4 Entraxe théorique des roues a_t

Sur la norme NF E 23-100, l'entraxe doit être :

$$a \leq 40 \times pas$$

Si $z_1 \neq z_2$, l'entraxe est :

$$a_t = p(2m_p - z_1 - z_2)C_r$$

Si $z_1 = z_2 = z$, l'entraxe est :

$$a_t = \frac{p}{2}(m_p - z)$$

avec :

z_1, z_2	nombres de dents de la petite roue dentée et de la grand roue dentée
m_p	nombre de maillons de la chaîne
p	pas de la chaîne
Cr	coefficient de relation de nombre de dents des roues et nombre de pas de la chaîne (voir tableau 7-9)

3-3-5 Entraxe réel des roues a_r

$$a_r = a_t - \Delta a$$

avec :

a_t	entraxe théorique des roues
Δa	différence d'entraxe réel et théorique des roues pour obtenir une flèche de 0,01 à 0,02. Cette flèche permet d'assurer un bon contact entre la chaîne et les roues.

$$\Delta a = (\text{de } 0,002 \text{ à } 0,004)\, a$$

TABLEAU 7-9 Coefficient C_r

$\dfrac{m-z_1}{z_2-z_1}$	C_r	$\dfrac{m-z_1}{z_2-z_1}$	C_r	$\dfrac{m-z_1}{z_2-z_1}$	C_r
1,05	0,19245	2,30	0,24602	4,10	0,24902
1,10	0,20548	2,35	0,24623	4,20	0,24907
1,15	0,21390	2,40	0,24643	4,30	0,24912
1,20	0,21990	2,45	0,24662	4,40	0,24916
1,25	0,22442	2,50	0,24679	4,50	0,24921
1,30	0,22793	2,55	0,24694	4,60	0,24924
1,35	0,23073	2,60	0,24709	4,70	0,24928
1,40	0,23301	2,65	0,24722	4,80	0,24931
1,45	0,23490	2,70	0,24735	4,90	0,24934
1,50	0,23648	2,75	0,24747	5,00	0,24937
1,55	0,23782	2,80	0,24758	5,50	0,24949
1,60	0,23896	2,85	0,24768	6,00	0,24958
1,65	0,23995	2,90	0,24778	7,00	0,24970
1,70	0,24081	2,95	0,24787	8,00	0,24977
1,74	0,24142	3,00	0,24795	9,00	0,24983
1,80	0,24222	3,10	0,24811	10,00	0,24986
1,84	0,24270	3,20	0,24825	11,00	0,24988
1,90	0,24333	3,30	0,24837	12,00	0,24990
1,94	0,24373	3,40	0,24848	13,00	0,24992
2,00	0,24421	3,50	0,24858	14,00	0,24993
2,05	0,24459	3,60	0,24867	15,00	0,24994
2,10	0,24493	3,70	0,24876	20,00	0,24997
2,15	0,24524	3,80	0,24883	25,00	0,24998
2,20	0,24552	3,90	0,24890	30,00	0,24999
2,25	0,24578	4,00	0,24896	>30,00	0,25000

IV   CHARGE SUPPORTÉE PAR LA CHAÎNE

4-1   Charge dynamique supportée par la chaîne

Quand la chaîne et les roues dentées transmettent les puissances, elles subissent des charges dynamiques.

Les charges dynamiques viennent des accélérations du système et de la vitesse relative.

4-1-1   Accélérations de la chaîne et de la roue

Les accélérations de la chaîne et de la roue réceptrice provoquent de la charge dynamique.

L'accélération de la chaîne est :

$$a = \frac{dv}{dt} = \frac{d}{dt}\left(\frac{d_1}{2}\omega_1 \cos\beta\right) = -\frac{d_1}{2}\omega_1 \cos\beta\frac{d\beta}{dt}$$

$$= -\frac{d\beta}{dt} = -\frac{d_1}{2}\omega_1^2 \sin\beta$$

avec :

t temps

d_1 diamètre primitif de petite roue dentée

$$d_1 = \frac{p}{\sin 180°/Z_1}$$

p pas de la chaîne

Quand $\beta = \pm\varphi_1/2$, l'accélération atteint la valeur maximale :

$$a_{max} = \left(\frac{dv}{dt}\right)_{max} = \pm\frac{d_1}{2}\omega_1^2 \sin\frac{\varphi_1}{2}$$

$$= \pm\frac{d_1}{2}\omega_1^2 \sin\frac{180°}{z_1} = \pm\frac{\omega_1^2 p}{2}$$

Si nous augmentons la vitesse de la roue dentée, l'accélération va également augmenter. Les roues et la chaîne supporteront donc un choc important.

4-2   Charge sur le brin mou et charge sur brin tendu

Les efforts sur le brin tendu F sont égaux à la somme de la force de la transmission de puissance F_t, la force centrifuges F_c et la force due au poids de la chaîne produisant de flexion F_f.

$$F = F_t + F_c + F_f$$

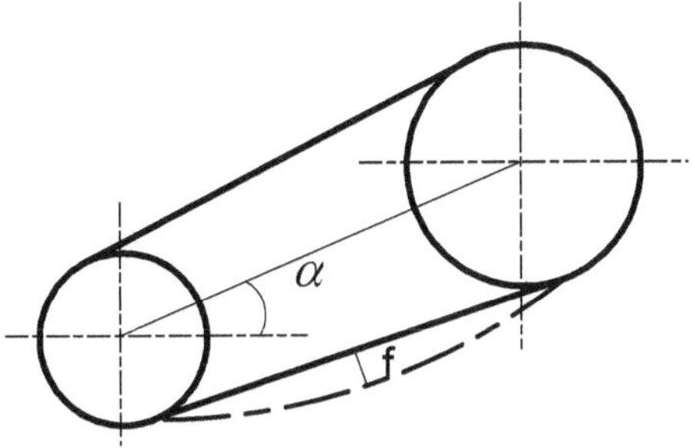

Figure 7-8 Flèche *f* produite par le poids de la chaîne

4-2-1 Force de la transmission de puissance F_t (effort circonférentiel)

$$F_t = 1000\frac{P_u}{v}\ \text{en } N$$

avec :

    P_u   puissance de transmission en *kW*

    v   vitesse de chaîne en *m/s*

4-2-2 Force centrifuge F_c

$$F_c = q \cdot v^2\ \text{en } N$$

avec :

    q   masse linéique de chaîne en *kg/m (daN/m)*

    v   vitesse de chaîne en m/s

4-2-3 Force de poids de chaîne produisant la flèche F_f

$$F_f = K_f \cdot q \cdot \alpha\ \text{en } N$$

avec :

    q   densité de chaîne en *kg/m (daN/m)*

    α   entraxe en *m*

Remarque :

Quand la chaîne est tendue, elle donne une pression aux roues dentées. Mais cette pression n'est pas importante. Sa valeur progressive est égale à :

$$F_0 \approx 0{,}2F\ \text{en } N$$

V   RÉSISTANCE DES MATÉRIAUX

5-1   Puissance nominale à la fatigue

5-1-1   Puissance nominale à la fatigue de la lame de la chaîne $P_{L\text{-}f}$

$$P_{L-f} = 0,003 z_1^{1,08} n_1^{0,9} \left(\frac{p}{25,4} \right)^{3-0,0028p}$$

avec :

z_1 nombre de dents de la petite roue dentée

n_1 vitesse de la petite roue dentée en *tr/min*

p pas de la chaîne en *mm*

5-1-2   Puissance nominale déterminée par le choc du rouleau de la chaîne P_r

$$P_r = \frac{950 z_1^{1,5} p^{0,8}}{n_1^{1,5}}$$

avec :

z_1 nombre de dents de la petite roue dentée

n_1 vitesse de la petite roue dentée en *tr/min*

p pas de la chaîne en *mm*

5-1-3   Puissance nominale de frottement entre le rouleau, l'axe et le fuseau de la chaîne

$$\left(\frac{n_{\max}}{1000} \right)^{1,59 \lg \frac{p}{25,4} + 1,873} = \frac{82,5}{(7,95)^{\frac{p}{25,4}} \cdot (1,323)^{\frac{p}{4450}}}$$

avec :

z_1 nombre de dents de la petite roue dentée

n_1 vitesse de la petite roue dentée en *tr/min*

p pas de la chaîne en *mm*

n_{max} vitesse maximale de la petite roue dentée en *tr/min*

5-1-4 Puissance nominale transmissible par la chaîne

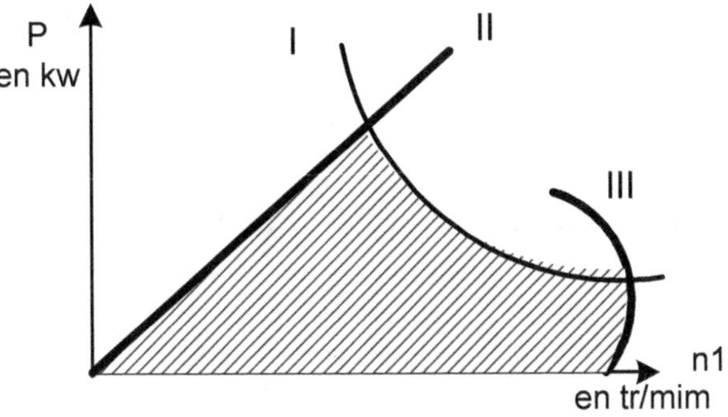

Figure 7-9 Puissance nominale transmissible par la chaîne

Pour chaque chaîne, nous pouvons proposer une figure avec trois courbes. Nous choisirons les puissances nominales transmissibles par la chaîne dans la zone entre les trois courbes (voir figure 7-9).

Dans la figure 7-9, ces trois courbes sont :

- courbe I : la courbe de la puissance nominale à la fatigue de lame de la chaîne P_{L-f} ;
- courbe II : la courbe de la puissance nominale au choc du rouleau de la chaîne P_r ;
- courbe III : la courbe de puissance nominale de frottement entre le rouleau, l'axe et le fuseau de la chaîne.

5-2 Résistance des matériaux en statique

5-2-1 Condition de statique de résistance des matériaux en traction

La charge maximale de la chaîne ne doit pas dépasser la charge minimale de rupture de la chaîne :

$$F < \left[F_{rupture} \right]$$

avec :

F charge support par la chaîne (voir dans ce chapitre, IV)

$$F = F_c + F_f + F_t$$

$\left[F_{rupture} \right]$ (voir tableau 7-10)

TABLEAU 7-10 Charge admissible de rupture $\left[F_{rupture}\right]$ (voir NF E 23-100)

Symbole chaîne	Charge maximale admissible de rupture de la chaîne $\left[F_{rupture}\right]$		
	Simple	double	triple
Roues dentées et chaînes à pas court (dérivées des séries américaines)			
08 A	1 385	2 770	4 155
10 A	2 175	4 350	6 525
12 A	3 115	6 230	9 345
16 A	5 555	11 110	16 665
Roues dentées et chaîne à pas court (dérivées des séries européennes)			
05 B	452	785	1 120
06 B	895	1 700	2 490
08 B	1 785	3 115	4 450
10 B	2 225	4 450	6 675
12 B	2 890	5 780	8 670
16 B	4 225	8 450	12 675
Roues dentées et chaînes à pas long (dérivées des séries américaines)			
208 A	1 385	-	-
210 A	2 175	-	-
212 A	3 115	-	-
216 A	5 555	-	-
Roues dentées et chaînes à pas long (dérivées des séries américaines)			
208 B	1 785	-	-
210 B	2 225	-	-
212 B	2 890	-	-
216 B	4 225	-	-

5-2-2 Condition de résistance des matériaux de la chaîne en statique

Le coefficient de sécurité de résistance des matériaux de la chaîne doit être égal ou supérieur au coefficient de sécurité admissible en résistance des matériaux de la chaîne.

$$K_{chaîne} \geq \left[K_{chaîne} \right]$$

avec :

$[K_{chaîne}]$ coefficient admissible de sécurité de résistance des matériaux de la chaîne en général $[K_{chaîne}]$ = de 4 à 8

5-2-3 Coefficient de sécurité en résistance des matériaux en statique $K_{chaîne}$

$$K_{chaîne} = \frac{\left[F_{rupture} \right]}{K_u F_c + F_f + F_t}$$

avec :

F_c force centrifuge

F_f force due au poids de la chaîne produisant de flexion

F_t force circonférentielle (force de transmission de puissance)

K_u coefficient de condition du travail de la chaîne (voir tableau 7-4)

K_m coefficient de nombre de chaîne sur le même arbre (voir tableau 7-2)

5-3 Résistance des matériaux en dynamique (durée de vie pour la chaîne)

5-3-1 Condition dynamique de résistance des matériaux (durée de vie pour la chaîne)

Quand la chaîne supporte une charge dynamique pendant une durée D_h, la chaîne ne peut plus être utilisée à cause de la fatigue. La durée D_h se nomme durée de vie de la chaîne. Elle est mesurée en nombre d'heures.

Avec la condition dynamique, la fatigue peut donc se traduire en nombre d'heures d'utilisation.

« Les nombres d'heures de durée de vie de la chaîne ne doivent pas dépasser le nombre d'heures admissible. »

$$D_h < \left[D_h \right]$$

La charge dynamique peut être une charge avec un changement de traction et de compression, avec des chocs entre la chaîne et les roues, avec des contraintes des contacts dynamiques, etc.

5-3-2 Durée de vie de la chaîne D_h

Nous utilisons la durée de vie pour mesurer la condition dynamique de résistance des matériaux.

1/ Si $\dfrac{K_u P}{K_m} \geq P_{L-f}$, le nombre d'heures de durée de vie D_h est :

$$D_h = \frac{10^7}{z_1 n_1} \left[\frac{K_m P_{L-f}}{K_u P} \right]^{3,71} \frac{L_P}{100} \text{ en } h$$

avec :

z_1 nombre de dents de petites roues dentées

n_1 vitesse de petites roues dentées en *tr/min*

L_p longueur de chaîne (en nombre de pas) $L_p = m_p$

$P_{L\text{-}f}$ puissance nominale déterminée par la fatigue de lame de la chaîne

P puissance théorique de transmission

K_u coefficient de condition du travail de la chaîne (voir tableau 7-4)

K_m coefficient du nombre de chaînes sur un même arbre (voir tableau 7-2)

2/ Si $P_r \leq \dfrac{K_u P}{K_m} < P_{L-f}$, le nombre d'heures de durée de vie D_h est :

$$D_h = \frac{10^7}{z_1 n_1} \left[\frac{K_m P_r}{K_u P} \right]^{2} \frac{L_P}{100} \text{ en } h$$

avec :

z_1 nombre de dents de la petite roue dentée

n_1 vitesse de la petite roue dentée en *tr/min*

L_p longueur de la chaîne (en nombre de maillons) $L_p = m_p$

P_r puissance nominale déterminée par le choc du rouleau de la chaîne

$P_{L\text{-}f}$ puissance nominale déterminée par la fatigue de lame de la chaîne

P puissance théorique de transmission

K_u coefficient de condition du travail de la chaîne (voir tableau 7-4)

K_m coefficient du nombre de chaînes sur un même arbre (voir tableau 7-2)

5-4 Résistance à l'usure de la chaîne

5-4-1 Condition de la résistance à l'usure

Quand la chaîne s'use par l'utilisation, la chaîne s'allonge. Quand l'allongement de la chaîne a dépassé une valeur importante, la chaîne ne peut plus être utilisée. En général, nous employons l'allongement unitaire pour mesure l'usure de la chaîne.

La condition de résistance à l'usure peut se traduire par l'allongement unitaire. L'allongement unitaire de la chaîne doit être inférieur à l'allongement unitaire admissible.

$$\frac{\Delta L_c}{L_c} < \left[\frac{\Delta L_c}{L_c}\right]$$

Pour l'acier, nous avons $\left[\dfrac{\Delta L_c}{L_c}\right] = 3\%$

5-4-2 Usure de la chaîne

L'usure de la chaîne dépend de la condition de la lubrification, de l'allongement admissible de la chaîne et de la dureté de contact.

Supposons que la chaîne peut être utilisée D_h heures jusqu'à s'user. La durée de vie D_h est déterminée par la formule suivante :

$$D_h = 915000 \left(\frac{C_1 C_2 C_3}{p_c}\right) \cdot \frac{L_p}{v_c} \cdot \frac{z_1 R}{R+1} \cdot \left[\frac{\Delta L_c}{L_c}\right]$$

À partir de cette formule, nous avons :

$$\left[\frac{\Delta L_c}{L_c}\right] = \frac{D_h}{915000 \left(\dfrac{C_1 C_2 C_3}{p_c}\right) \cdot \dfrac{L_p}{v_c} \cdot \dfrac{z_1 R}{R+1}}$$

avec :

L_p longueur de la chaîne (en nombre de pas)

L_c longueur de la chaîne en m

ΔL_c allongement de la chaîne en m

$\left[\dfrac{\Delta L_c}{L_C}\right]$ allongement unitaire admissible de la chaîne

v_c vitesse de la chaîne en *m/s*

z_1 nombre de dents de la petite roue dentée

D_h durée de vie en *h*

R rapport de vitesse entre deux roues dentées

p_c pression supportée par la chaîne

$$p_c = \frac{K_u F + F_c + F_f}{A}$$

K_u coefficient de condition de travail de la chaîne (voir tableau 7-4)

F_c force centrifuge

F_f force de poids de chaîne produisant une flèche

F force de transmission

A section de la chaîne

C_1 coefficient d'usure (voir figure 7-10) :

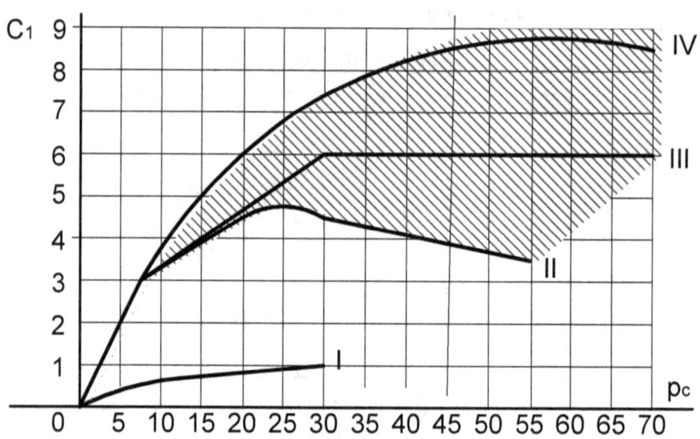

Figure 7-10   Coefficient d'usure C_1

Dans la figure 7-10 :

Cas I. La chaîne travaille sans lubrification avec une température inférieure de 140°C et une vitesse de v<7m/s. Nous conseillons de choisir dans la zone indiquée.

Cas II. La lubrification n'est pas suffisante avec une température inférieure de 70°C et une vitesse de v<7m/s.

Cas III. La lubrification est suffisante. Nous conseillons de choisir cette méthode de lubrification.

Cas IV. La condition de lubrification est très bonne avec une température inférieure de 70°C.

C_2 coefficient de fonction entre la vitesse et le nombre de dents (voir figure 7-11)

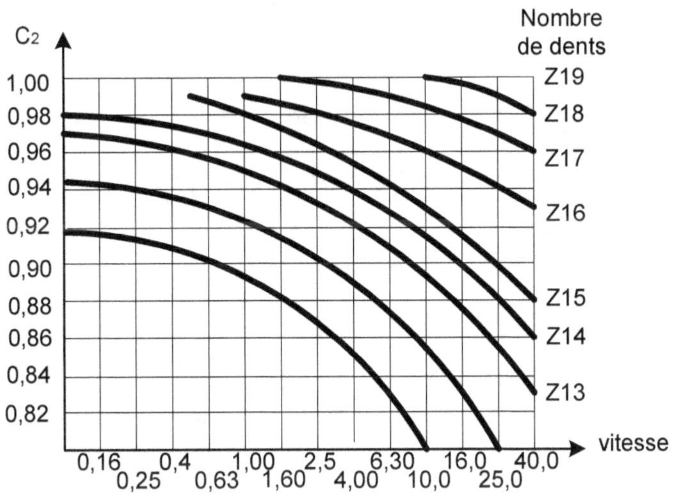

Figure 7-11 Coefficient C_2

C_3 coefficient de pas de la chaîne (voir tableau 7-11)

TABLEAU 7-11 Coefficient de pas de la chaîne C_3

Pas p	9,525	12,7	15,675	19,05	25,4
Coefficient C_3	1,48	1,44	1,39	1,34	,27

Pas p	31,75	38,1	44,45	50,8	63,5
Coefficient C_3	1,23	1,19	1,15	1,11	,03

5-5 Méthode de calcul d'un système de chaînes et roues dentées :

TABLEAU 7-12 Méthode de calcul d'un système de chaînes et roues dentées

Sujet	Formules et coefficients	Indice et remarque
1. Nombre de dents de petite roue : z_1	$z_1 \geq z_{min}$; $z_{min} = 9$ À conseiller : $z_1 \approx 29 - 2R$ <table><tr><td>v</td><td>0,6~3</td><td>3,0~8,0</td><td>>8</td></tr><tr><td>z_1</td><td>$\geq 15 \sim 17$</td><td>$\geq 19 \sim 21$</td><td>$\geq 23 \sim 25$</td></tr></table> Les nombres de dents de roues à conseiller : 17 ; 19 ; 21 ; 23 ; 25 ; 38 ; 57 ; 76 ; 95 ; 114	**V** : vitesse de la chaîne Si nous augmentons le nombre de dents, la contrainte de la chaîne est diminuée. Mais la dimension augmente.
2. Rapport des vitesses	$R = \dfrac{n_1}{n_2} = \dfrac{z_2}{z_1}$ En général : $R \leq 7$ Conseil : $R = 2 \sim 3$ Quand **v** < 2m/s, **R** peut arriver à 10.	z_1 nombre de dents de la petite roue dentée z_2 nombre de dents de la grande roue dentée n_1 vitesse de la petite roue dentée en *tr/min* n_2 vitesse de la grande roue dentée en *tr/min*
3. Nombre de dents de petite roue z_2	$z_2 = z_1 R$ En général : $z_2 \leq 120$ $z_{max} = 150$	Si z_2 est très grand, l'allongement unitaire admissible $\left[\dfrac{\Delta L_c}{L_c}\right]$ va diminuer. La résistance à l'usure de la chaîne diminue.
4. Puissance P	$P = \dfrac{K_u}{K_z K_m} P_t$	P_t puissance de la transmission K_u coefficient de condition du travail de la chaîne (voir tableau 7-4) K_m coefficient du nombre de chaînes sur le même arbre (voir tableau 7-2) K_z coefficient du nombre de dents de la petite roue (voir tableau 7-1)
5. Pas de chaîne p	1/Utiliser le tableau 7-6 2 /En connaissant la puissance nous pouvons utiliser la formule ci-après : $P = \dfrac{950 z_1^{1,5} p^{0,8}}{n_1^{1,5}}$	P puissance z_1 nombre de dents de la petite roue dentée n_1 vitesse de la petite roue dentée en *tr/min*

Sujet	Formules et coefficients	Indice et remarque
6. Trou intérieur de la petite roue D_t	$D_t \leq D_{t\,min}$	(voir dans ce chapitre III 3-2-7 et figure 7-7) Déterminer par la structure et l'alésage de la roue
7. Entraxe supposée a_0	1. L'entraxe à conseiller est $$a_0 = (30 \sim 50)\,pas$$ 2. S'il n'y a pas de réglage d'entraxe, le système supporte une charge dynamique. L'entraxe doit être $$a_0 < 25\,pas$$ 3. L'entraxe maximal est $a_0 = 80\,pas$ <table><tr><td>R</td><td><4</td><td>≥4</td></tr><tr><td>a_{min}</td><td>$0{,}2z_1(R+1)p$</td><td>$0{,}33z_1(R-1)p$</td></tr></table>	1. Déterminer par la structure. 2. S'il y a un réglage d'entraxe, l'entraxe peut être plus grand. 3. Quand nous choisirons l'entraxe minimal, l'angle de transmission doit être inférieur de 120°, $\alpha \leq 120°$. La grande roue et la petite roue ne doivent pas se toucher.
8. Nombre de maillons de la chaîne m_p	$$m_p = 2a_p + \frac{z_1 + z_2}{2} + \frac{1}{a_p}\left(\frac{z_1 - z_2}{2\pi}\right)^2$$	a_p entraxe mesuré en nombre de maillons
9. Longueur de la chaîne L *(en m)*	$$L = \frac{m_p p}{1000}$$	p longueur d'un maillon
10. Entraxe théorique a_t *(en mm)*	Si $z_1 \neq z_2$, alors : $$a_t = p \cdot (2m_p - z_1 - z_2) \cdot C_r$$ Si $z_1 = z_2 = z$, alors : $a_t = \frac{p}{2} \cdot (m_p - z)$	p longueur d'un maillon m_p nombre de maillons de la chaîne z_1 nombre de dents de la petite roue dentée z_2 nombre de dents de la grande roue dentée C_r coefficient (voir tableau 7-9)
11. Entraxe réel a_r *(en mm)*	$$a_r = a_t - \Delta a$$ En général $\Delta a = (0{,}002 \sim 0{,}004)a$	Nous utilisons le Δa pour que la chaîne ait une flèche pour un bon fonctionnement. Cette flèche est : $$f = (0{,}01 \sim 0{,}02)a$$ Pour l'entraxe réglable, nous pouvons choisir une flèche plus grande.

Sujet	Formules et coefficients	Indice et remarque
12. Vitesse de la chaîne v (*en m/s*)	$v = \dfrac{z_1 n_1 p}{60 \times 1000} = \dfrac{z_2 n_2 p}{60 \times 1000}$	
13. Force de la transmission de puissance (*en N*)	$F_t = 1000 \dfrac{P}{v}$	v vitesse de la chaîne P puissance de transmission

Exemple 7-1 : Un système de transmission par chaîne et roues dentées. La transmission de puissance $P = 4,3\ kW$. La vitesse de petite roue dentée *v1=205 tr/s*. Le rapport de vitesse

R=2,5. La condition du travail est bonne avec une vitesse régulière douce. Le diamètre de l'axe de la petite roue d_a=50. Déterminer les dimensions du système.

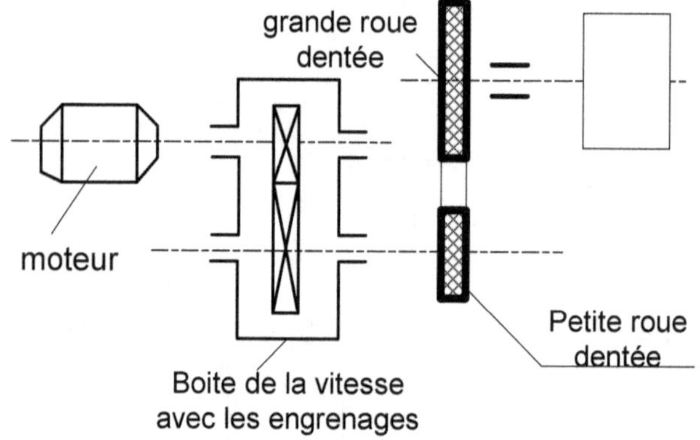

(1) Nombre des dents des roues dentées :

– Nombre des dents de la petite roue :

$$z_1 = 29 - 2 \times R = 29 - 2 \times 2,5 = 24$$

Nous choisirons le nombre standard $z_1 = 25$

– Nombre des dents de la grande roue :

$$z_2 = R \cdot z_1 = 2,5 \times 24 \approx 62$$

(2) Rapport de vitesse réel :

$$R = \frac{z_2}{z_1} = \frac{62}{25} = 2,48$$

(3) Vitesse de rotation :

    – Vitesse de la petite roue :

$$n_1 = 265 \ \text{tr/s}$$

    – Vitesse de la grande roue :

$$n_2 = \frac{n_1}{R} = \frac{265}{2,48} = 107 \ tr/s$$

(4) Puissance réelle :

$$P_r = \frac{K_u P}{K_z K_m} = \frac{1 \times 4,3}{1,0 \times 1,34} = 3,2 \ \text{kW}$$

$K_t=1$ coefficient de condition du travail de la chaîne (voir tableau 7-3)

$K_m=1,34$ coefficient du nombre de chaînes sur un même arbre (voir tableau 7-2)

$K_z=1$ coefficient du nombre de dents de la petite roue (voir tableau 7-1)

(5) Pas de la chaîne p

La puissance réelle $P_r = 3,2 \ kW$; la vitesse de petite roue $n_1 = 265$ tours/s et le nombre de dents de la petite roue est connu. En utilisant la formule de la condition de fatigue de chaîne, nous pouvons calculer le pas p (voir dans ce chapitre V 5-1) :

$$P_r = \frac{950 z_1^{1,5} p^{0,8}}{n_1^{1,5}}$$

Le pas $p = 19,05$. Nous choisirons la chaîne **12A**.

(6) Contrôler le diamètre de l'alésage de la petite roue D_t.

Avec $z_1 = 25$ et le pas $p = 19,05$, nous trouvons $[D_{t\,max}] = 88$ dans le tableau 7-8. Comme $d_a=50$, le diamètre de trou intérieur de la petite roue est donc acceptable.

$$[D_{t\,max}] > d_a$$

(7)   Supposons que l'entraxe des roues est : $a_s \approx 35 * pas$

(8)   Nombres de maillons de la chaîne m_p :

$$m_p = 2 \cdot a_s + \frac{z_1 + z_2}{2} + \left(\frac{z_2 - z_1}{2\pi}\right)^2 \frac{1}{a_s}$$

$$= 2 \times 35 + \frac{25 + 62}{2} + \left(\frac{62 - 25}{2\pi}\right)^2 \frac{1}{35} = 114,49 \quad \approx 114$$

(9)   Longueur de la chaîne L :

$$L = \frac{m_p p}{1000} = \frac{114 \times 19,05}{1000} \approx 2,17m$$

(10)   Entraxe théorique des deux roues a_t :

$$a_t = p(2m_p - z_2 - z_1)C_r$$

$$= 19,05 \times (2 \times 114 - 62 - 25) \times 0,2464 = 661,98mm$$

(11)   Entraxe réel des roues a_r :

$$a_r = a_t - \Delta a$$

$$= (661,98 - 0,004 \times 661,98) = 659,3mm$$

(12)   Vitesse de la chaîne :

$$v = \frac{z_1 n_1 p}{60 \times 1000} = \frac{25 \times 265 \times 19,05}{60 \times 1000} = 2,1m/s$$

(13)   Force circonférentielle :

$$F = \frac{1000P}{v} = \frac{1000 \times 4,3}{2,1} = 2047,6N$$

(14)   Force en traction supportée par l'axe :

$$F_t = 1,20C_t T = 1,2 \times 1 \times 2047,6 = 2457N$$

VI   CHAÎNE SILENCIEUSE

6-1   Chaîne silencieuse

« Les chaînes silencieuses sont constituées par des lames découpées en forme de dents articulées sur fuseaux. Les dents des lames engrènent avec les dents des roues qui n'ont aucun contact avec les fuseaux. » (voir réf.6)

Si la lame intérieure s'engrène sur la roue mais que la lame extérieure n'ait pas de contact, nous l'appelons chaîne à lame engrenée intérieure (voir figure 7-12).

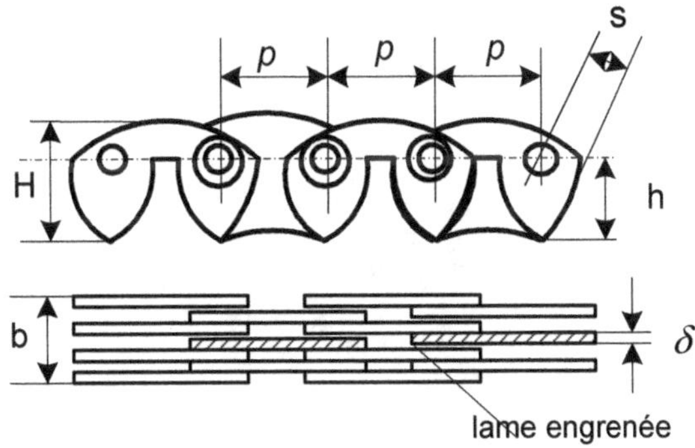

Figure 7-12   Chaîne silencieuse à lame engrenée intérieure

Si la lame extérieure s'engrène sur la roue mais que la lame intérieure n'ait pas de contact, nous l'appelons chaîne à lame engrenée extérieure (voir figure 7-13).

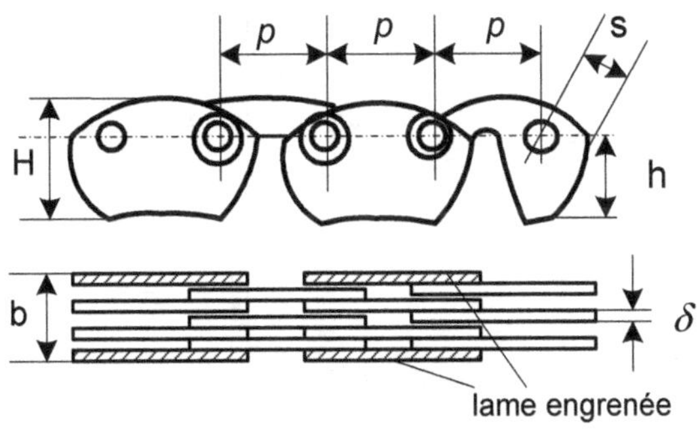

Figure 7-13   Chaîne silencieuse, chaîne à lame engrenée extérieure

TABLEAU 7-13   Chaîne silencieuse

Type de chaîne	Maillon p	Largeur b	Hauteur H	Type de lame engrenée	Nombre de lame n	Charge maximale en traction	Densité de chaîne en kg/m
CL06	9,525	13,5	10,1	Chaîne à lame engrenée extérieure	9	10,0	0,60
		16,5			11	12,5	0,73
		19,5			13	15,0	0,85
		22,5			15	17,5	1,00
		28,5		Chaîne à lame engrenée intérieure	17	22,5	1,26
		34,5			19	27,5	1,53
		40,5			21	32,5	1,79
		46,5			23	37,5	2,06
CL08	12,70	24,5	13,4	Chaîne à lame engrenée extérieure	13	23,4	1,15
		27,5			15	27,4	1,33
		30,5			17	31,3	1,50
		33,5		Chaîne à lame engrenée intérieure	19	35,2	1,68
		39,5			23	43,0	2,04
		45,5			27	50,8	2,39
		51,5			31	58,6	2,74
		57,5			35	66,4	3,10
		63,5			39	74,3	3,45
		69,5			43	82,1	3,81
		75,5			47	89,9	4,16
CL10	15,875	30	16,7	Chaîne à lame engrenée intérieure	18	45,6	2,21
		38			19	58,6	2,80
		46			23	71,7	3,39
		54			27	84,7	3,99
		68			31	97,7	4,58
		70			35	111,0	5,17
		78			39	124,0	5,76
CL12	19,02	38	20,01	Chaîne à lame engrenée intérieure	19	70,4	3,37
		46			23	86,0	4,08
		54			27	102,0	4,78
		62			31	117,0	5,50
		70			35	133,0	6,02

Type de chaîne	Maillon p	Largeur b	Hauteur H	Type de lame engrenée	Nombre de lame n	Charge maximale en traction	Densité de chaîne *en kg/m*
		78			39	149,0	6,91
		86			43	164,0	7,62
		94			47	180,0	8,33
		45			15	111,0	5,31
		51			17	125,0	6,02
		57			19	141,0	6,73
CL16	25,4	69	26,7	Chaîne à lame engrenée intérieure	23	172,0	8,15
		81			27	203,0	9,57
		93			31	233,0	10,98
		105			35	266,0	12,41
		107			39	297,0	13,82
		57			19	165,0	8,42
		69			23	201,0	10,19
CL20	31,75	81	33,4	Chaîne à lame engrenée intérieure	27	237,0	11,96
		93			31	273,0	13,73
		105			35	310,0	15,50
		69			23	241,0	12,22
CL24	38,10	81	40,1		27	285,0	14,35
		93			31	328,0	16,48

6-2 Calcul de systèmes de chaînes silencieuses et des roues dentées

6-2-1 Coefficient de calcul

1. Coefficient de l'utilisation K_u (voir tableau 7-4)

2. Coefficient de nombre de petite roue K_z

TABLEAU 7-14 Coefficient de nombre de petite roue K_z

z_1	17	19	21	23	25	27
K_z	0,77	0,89	1,0	1,11	1,22	1,34

z_1	29	31	33	35	37	-
K_z	1,45	1,56	1,66	1,77	1,88	-

6-2-2   Méthode de calcul

TABLEAU 7-15   Méthode de calcul de systèmes de chaînes silencieuses

Sujet	Formules et coefficients				Indice et remarque
1. Nombre de dents de la petite roue z_1	$z_1 \geq z_{1\min}$ Conseil : $z_1 \approx 38 - 3R$ En général : $z_1 \geq 21$				R rapport des vitesses $z_{1\min} = 12$ Si la structure est acceptée, nous choisirons z_1 le plus grand possible.
2. Rapport des vitesses R	$R = \dfrac{n_1}{n_2} = \dfrac{z_2}{z_1}$ Conseil : $R = 2 - 3,5$ En général : $R \leq 7$ $R_{\max} = 10$				z_1 nombre de dents de la petite roue dentée z_2 nombre de dents de la grande roue dentée n_1 vitesse de la petite roue dentée en *tr/min* n_2 vitesse de la grande roue dentée en *tr/min*
3. Nombre de dents de la grande roue z_2	$z_2 = z_1 R$ En général : $z_2 \leq 100 \qquad z_{\max} = 150$				
4. Pas de la chaîne p	n_1	2000 ~ 5000	1500 ~ 3000	1200 ~ 2500	1000 ~ 2000	n_1 vitesse de la petite roue dentée en *tr/min*
	p	9,525	12,7	15,875	19,05	
	n_1	800 ~ 1500	600 ~ 1200	500 ~ 900		
	p	25,4	31,75	38,1	-	

Sujet	Formules et coefficients	Indice et remarque
5. Puissance pour le calcul P_d	$$P_d \geq \frac{K_u P}{K_z}$$	P puissance de transmission K_u coefficient de l'utilisation K_z coefficient de nombre de petite roue
6. Puissance nominale de transmission pour 1mm de largueur de la chaîne P_0		(voir figure 7-14)
7. Largueur de la chaîne	$$b \geq \frac{P_d}{P_0}; \qquad b \geq \frac{K_u P}{K_z P_0}$$	P puissance de transmission K_u coefficient de l'utilisation K_z coefficient de nombre de la petite roue
8. Nombre de pas de la chaîne m_p	$$m_p = 2a_p + \frac{z_1 + z_2}{2} + \frac{1}{a_p}\left(\frac{z_1 - z_2}{2\pi}\right)^2$$	a_p entraxe mesuré en nombre de pas
9. Longueur de la chaîne L *(en m)*	$$L = \frac{m_p p}{1000}$$	p longueur d'un pas

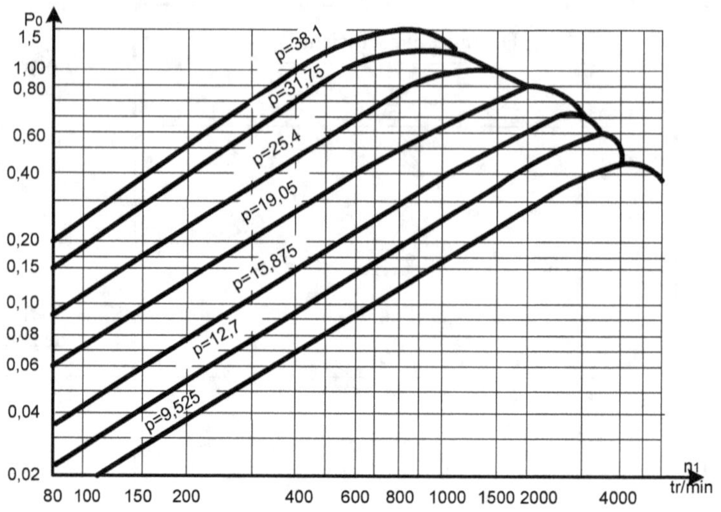

Figure 7-14   Puissance nominale de transmission P_0

La figure 7-14 est un exemple pour la largeur de la chaîne b=1mm et la petite roue z_1=21. Dans la figure, P_0 est la puissance nominale de transmission. P=9,525 est le pas de la chaîne.

6-3   Dimension des roues dentées de chaînes silencieuses

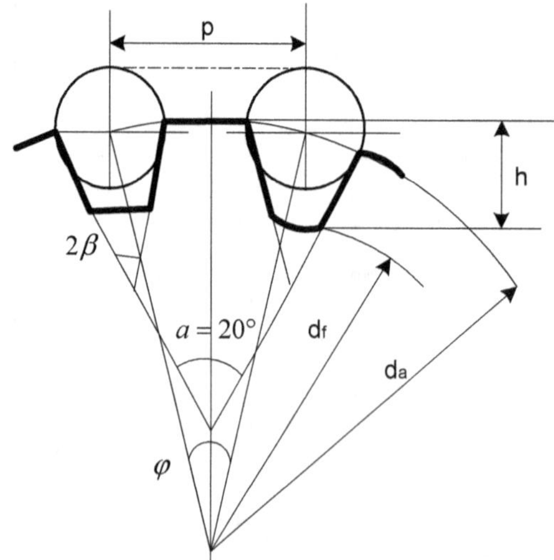

TABLEAU 7-16 Dimension des roues dentées

Sujet	Formules	Remarque et indice
1. Nombre de dents de la petite roue z_1		Voir tableau 7-15
2. Pas de la chaîne p		Voir tableau 7-14
3. Diamètre primitif d	$d = \dfrac{p}{\sin\dfrac{180°}{z}}$	p pas de la chaîne z nombre des dents de la roue
4. Diamètre de tête d_a	$d_a = \dfrac{p}{\tan\dfrac{180°}{z}}$	p pas de la chaîne z nombre des dents de la roue
5. Angle primitif φ	$\varphi = \dfrac{360}{z}$	z nombre des dents de la roue
6. Angle de forme de la denture γ	$\gamma = 30° - \dfrac{360°}{z}$	z nombre des dents de la roue
7. Diamètre de pied d_f	$d_f = d - 2\dfrac{h}{\cos(180°/z)}$	z nombre des dents de la roue d diamètre primitif h hauteur de la dent

6-4   Flèche de l'installation

Pour que la chaîne fonctionne, la chaîne a besoin d'une flèche (voir figure 7-15). Un brin de la courroie entre deux roues est mou . L'autre brin de la courroie est mou ou tendu.

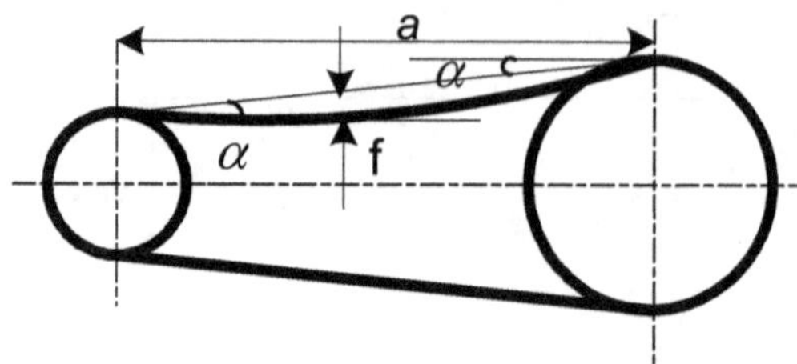

Figure 7-15   Flèche de l'installation

La flèche conseillée est de 0,01 à 0,02 fois l'entraxe :

$$f = (0,01 \sim 0,02)a$$

ou

$$f_{min} \leq f \leq f_{max}$$

$$f_{min} = \frac{0,00036\sqrt{a^3}}{K_v}\cos\alpha$$

$$f_{max} = 3f_{min}$$

avec :

a entraxe entre deux roues

f_{min} flèche minimale

f_{max} flèche maximale

α angle entre la chaîne et la ligne horizontale

K_v coefficient de la vitesse   Quand $v \leq 10 m/s$, $K_v = 1,0$.

                                                 Quand $v > 10 m/s$, $K_v = 0,1\,v$.

Exemple 7-2 : Un système de chaîne silencieuse. La puissance de transmission *P=30 kW*. La vitesse de la petite roue est $n_1 = 970$ tr/min. Le diamètre de son axe est $d_1 = 60$ *mm*. La vitesse de la grande roue est $n_2 = 320$ tr/min. Le diamètre de son axe est $d_2 = 80$ *mm*. Nous souhaitons que l'entraxe entre les deux roues soit $a \approx 600$ *mm*.

1. Déterminer le nombre de dents des roues :

   Choisir le nombre de dents de la petite roue : $z_1 = 19$

   Le nombre de dents de la grande roue :

$$z_2 = \frac{n_1}{n_2} z_1 = \frac{970}{320} \times 19 = 57,6$$

   Choisir le nombre de dents de la grande roue : $z_2 = 58$

2. Choisir le pas de la chaîne avec la vitesse de la petite roue (voir tableau 7-16)

$$p = 25,4mm$$

3. Largeur de la chaîne par calcul :

$$b = \frac{K_u P}{K_z P_0} = \frac{1,4 \times 30}{0,89 \times 0,86} = 54,9mm$$

   Choisir la largeur standard de la chaîne : $b = 57mm$

4. Déterminer le nombre de maillons de la chaîne :

   – Déterminer l'entraxe en maillon :

$$a_p = \frac{a}{p} = \frac{600}{25,4} = 23,62$$

   Nombre de maillons de la chaîne par calcul :

$$m_p = 2a_p + \frac{z_1 + z_2}{2} + \frac{1}{a_p}\left(\frac{z_1 - z_2}{2\pi}\right)^2$$

$$= 2 \times 23,62 + \frac{19 + 58}{2} + \frac{1}{23,62}\left(\frac{58 - 19}{2\pi}\right)^2 = 87,37$$

   – Choisir le nombre standard de maillons de la chaîne : $m_p = 88$

5. Déterminer l'entraxe :

– Déterminer le coefficient C_r (voir tableau 7-9) :

$$\frac{m_p - z_1}{z_2 - z_1} = \frac{88 - 19}{58 - 19} = 1,7692$$

$$C_r = 0,24182$$

– Entraxe théorique :

$$a = p\,(2m_p - z_1 - z_2)\,C_r$$
$$= 25,4 \times (2 \times 88 - 19 - 58) \times 0,241 = 608,08\ mm$$

– Différence entre l'entraxe théorique et l'entraxe réel :

$$\Delta a = (0,002 \sim 0,004)a = 1,2 \sim 2,4mm$$

Choisir $\Delta a = 2,0mm$

– Entraxe réel : $a' = a - \Delta a = 608,08 - 2,0 = 606,8\ mm$

6. Flèche d'installation de la chaîne :

$$f = (0,01 \sim 0,002)a$$
$$= (0,01 \sim 0,02) \times 608,08)\text{mm} = 6,1 \sim 12,2mm$$

Choisir $f = 10\ mm$

7. Vitesse de la chaîne :

$$v = \frac{z_1 n_1 p}{60 \times 1000} = \frac{19 \times 970 \times 25,4}{60 \times 1000} = 7,8\ \text{m/s}$$

VII   COMPARAISON DE TRANSMISSIONS DE PUISSANCE

Poulies courroies et chaînes dentées pour les axes éloignés

Types de transmission de puissance	Avantages	Inconvénients	Conseils
1/ Poulies courroies	1/ Le montage est simple et le prix est bas. 2/ Transmission des couples et changement des vitesses	1/ Il permet uniquement de transmettre les couples faibles. 2/ Le glissement entre la courroie et la poulie est inévitable.	1/ Les vitesses de transmission sont limitées : 15 à 30 m/s. 2/ La vitesse en *m/s* doit être inférieure à 3 fois la longueur en *m* (à 8 fois pour les courroies en caoutchouc). 3/ Nous choisissons l'arc d'enroulement $\alpha \geq 160°$.
2 / Roues dentées et chaînes	1/ La transmission de la puissance est par obstacle, il n'y a pas de glissement entre la chaîne et les roues dentées. 2/ Les engrenages ne peuvent pas être utilisés pour des axes éloignés. Donc les roues dentées et les chaînes remplacent les engrenages pour des axes éloignés.	1/ Il peut être utilisé seulement pour les axes parallèles. 2/ Le prix d'installation est élevé. Nous l'utilisons souvent pour les bicyclettes. 3/ La fabrication est plus compliquée.	1/ Il faut prévoir un graissage sous carter. • Goutte à goutte $V \leq 1,5m/s$ • Barbotage pour • $1,5m/s < V < 7m/s$ • Sous pression $V > 7m/s$ 2/ Prévoir un réglage d'entraxe. L'entraxe doit être inférieur ou égal à 40 * pas. 3/ 3/ L'arc d'enroulement α doit être égal ou supérieur à *120°*. Le diamètre de grand roue D_1 doit être inférieur ou égal de *7* à *9* fois la dimension de petite roue D_2. $D_1 \leq ($ de 7 à 9 fois $)$ D_2. 4/ La vitesse de chaîne est limitée de *12* à *15 m/s*.

BIBLIOGRAPHIE

1. Xiong. Y, *Formulaire de résistance des matériaux*, Éditions Eyrolles, 2002.

2. Xiong. Y, *Toute la résistance des matériaux*, 2005.

3. Xiong. Y, *Étude du mouvement des mécanismes plans déformables*, Ensam.

4. Xuyin, *Machine Design Handbook*, Edition Jixiechubanshe Chinois, 2001.

5. Quatremer R., *Précis de construction mécanique*, Afnor.

6. Basquin R., *Mécanique*, Édition Delagrave.

7. Shen Hong, *Mechanical Engineering Handbook*, Édition Jixiechubanshe Chinois, 2002.

8. Picard Dominique, *Pièces de transmission de puissance*, Cours, 2005.

9. Song Baoyu, *Étude de mécanique*, Grand l'école de Harbin Chine, 2005.

10. Wang Lianmin, *Étude de mécanique*, Grand l'école de Harbin Chine, 2005.

11. Wang Zhihan, *Mécanique*, Grand l'école de Harbin Chine, 2005.

Dépôt légal : mai 2006

Imprimé en Allemagne par BoD